REBELLEN DER ERDE

BENEDIKT BÖSEL

REBELLEN DER ERDE

Wie wir den Boden retten – und damit uns selbst!

Finck Stiftung

Impressum

Rebellen der Erde

Wie wir den Boden retten –
und damit uns selbst!

Autor Benedikt Bösel mit Martin Häusler

Illustration Romina Rosa

Fotografie Emanuel Finckenstein

weitere Bilder S. 23, S. 24, S. 26 unten, S. 58, S. 60, S. 77, S.160, S.255 (privat), S. 35 (L. Ligat), S. 86 (R. Gahler), S. 108 (J. Harms), S. 160 (M. Häusler), S. 179 (D. Hoffmann)

Gestaltung Till Schaffarczyk

Mit Unterstützung von

AVINA

AVINA Stiftung

CERTIFIED cradle to cradle SILVER
PurePrint® by gugler* drucksinn.at

FSC www.fsc.org MIX Paper | Supporting responsible forestry FSC® C005108

print 4 climate® klimafreundlich gedruckt

UW-Nr. 609

4. Auflage 2024

Umschlaggestaltung: Till Schaffarczyk, Dreieich
Satz: Till Schaffarczyk, Dreieich
Druck & Bindung: Gugler Medien GmbH, Melk
ISBN 978-3-00-080599-8

www.finck-stiftung.org
instagram.com/finckfoundation

Finck Stiftung

Für meine Eltern,

die mir täglich zeigen,
was die Grundlagen
des Lebens sind – Familie,
harte Arbeit und
Großzügigkeit

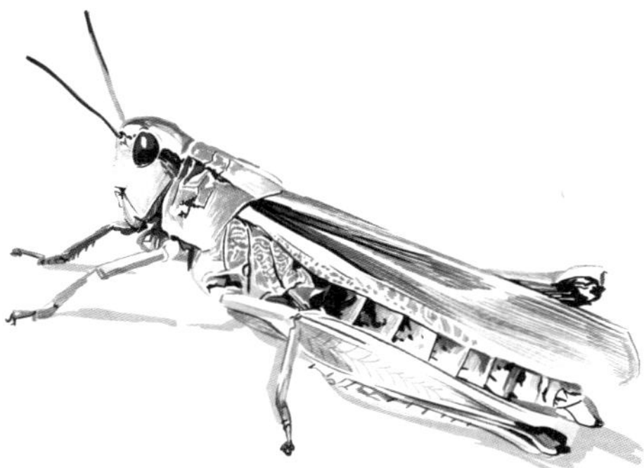

Inhalt

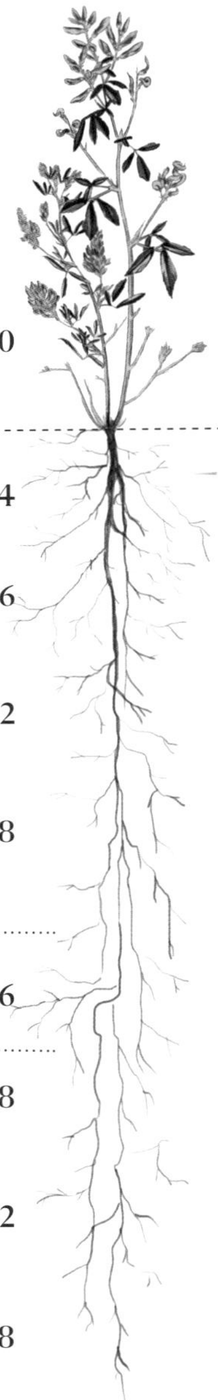

In der Frage des Genderns haben wir uns aufgrund besserer Lesequalität größtenteils für die Nutzung des generischen Maskulinums entschieden. Damit wollen wir ausdrücklich niemanden anderer sexueller Identitäten ausschließen, sondern meinen jeweils alle.

WiR HaBEN DieSEN Weg
BeGoNneN, NichT ETWa
WeiL WIR WISSEN, WIE ES GEHT,
SonDERN weiL WiR NICHT WISSeN,
WIE es WeiTER GEHT.

0.

Vorwort

Wissen Sie, was mich an der Reise, auf die uns Benedikt in diesem Buch mitnimmt, am meisten begeistert? Die Chance, mal so richtig über uns selbst zu stolpern. Einmal kurz innezuhalten und uns zu fragen, ob unsere Normalität wirklich das Attribut „normal" verdient hat. Denn der Boden, die Erde, auf der wir stehen, ist genauso begehrt, wie sie geringgeschätzt wird. Weil wir uns angewöhnt haben, immer nur das zu bewerten und zu sehen, was auf ihr steht oder ihr entnommen werden kann. Aber nicht das, was darin lebt, in ihr gespeichert, mit ihr verwoben ist.

Dabei hat Kenneth Boulding schon 1966 das „Raumschiff Erde" als Maßeinheit des menschlichen Wirtschaftens formuliert. Ein Raumschiff, dessen Aufbau er als ein Gefüge aus komplexen Netzwerken des Lebens beschrieben hat, die sich nicht endlos auseinanderpflücken, abbauen und künstlich ersetzen lassen. Eine Feststellung, die unsere für normal erklärten Umgangsformen mit unserer Erde nach wie vor ignorieren. Wir nutzen sie als Trägerin von Pflanzen, mit denen kurzfristig möglichst viel Ertrag erwirtschaftet werden soll; als Aufbewahrungsort für fossile Energiequellen, die wir mit immer mehr technischem Aufwand und Zerstörung aus ihr herausbrechen oder -pressen; als Standort für unsere Wohnstätten, Straßen und Lagerhäuser, für Industrie- und Windkraftanlagen, Fotovoltaikmodule oder Biosprit-Mais. Seit die katastrophale Zunahme des Artensterbens bekannt geworden ist, wurden internationale Abkommen zum Schutz der Biodiversität geschlossen, die einen Teil der Erdoberfläche dieser fortschreitenden Verwertung entziehen sollen. Doch die Flächenkonkurrenz ist inzwischen so groß, dass diese Abkommen die ersten sind, die ausgesetzt werden sollen, wenn wirtschaftlich lukrativere Nutzungsformen eingefordert werden können: Krisen wie der russische Angriff auf die Ukraine werden dafür genutzt, kurzfristige Versorgungssicherheit der Menschen gegen Öko-Spinnereien wie Blühstreifen oder Nutzungspausen in Stellung zu bringen.

von Maja Göpel

Versorgungssicherheit. Ein schöner Stolperbegriff. Wo kommt die Versorgung eigentlich her? Und wie sicher ist sie – gerade wenn wir wollen, dass auch unsere Kinder noch davon leben können? Ebendiese Erkundungsreise ist es, zu der Benedikt mit seinem Buch einlädt. Und dabei eindrücklich zeigt, dass es ohne einen rasanten (Wieder-)Aufbau unseres Naturvermögens nicht gehen wird. Denn sicher versorgt zu sein bedeutet für biologische Wesen wie uns Menschen vor allem eines: saubere Luft und sauberes Wasser, ausreichend nahrhafte Lebensmittel ohne Giftstoffe und Mikroplastik sowie Temperaturen, die sich im Rahmen dessen halten, was unsere Körper gut vertragen. Und um dieses Ziel langfristig zu sichern, kommen wir nicht drum herum, unser Raumschiff Erde endlich (wieder) als das zu sehen, was es ist: ein gigantischer Organismus voller Lebendigkeit. Ein sich in den letzten 10.000 Jahren verlässlich regenerierender Schatz der Versorgung für uns Menschen, die wir am oberen Ende der Fresskette stehen.

Am untersten, teils unsichtbaren Ende dieser Kette finden wir unendlich viele Kleinstlebewesen, Mikroorganismen, Pilzsporen, Wurzelwerke und Pflanzen. Es sind deren emsige Tätigkeiten, die diese unfassbare Wertschöpfung am Laufen halten. Und deren Anzahl und Kooperation wir mit unseren Methoden der kurzfristigen Ertragssteigerung oft genug dezimieren. Einer Ertragssteigerung, die wir eindimensional messen, zum Beispiel in Tonnen an Reis oder mit Kubikmeterpreis. Damit verlieren wir das tiefer liegende Zusammenwirken dieser Lebewesen aus den Augen und die Sicherung der Versorgung mit Ökosystemdienstleistungen gleich mit. Wir sehen den Wald vor lauter Bäumen nicht, verkennen den Boden als einen Haufen Dreck. Dabei ist es das Leben in dieser Erde, das zu großen Teilen das Leben auf der Erde bestimmt.

Erleben Sie also in diesem Buch einen Ausflug in die Welt des Humus und die Vielfalt der Erträge. Sie werden sehen, wie hochproduktiv die natürlichen Netzwerke im Boden funktionieren, und darüber stolpern, wie wenig wir sie in unserer heutigen Normalität wertschätzen. Sie künstlich zu ersetzen scheint interessanter, denn das bringt aktuell mehr Geld. Nur eben nicht die gleichen Ergebnisse. „Das Problem mit der Vorstellung, dass die Natur unverwüstlich sei, ist folgendes: Sie ist falsch. Sobald Ökonomen akzeptieren, dass sie sich in diesem Punkt irren, könnte dies die Art und Weise revolutionieren, wie wir wirtschaftlichen Fortschritt – oder das Fehlen desselben – berechnen", schrieb der Ökonom Partha Dasgupta bereits 2008 und legte der britischen Regierung 2021 ein 600-Seiten-Werk dazu vor. Darin schreibt er auch, dass wir unsere natürliche Mitwelt wieder zu bewundern, zu lieben und zu respektieren lernen sollten.

Denn sie *ist* verwüstlich. Genau das unmittelbar auf seinem Acker zu spüren, beschreibt Benedikt als den Moment, in dem seine Suche nach den besten Innovationen für eine zukunftsfähige Landwirtschaft von weiterer Technologisierung auf Regenerierung umschaltet. Denn sich in Wüsten verwandelnde Äcker bieten auch dann keine Versorgungssicherheit, wenn sie mithilfe ausgefeilter Technik noch präziser ausgebeutet werden. Unser Naturvermögen zu regenerieren ist deshalb kein idyllisches Träumen oder grüne Spinnerei, sondern schlicht der größte Innovationsauftrag an die Menschheit. Auch hier kann Technik helfen. Aber eben als Diener und nicht als Master.

Wir sehen den Wald vor lauter Bäumen nicht.

Pioniere wie Benedikt und sein Team machen vor, dass dabei nicht nur viel Lebendigkeit und Respekt für Mensch und Natur freigesetzt werden, sondern auch eine Bildungsrevolution, die uns hilft, mit Flächenkonkurrenzen umzugehen: Komplexe Systeme zu verstehen erlaubt Planungskonzepte, mit denen der Bedarf an Nahrung, Energie, Wasser, Rohstoffen und Biodiversität integriert bedient werden kann und auch urbane Räume wieder aufblühen. Multigewinn statt Nullsummenspiel. Landschaftsdesign statt Monokultur. Regeneration statt Extraktion.

In diesem Buch finden Sie Ansätze, die eines klar vor Augen führen: Es ist überhaupt nicht normal, mit einem solchen Ausmaß an Schadschöpfung in der Landnutzung weiterzumachen. Stattdessen gehören zwei Fragen ins Zentrum der Verständigung darüber, welches Innovationsverständnis uns durch das 21. Jahrhundert trägt. Erstens: Unter welchen Bedingungen fühlen sich Menschen gut versorgt? Zweitens: Wie können diejenigen, die die lebenswichtigen Ökosystemdienstleistungen so wieder aufbauen und erhalten, dass unser Raumschiff Erde ein wirtlicher Ort bleibt, auch angemessen dafür vergütet werden? Beide Fragen werden wir nur dann zufriedenstellend beantworten können, wenn wir noch eine weitere gängige Vorstellung über die Natur als Irrtum erkennen: dass Menschen irgendwie getrennt von ihr existieren.

Atmen Sie mal ein!

1.

Wie alles begann

1.1

Vom Banker zum Bauern oder wie ich anfing, den Acker zu lieben

Ich war gerade einen guten Schritt vorangekommen in meinem Plan, aus Madlitz eine Art gläsernen Betrieb für die nächste Evolutionsstufe der Landwirtschaft zu machen. Für das, was die einen „*Landwirtschaft 4.0*“ nennen oder die anderen „*Smart Farming*“. In jenem Telefonat im Frühjahr 2018 hatte ich mit einem der größten Landmaschinenhersteller der Welt besprochen, wie wir auf den rund eintausend Hektar großen Ackerflächen alles anwenden könnten, was die Technologie hergibt, wie wir alles an Hightech, an Drohnen und Sonden und Software nutzen, um als digitaler Ökobetrieb zu zeigen, was in Zeiten wie diesen bereits möglich ist. Madlitz als Showcase für die Landwirtschaft der Zukunft! Mir war klar, in Anbetracht der klimatischen Umstände konnte ich nicht mehr homöopathisch an den Äckern herumdoktern und mir einfach nur neue Fruchtfolgen ausdenken, es musste etwas Radikales passieren. Technische Innovationen schienen mir damals die meisten Lösungen zu bieten.

Und dann, unmittelbar nach dem Termin, ging ich raus auf den Acker. Seit acht Wochen hatte es nicht mehr geregnet. Es war Mai. Normalerweise eine Zeit, wo alles wächst und gedeiht. Aber jetzt stand ich in einem Feld, auf dem alles braun und gelb aussah. Und es herrschte absolute Stille, kein Lüftchen, keine Vögel, keine Insekten. Nichts bewegte sich, nur flirrende Hitze. Im Schatten hatte ich 28 Grad gemessen, in der prallen Sonne waren es bestimmt 38 Grad, viel zu heiß für Mai. Die Hitze drückte

BENEDIKT BÖSEL

mich nieder, körperlich und psychisch, und ich trat in den Ackerboden. Der Staub verteilte sich über die traurig herabhängenden Pflanzen. Ich hob den Kopf und blickte in den Himmel, und dann wurde mir auf einmal klar, was ich bislang nicht gesehen hatte: *„Wie bringt uns diese ganze Technologie weiter, wenn der Boden nicht mehr lebt und das Ökosystem nicht mehr intakt ist?“* Der Boden, fast nur Sand, ein Humusgehalt von lächerlichen ein Prozent, ein Jahresniederschlag von um die 450 Millimetern. Zum Vergleich: Der Durchschnitt der vergangenen 20 Jahre liegt für ganz Deutschland bei 784 Millimetern.

Dieser Tag brachte mich auf einen neuen Weg. Zum Boden. Wäre ich den Weg der totalen Digitalisierung gegangen, hätte ich in einen Hightech-Mähdrescher investieren müssen, der in der Lage ist, Daten flächenspezifisch aufzunehmen. Ich hätte eine Ackerschlag-Software gebraucht, mit der der Mähdrescher kommunizieren kann, die hätte wiederum eine Schnittstelle mit dem Düngerstreuer haben müssen, dann hätte ich noch dieses und noch jenes gebraucht. Und erst wenn ich all diese Teile zusammengehabt hätte, hätte das Konzept funktioniert. Aber was hätte sich bis dahin zum Besseren verändert? Nichts! Ich hätte mich immens verschuldet, hätte mich über viele Jahre auf einen bestimmten Produktionszweig festgelegt, hätte nicht mal die Dinge, die zwischendurch kaputtgehen würden, selber reparieren können.

Mir wurde klar, dass, egal was ich hier unternehmen würde, der Fokus immer auf dem Gesunden des Ökosystems und dem Wiederaufbau des Bodens liegen würde. Denn nur wenn der Boden gesund ist, das weiß ich heute, nur wenn das Ökosystem gesund ist, habe ich in ein paar Jahren überhaupt eine Chance, weiterhin hochwertige Lebensmittel herstellen zu können und irgendwie die Betriebe am Leben zu halten. Zuerst muss der Boden wieder aufgebaut werden, er muss aufleben und durch diese Lebendigkeit widerstandsfähig werden! Es war also das Gegenteil, das ich zu machen hatte. Ich spürte, dass ich, um in die Zukunft zu kommen, zurück zur Natur musste. Und darum sagte ich den Partnern, die ich mir für den digitalen Bauernhof ausgesucht hatte, kurzerhand ab.

Es begann eine Phase, in der ich nur am Computer saß und Tausende von E-Mails schrieb an Landwirte, Universitäten, Institute, Vereine, Stiftungen, überall auf der Welt. Wie ein Besessener spürte ich, dass es doch bereits Antworten auf meine Fragen geben müsste, ich musste sie nur finden. Mein Aufruf: *„Wenn ihr an den Herausforderungen mit Trockenheit und Bodenaufbau forscht, dann kommt her und lasst es uns in Madlitz gemeinsam auf dem Feld umsetzen.“* Während mir Johanna von Münchhausen, unsere damalige Verwalterin des Betriebs, den Rücken freihielt, investierte ich sehr viel Zeit darein, ein Netzwerk zu weben und auf Veranstaltungen Menschen zu treffen und Partner zu finden für das, worum es hier im Kern ging: den Boden zu retten, die Grundlage unserer Nahrung, unserer Gesundheit, unserer gesamten Existenz. Nur mit dem Boden zusammen würden wir es fertigbringen, eine Landwirtschaft zu etablieren, die sich wieder in den Kreisläufen der Natur bewegt. Ich war so verrückt, Weisheiten zu entdecken, die mir schlüssiger erschienen als alles, was ich mein Leben lang getan und gedacht hatte.

DER RICHTIGE Weg

Aber bevor ich von diesem Weg erzähle, bevor ich auch erkläre, warum der Boden so extrem wichtig ist und was ihn überhaupt erst so kaputt gemacht hat, möchte ich kurz schildern, wie ich dorthin gekommen bin, nach Madlitz, in dieses kleine brandenburgische Dorf auf halber Strecke zwischen Berlin und Frankfurt/Oder. Denn meine Wurzeln liegen ganz woanders.

Ich war ein lausiger Schüler, der den Unterricht hasste und die Natur liebte. Ich wuchs in München auf, dann im Rheinland in der Nähe von Leverkusen, schließlich in Bad Godesberg bei Bonn. Egal wo ich hinkam, gab es Probleme. Schule fand ich langweilig, Autoritäten fand ich furchtbar, und außerdem konnte ich nicht still sitzen. Sobald ich gezwungen wurde, mich nicht zu bewegen, körperlich wie geistig, sobald ich mich nicht einbringen musste in den Unterricht, schlief ich entweder ein, schaltete ab oder machte Blödsinn. Ich weiß gar nicht mehr, wie oft mein Vater in der Schule auftauchen musste. Er hatte ein zweites Handy, das nur für die Probleme der Kinder bestimmt war. Selbst wenn es mitten in der Sitzung vibrierte, verließ er umgehend den Raum und nahm die nächste Schreckensmeldung entgegen. Nachdem ich sowohl in Deutsch, Englisch, Mathe und auch Erdkunde auf eine Fünf abgerutscht war, floh ich aufs Internat, wo mir aber Latein zum Verhängnis wurde – und die strengen Hierarchien der Jesuiten.

Ich war zu dieser Zeit radikal interessenlos, wenn es ums Lernen und Lesen ging. Was ich mochte, war, anzupacken, Dinge zu tun, Sachen zu machen. Während sich andere nachmittags am Schreibtisch abquälten, bildete ich die Hunde meiner Eltern aus, ich fing kleine verwaiste Entchen ein und zog sie groß, ich holte Kaulquappen aus

Ich mit 17 und meiner ersten großen Liebe

dem Wasser und kümmerte mich um sie, bis sie zum Frosch geworden waren. Das fand ich toll! Mein Vater erzählt auch gern die Geschichte, wie ich als Siebenjähriger beim Urlaub in den Bergen bekundete: *„Morgen früh geh ich raus!"* Und während die anderen noch schliefen, packte ich den Rucksack, trollte mich in den Wald und setzte mich auf den Hochsitz. Ich blickte in die erwachende Natur und malte, was ich sah. Momente wie diese gab es viele. Sie ließen mich die Zwänge des Alltags vergessen, ich konnte frei sein. Und die Natur war auch immer der Weg zurück, wenn es zwischen meinen Eltern und mir mal nicht lief. Sie befriedete uns.

Die Liebe zur Schöpfung nutzte mir im katholischen Internat recht wenig. Ich floh wieder. Nach der Mittleren Reife, inmitten meiner extremsten pubertären Rebellenphase, ging ich nach England, auf ein Internat in Oxfordshire. Dort kam ich mit den Lehrkräften weit besser zurecht als in Deutschland. Sie brachten mir bei, Verantwortung zu übernehmen. Und ich wollte ihnen plötzlich gefallen – mit Leistung. Ich begann auf einmal gute Noten zu bekommen, danach ging es steil bergauf mit meinen eigenen Ansprüchen – was Leistung anging und auch was mein vorher recht arrogantes Verhalten betraf.

Ich glaube nicht, dass die Ursachen für mein Rebellentum nur in der Pubertät lagen. Mir hat es immer schon großen Spaß gemacht, gegen den Strom zu schwimmen. Ich fand es seltsam, wenn alle die gleiche Meinung hatten. Alle reden von Vielfalt. Aber am besten sollen alle das Gleiche tun. Das kann es doch wohl nicht sein! Das habe ich irgendwie immer in mir gehabt. Rückwirkend tut es mir allerdings auch leid für manche Menschen, die mit mir zu tun hatten, weil ich eben ein Rotzbengel gewesen bin. Aber England war heilsam. Nach meinem Grundwehrdienst bei den Gebirgsjägern in Mittenwald ging ich zurück nach England, studierte in Durham Business Finance. Am meisten Spaß brachte mir das Fach Behavioral Finance, verhaltensorientierte Finanztheorie, weil es dort Erklärungen auf philosophischer und psychologischer Ebene dafür gab, warum bestimmte Dinge im Markt passieren und andere nicht.

Während ich studierte, war Madlitz immer in meinem Hinterkopf. Ich erinnere mich an einen Urlaub, in dem die gesamte Familie zusammenkam und unsere Eltern meine zwei Schwestern und mich fragten, wer sich zutrauen würde, eines Tages den Betrieb zu übernehmen. Alle hoben den Finger. Und ich begründete: *„Ich bin der Einzige, der später mal so viel Geld verdienen wird, dass er sich das leisten kann."* Was für eine vermessene Äußerung. Das Geld, von dem ich sprach, verdiente ich mir in meinem ersten Job als Investmentbanker in der Frankfurter Filiale einer alten angesehenen deutschen Privatbank. Meine Triebkraft war, so viel Geld wie möglich zu machen, um nachher das tun zu können, was ich tun wollte. Und ich strebte danach, den Lebensstandard, den unsere Eltern uns ermöglichten, zu halten. Doch ich merkte schnell, dass das nicht mein Weg sein würde. Finanzmodelle interessierten mich nicht wirklich. Hinzu kam die soziale Seite: Viel Unschönes, was ich damals im zwischenmenschlichen Umgang beobachten konnte, prägt mich bis heute. So fing ich mit 22 Jahren in Frankfurt an zu arbeiten und wurde per Zufall direkt auf einen großen Deal gesetzt, konnte dabei helfen, Supermärkte von einer Handelsgruppe an eine andere Handelsgruppe zu verkaufen. Ein Jahr lang habe ich damit zugebracht, sammelte in der Zeit 1400 Überstunden, arbeitete sieben Tage die Woche. Eine absolut lebensfeindliche Arbeit, die weitestgehend darin bestand, Präsentationen für den Vorstand anzufertigen. Dann kam die Finanzkrise.

Und die erwischte meinen Arbeitgeber mit voller Wucht. Hautnah konnte ich miterleben, wie ein Konstrukt, von dem man annahm, dass es bombenfest sei und quasi für die Ewigkeit gemacht, wie ein Kartenhaus in sich zusammenstürzte. Eine 300 Jahre alte Familienbank ging pleite, wurde zerschlagen, und die Reste mussten vermarktet werden. Ich kam genau in das Team, das die Trümmer der Bank auseinandernehmen und Kollegen und Kolleginnen, die Väter und Mütter waren, freisetzen musste, Menschen, die vor einem Jahr noch die Champagnerkorken hatten knallen lassen. Jetzt jedoch war ein Mensch nicht mehr als eine Nummer. Zwei Dinge habe ich in dieser Zeit realisiert: Sollte ich selbst einmal Menschen führen, dann würde das mit Respekt und Wertschätzung geschehen! Und: Nehme nichts für immer an! Beides ist zum Tragen gekommen. Ich habe inzwischen das Privileg, ein wunderbares Team aufs Feld führen zu dürfen, das für die gemeinsame Sache brennt, und ich bemühe mich sehr, ein guter Trainer zu sein. Zum anderen sind wir mit einem kollabierenden Agrarsystem konfrontiert, das mit den Konsequenzen von menschengemachter Biodiversitätskrise und Klimawandel konfrontiert ist. Auf keine Jahreszeit, auf keinen Regenguss, auf keine einzige Ernte können wir uns mehr verlassen.

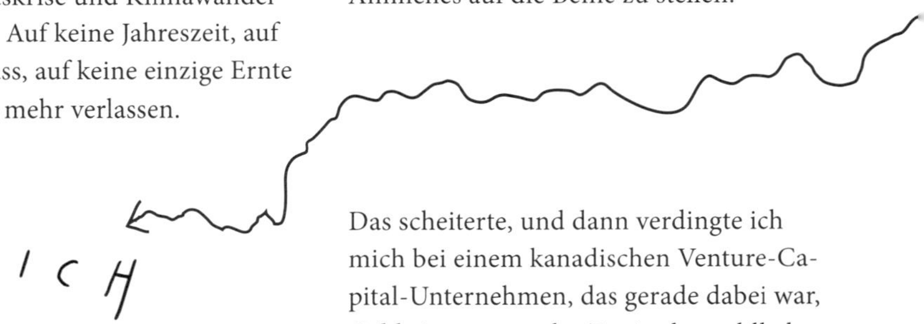

Ich verließ Frankfurt nach drei Jahren und entschied mich, an meinem neuen Lebensmittelpunkt Berlin drei Fliegen mit einer Klappe zu schlagen: Ich würde mir mit einem Masterstudiengang in Agrarökonomik weiteres Know-how zulegen können; ich hätte es nicht mehr allzu weit bis Madlitz; und ich würde nach einer langen Phase, die nur aus Arbeiten bestand, jetzt endlich auch mal ein bisschen Spaß in der Stadt haben. In dieser Zeit wurde ich auf das Thema Venture Capital aufmerksam, auf Risikokapitalgeber, die ganz früh in Agrartechnologie-Start-ups investieren, weil sie an die Innovationen der Gründer glauben. In Amerika gab es solche Fonds bereits und auch in den Niederlanden. In Deutschland nicht. Ich verfasste ein Thesenpapier, in dem ich erklärte, warum wir das auch bei uns brauchen, und verschickte es an Dutzende CEOs und Funktionäre. Tatsächlich bekam ich als Nobody Termine in der Industrie, bei Verbänden und auch Ministerien. In relativ kurzer Zeit hatte ich mir ein kleines Netzwerk im Agrarsektor aufgebaut. Ich war vernarrt in die Idee, neue Agrartechnologien nach vorn zu bringen. Ich hatte längst nicht verstanden, dass die meisten dieser Technologien auf der Basis falscher Annahmen entwickelt werden, ähnlich wie die chemiebasierte Landwirtschaft. Während ich mich weiter um meinen Plan bemühte, erhielt ich ein Angebot, in einem Großkonzern so etwas Ähnliches auf die Beine zu stellen.

Das scheiterte, und dann verdingte ich mich bei einem kanadischen Venture-Capital-Unternehmen, das gerade dabei war, Geld einzusammeln. Zwei sehr wohlhabende Investoren hatten sich vorgenommen, den größten Agrar-Tech-Fonds der Welt aufzubauen. Doch die Sache dauerte zu lange, und ehe die letzten Investoren an Bord kommen konnten, sprangen die ersten schon wieder ab.

Es sollte irgendwie nicht sein! Ich nahm aus diesen Jahren dennoch vieles mit. Mir wurde durch die Analyse der Start-ups noch mal aus einer ganz anderen Perspektive klar, welche Herausforderungen wir in der Landwirtschaft zu bewältigen haben, aber auch, welche Möglichkeiten uns offenstehen. Technik, Kapital, Wissenschaft, Talente. So viele wahnsinnig talentierte Menschen arbeiten in diesen Bereichen und kämpfen für Fortschritt. Ich habe aber auch gesehen, wie wenig davon auf dem Boden landet – weil Landwirte und Landwirtinnen schon jetzt zu viel zu tun haben, alle Risiken tragen und zu sehr unter Druck stehen. Ich habe auch gesehen, wie viel übereinander und wie wenig miteinander gesprochen wurde.

2016 ergab sich die Chance, mal ein paar Tage freizunehmen. Mein Freund Ruvan hatte mir immer wieder vom Jakobsweg in Nordspanien erzählt und meinte: *„Bene, das musst du jetzt machen.“* Ich hatte ein Zeitfenster von 30 Tagen und lief einfach los. Ich war rastlos, frustriert und unsicher. Doch ich wusste, ich bin auf dem richtigen Weg, ich konnte ihn nur noch nicht sehen. Vielleicht würde ich ja auf dem Jakobsweg irgendetwas finden. Und tatsächlich wurde die Pilgerstrecke ihrem Ruf, transformative Prozesse auslösen zu können, gerecht. Es war April, es regnete dicke Regentropfen, aufgereiht wie an Perlenschnüren, und es ging steil nach oben. Stundenlang hatte ich keinen einzigen Menschen gesehen. Oben auf dem Plateau ragte diese Säule in den Himmel, ein schlankes Monument mit einem Eisenkreuz auf der Spitze, dem Ferro de Cruz. Ich folgte einem alten Ritual und legte am Fuß der Säule etwas aus der

Route der Erkenntnis: Der Jakobsweg führte mich zu mir und zur Natur

Der Weg ermöglicht ständig neue Begegnungen. Einer meiner Begleiter schrieb auf einen Zettel: „Mein Leben, wie jedes Leben, geheimnisvoll, unwiderruflich, heilig. (...) Welch schöne Verrücktheit, die Zügel locker zu lassen“

Heimat nieder, einen Eichenzweig. Ich setzte mich, musste an all die Menschen denken, die ich auf meinem Lebensweg schon verloren hatte, und dann, ungelogen, öffnete sich der Himmel. Die Sonne brach an einer Stelle durch und warf einen gebündelten Strahl auf die Landschaft. In diesem Moment voller Ruhe und Ehrfurcht fiel es mir wie Schuppen von den Augen: *„Es ist doch eigentlich ganz klar, was ich jetzt mache. Ich gehe nach Madlitz, ich gehe nach Hause.“* Das veränderte alles. Es war keine göttliche Eingebung, die ich da erlebt hatte. Mir wurde einfach klar, dass genau das die richtige Entscheidung sein würde. Sie war schon immer da. Nur war mir jetzt der Vorhang weggezogen worden. Ich konnte sehen. Plötzlich sah ich alles mit klarem Geist. Ich würde in Madlitz doch alles machen können, was ich immer wollte: Dinge bewegen, Dinge verändern, innovativ sein, mit coolen Menschen arbeiten. Es gibt in der Welt doch so unglaublich viele kluge Menschen, so viel Potenzial und Kapital, und doch wird scheinbar so oft in ein industrielles, kaputtes System investiert. In Madlitz hätte ich die Möglichkeit, neue Pfade zu beschreiten.

Ich ging den Camino noch zu Ende, lief zum Teil 45 Kilometer am Tag, wurde irgendwann von unglaublichen Schienbein-

Nunca es demasiado tarde para

(Es ist nie zu spät, seinen Weg zu finden)

encontrar

schmerzen in die Knie gezwungen, raffte mich immer wieder auf, half zusammen mit einem Italiener einer im Rollstuhl sitzenden Pilgerin und ihrer Familie über 150 Kilometer, die kaputten Wege zu bewältigen, um sie in Santiago de Compostela direkt vor der Kirche abzusetzen. Die Energie und die Freundlichkeit der Menschen, die Klarheit der Gedanken – diese Reise erweiterte mein Bewusstsein. Wer schon mal den Jakobsweg gelaufen ist, der kennt die *frases de animo*, die aufmunternden Sinnsprüche, die einem dort begegnen. Zwei davon merkte ich mir, weil sie perfekt zu meiner Lage passten. *Nunca es demasiado tarde para encontrar el camino* (Es ist nie zu spät, seinen Weg zu finden). Und: *El Camino da más de lo que recibe* (Der Weg gibt mehr, als er empfängt). Und in der Tat hatte ich nach meiner Rückkehr unglaublich viel Glück.

el Camino

Im Mai tauchte ich wieder in Madlitz auf, im Dezember hatte ich meinen ersten Arbeitstag. Ich war angekommen, endlich. Aber in meinem Kopf breitete sich immer noch die Faszination für die Agrartechnologie aus. Für kommunizierende Maschinen. Für Plattformen, über die man Getreide vermarkten konnte. Für Drohnen, die Bodendaten aufnehmen. Für neue Formen der Obstbeschichtung, die den Apfel zwei Wochen länger haltbar machen. Für besondere Fungizide oder hitzeresistentere Maissorten, die entwickelt worden

Das Madlitzer Herrenhaus im Laufe der Zeit: kurz nach Fertigstellung (o.), nach der Wende (u.) und nach Renovierung (M.)

MADLITZ
18. Jahrhundert

waren. Unter Nachhaltigkeit verstand ich damals, dass wir beispielsweise von einem synthetischen Inhaltsstoff anstatt 80 Kilo nur noch 20 Kilo ausbringen müssten. Damit jedoch, das weiß ich heute, wäre ich den Feldern nicht nützlich, sondern nur weniger schädlich gewesen. Dass diese Technologie-Ausrichtung aber für uns in die Sackgasse führen würde, erkannte ich Gott sei Dank noch rechtzeitig. Und zwar exakt in dem Moment, als ich im Frühjahr drauf in jener flirrenden Hitze auf dem trockenen Acker stand und meinen Weg zurück zur Natur antrat. Ja, wir würden ein gläserner Betrieb werden, eine Art Showcase, aber in einem anderen Sinne und auf eine Art, die auch historisch viel besser zu Madlitz passen würde.

Denn das Dorf war schon vor über 200 Jahren ein Ort von großer Anziehungskraft. Karl Wilhelm Graf Finck von Finckenstein, Minister unter Friedrich dem Großen und dessen Nachfolgern, hatte den Gutshof 1750 mitsamt Herrenhaus, Ackerflächen, Gärten, Wiesen, Forsten, Hunderten unterschiedlichster Obstbäume und sogar einem kleinen Lustgarten gekauft. Aber weder war er ein Schöngeist noch ein Naturfreund. Karl Wilhelm hatte jedoch einen Sohn: Friedrich Ludwig Karl. Dieser stand zwar auch im Dienste Preußens, hatte aber einen Sinn für Ästhetik, die Kunst, die Natur und sogar für die Arbeit mit der Natur. So ließ er nicht nur über 20 Jahre hinweg aus dem Park einen Englischen Garten machen. Er integrierte in ihn auch eine Art Freilichtmuseum hinein, in dem sich die Menschen der Region anschauen konnten, was es bedeutet, Landwirtschaft zu betreiben. Vor Hütten und Miniaturfeldern sah man zum Beispiel das Dreschen von Getreide, die Verarbeitung eines geschossenen Rehs oder die Herstellung von Kompott. Dabei ging es nicht darum, zu zeigen, wie hart hier gearbeitet wird, sondern – im Gegenteil – wie schön es sein kann, sich in der Natur nützlich zu machen. Genau auf diesem Weg gehen wir heute auch.

Es war in dieser Zeit, dass Madlitz auch in Berlin von sich reden machte. Finckenstein nutzte diese Neugier und begann, interessante Menschen verschiedener Berufsgruppen auf das Gut zu holen, heute würde man das Prominenz nennen. Der Dichter Ludwig Tieck etwa wollte nur auf einen Tee vorbeischauen – und blieb viele Jahre, weil er sich vor Ort verliebte. Der Theologe und Philosoph Friedrich Schleiermacher, bekannt für seine Vermittlung zwischen dem Rationalismus und dem Supranaturalismus seiner Zeit, war Gast, genauso wie der Berliner Architekt Hans Christian Ginelli und sein Neffe, der italienische Maler Buonaventura Ginelli. Und sogar Kleist! Madlitz entwickelte sich zu einem Musenhof, zu einem Ort, der körperliche Entspannung und geistige Nahrung versprach. Größter Fan war sicherlich Tieck, der in seinem Buch *Phantasus* gewaltig ausholte, als er über Madlitz schrieb: *„In einer der traurigsten Gegenden Deutschlands ist mir ein Garten bekannt, der allen romantischen Zauber auf die sinnigste Weise in sich*

vereint, weil er, nicht um Effekt zu machen, sondern um die innerlichen Bildungen eines schönen Gemüthes in Pflanzen und Bäumen äußerlich zu erschaffen, vollendet wurde. (…) Dieser grüne, herrliche Raum schmückt wahrhaft die dortige Erde, von ihm umfangen vergisst man das unfreundliche Land und wähnt in lieblichen Thälern und göttergeweihten Hainen des Altertums zu wandeln. In jedem Freunde der Natur, der diese lieblichen Schatten besucht, müssen sich dieselben heitern Gefühle erregen, mit denen der sinnvolle Pflanzer die anmuthigste Landschaft hier mit dem Schmuck der schönsten Bäume dichtete."
Was sind das für Sätze! 125 Jahre alt! Und wie viel haben sie mit dem zu tun, was wir heute wieder vorhaben!

Die Finckensteins sind mit meiner Familie nicht blutsverwandt. Doch einer ihrer Ahnen, Karl Wilhelm Graf von Finckenstein, Jahrgang 1923, wurde zum Bindeglied. Meine Großmutter väterlicherseits heiratete ihn in dritter Ehe, und so wurde diese schillernde Figur zu einem Stiefgroßvater, der mich sehr prägte. Finckenstein hatte im Alter von sechs Jahren das Madlitzer Gut geerbt, nachdem sein Vater bei einer Operation gestorben war, ein Vormund leitete den Betrieb für ihn. Karl Wilhelm bekam seine Bildung in einem Internat in Bayern. 1945 reiste er aus Russland kommend – inzwischen 22 Jahre alt – zurück nach Madlitz, überredete seine Mutter, Madlitz zu verlassen,

Von Friedrich Ludwig bis Karl Wilhelm: Der umtriebige und kreative Geist der Finckensteins ist heute immer noch zu spüren

Karl Wilhelm Graf von Finckenstein

und floh mit ihr, zwei Trakehner-Pferden und ein paar Bildern vor der vorstoßenden Sowjetunion in den Westen.

Erst nach der Deutschen Einheit kehrte er wieder zurück nach Madlitz. Manches erkannte er wieder. Sogar Ecken, von denen Tieck noch geschwärmt hatte. Aber sonst fand er Madlitz in einem traurigen Zustand vor. Alles lag in depressivem Grau. „*Man kann es sich nicht mehr vorstellen*", erzählt mein Vater immer mal wieder. „*Das fing schon bei dem Geruch an, modrig, faul, es lagen tote Kühe herum, kein bisschen Farbe, keiner kümmerte sich um irgendwas, überall Dreck und Schutt. Das Herrenhaus war baufällig und wäre in wenigen Jahren eingestürzt.*"

Die Flächen der Finckensteins waren vom DDR-Regime zu einer der landwirtschaftlichen Produktionsgenossenschaften kollektiviert worden, und mit der Einheit wurde sichtbar, dass diese sogenannte LPG nicht lebensfähig war. Die wirtschaftliche Situation in der Gegend war extrem schwierig. Mein Stiefgroßvater, der im Westen bei einer Privatbank in Essen gearbeitet hatte, kam 1991 hierher zurück. Er besuchte den Bürgermeister Mallon und den LPG-Vorsitzenden und ließ sie ohne jede westliche Arroganz wissen: „*Wenn Sie Hilfe brauchen, sagen Sie Bescheid.*" Er spürte Verantwortung. Er ließ sich wieder in Madlitz nieder und bemühte sich wohl, „*segensreich*" zu wirken. So formuliert es mein Vater. Nach einer Zeit der Beobachtung reiste Graf Finckenstein zu uns nach München und meinte: „*Es ist politisch nicht gewollt, dass wir Madlitz zurückbekommen. Aber wenn wir es weitermachen wollen, sollten wir jetzt tätig werden.*" Wir wollten. Die Lösung: Mein Vater würde das Geld für die Wiedereinrichtung der Landwirtschaft geben und Finckenstein sich vor Ort bemühen, aus einem furchtbaren Sammelsurium von Besitzverhältnissen heraus die Flächen zu sichern – via Pacht oder Erwerb. Der Plan ging auf, und 1994 kaufte ihm mein Vater alles ab. Während er weiterhin als Banker arbeitete – in München, Köln und Hamburg –, wurde von den Verwaltern auf unseren Flächen rund um Madlitz konventionelle Landwirtschaft betrieben, etwa zehn Jahre lang.

Während sich meine Bezüge zu Madlitz auf die Ferien reduzierten, mussten meine Eltern natürlich ab und zu vor Ort die Akten einsehen. Irgendwann erkannten sie, dass hier zunehmend etwas schieflief. Ich möchte an dieser Stelle meinen Vater zu Wort kommen lassen: „*Ich sah, dass wir eigentlich so nicht weitermachen konnten. Es kamen ständig sogenannte Berater zu den damaligen Verwaltern und erzählten denen, was sie jetzt aufs Feld spritzen müssen. Das waren Berater von Chemiekonzernen oder deren Freelancer. Ich merkte, wie sich eine unglaubliche Abhängigkeit von den Herstellern dieser Mittel aufbaute – Dünger, Pestizide wie Glyphosat, Wachstumsblockierer, das ganze Bündel. Worauf man sich damals verlassen konnte: Ein paar Tage nachdem der Berater da gewesen war, kam eine riesige Rechnung ins Haus. Das hat mich so geärgert. Das musste ich ändern.*"

Der Ärger meines Vaters hatte also in erster Linie mit der finanziellen Abhängigkeit zu tun. Das reichte aus, um umzusatteln auf ökologische Landwirtschaft. Treibende Kraft dabei war meine Mutter. Sie hatte bei einer Düsseldorfer Immobilienfirma als Controllerin gearbeitet, gab ihren Job auf und wechselte 2004 mal eben nach Madlitz in

Meinen Eltern Cornelie und Hans-Detlef verdanke ich alles. Zuerst mussten sie mich als anstrengendes Kind ertragen, dann als Hüter ihres Lebenswerks akzeptieren

meine ELTERN

die Landwirtschaft. „*Sie hatte den härtesten Job überhaupt*“, erinnert sich mein Vater. Jahrelang lebte sie unter der Woche allein in Madlitz, baute die maroden Betriebe wieder auf und renovierte die Häuser. Tatsächlich hat uns die Kündigung der Verträge gutgetan. Wirtschaftlich erlebten wir keinen Nachteil. Hatten wir in den zehn Jahren konventioneller Landwirtschaft mit dem Anbau von Roggen, Triticale, Dinkel und Weizen fast nur Verluste gemacht, begannen wir nach und nach auch mal schwarze Zahlen zu schreiben. Nach seiner Banklaufbahn zog mein Vater dann fest nach Madlitz und versuchte, meiner Mutter nicht zu sehr im Wege zu stehen.

Meinen Eltern habe ich wirklich alles zu verdanken. Sie haben ihr ganzes Leben lang extrem hart gearbeitet und das, was sie sich erarbeitet hatten, in Madlitz gesteckt. Und in genau dem Moment, in dem sie es mal selbst hätten genießen können, entscheide ich mich 2016, nach Hause zu kommen und sie aus ihrem eigenen Nest zu schubsen. Ich glaube, ich selber hätte nie die Größe und Weitsicht meiner Eltern gehabt, mir die Verantwortung über die Betriebe zu geben, mir die Fortsetzung ihres Lebenswerks anzuvertrauen – ohne jede Ausbildung in diesem Bereich. Zugegebenermaßen wusste ich in diesem Moment ja auch noch überhaupt nicht, was alles kommen sollte.

WEITER, IMMER WEITER

1.2

Die Dürren – immer weniger Wasser

Was waren wir froh, als es Ende August 2022 nach vier Monaten ohne nennenswerten Niederschlag mal wieder so richtig regnete. An einem Freitagnachmittag, am Abend und in der Nacht kamen etwa 30 Liter pro Quadratmeter vom Himmel. In Berlin war von einer Unwetterfront die Rede, Bundespräsident Steinmeier musste im Park von Bellevue sein Sommerfest abbrechen, die Ärzte auf dem Tempelhofer Feld und der Rapper Marteria auf der Waldbühne sagten kurzfristig ihre Open-Air-Konzerte ab – aus Sicherheitsgründen. Doch sosehr wir uns mit der Natur über den Regen freuen konnten, für die Ernte kam er viel zu spät.

Was in jenen Monaten geschah, toppte alles bisher Dagewesene. In Deutschland zeichneten drei Wetterstationen des Deutschen Wetterdienstes knapp über 40 Grad auf: in Hamburg, in Niedersachsen und in Sachsen-Anhalt. In Großbritannien wurde überhaupt erstmals die 40-Grad-Marke geknackt. In Spanien wurden Temperaturspitzen von 46 Grad gemessen. Copernicus, der Erdbeobachtungsdienst von Europäischer Kommission und Europäischer Weltraumagentur, ermittelte den wärmsten jemals in Europa gemessenen Sommer. Und die Europäische Dürrebeobachtungsstelle gab für 47 Prozent unseres Kontinents eine Dürrewarnung heraus. „*Das starke Niederschlagsdefizit hat die Wassereinträge in die Flüsse ganz Europas beeinträchtigt*“, wird darin erläutert. „*Die geringen Speichermengen hatten schwerwiegende Auswirkungen auf den Energiesektor, sowohl für die Erzeugung von Wasserkraft als auch für die*

Kühlsysteme von Kraftwerken. Zudem haben der Wasser- und Hitzestress die Ernten von Sommergetreide substanziell verringert." Ähnliche Probleme in diesen Breiten hatten zeitgleich die Amerikaner und auch die Chinesen. Im Sommer 2022 führten bei uns in Brandenburg Hitze und geringe Wasserstände – vermutlich in Kombination mit der Einleitung von Industrieabwässern und einer giftigen Algenblüte – sogar dazu, dass Millionen Fische, Muscheln und Kleinstlebewesen in der Oder starben. Ein Schockereignis für die betroffenen Ökosysteme.

Dass wir uns aufgrund des menschengemachten Klimawandels an so etwas gewöhnen müssen, hat die deutsch-britische Klimaforscherin Friederike Otto schon vor Jahren prognostiziert. Als Mitbegründerin der Attributionsforschung kann sie über Rechenmodelle die Extremwetterereignisse mit dem Klimawandel in Verbindung bringen – manchmal jedoch auch Zusammenhänge ausschließen. In Bezug auf die drastischen Sommerphänomene der vergangenen Jahre hat sie festgestellt, dass Hitzewellen, die vor der Industrialisierung einmal pro Jahrzehnt auftraten, bei dem heutigen Klima bereits 2,8 Mal pro Jahrzehnt vorkommen und 1,2 Grad wärmer sind. Für Brandenburg kann ich sagen, dass diese Hitzewellen – gefühlt – bereits jetzt jedes Jahr auftreten.

Alarm schlug im Sommer 2022 auch der Dürremonitor des Helmholtz-Zentrums für Umweltforschung. Seit Jahren schon zeigt er uns mit unbarmherziger Härte, wie es um die Feuchtigkeit in unseren Böden steht. Seit 2011 hat Deutschland mit einem stetig wachsenden Dürrephänomen zu kämpfen. Nicht überall im gleichen Maße und mit Ausnahme des Jahres 2013. Vor allem in den vergangenen fünf Jahren aber nehmen sowohl die Dürreintensitäten als auch die Größe der von Dürre betroffenen Flächen bedrohliche Ausmaße an. Einer der Hotspots ist leider genau der Osten Brandenburgs. Selbst zum Herbstbeginn 2022, als dieses Buch entstand und es wieder den ein oder anderen Schauer gab, wies die orange-rote Karte mit ganz wenigen lokalen Ausnahmen eine schwere, extreme bzw. außergewöhnliche Dürre für den Gesamt-

HOTSPOT Osten Brandenburgs

boden in ganz Deutschland aus. Dabei wird bis in eine Tiefe von 1,8 Metern gemessen. In der Betrachtung des pflanzenverfügbaren Wassers, das sich in den obersten 25 Zentimetern des Bodens befindet, sah es Anfang September deutschlandweit zwar etwas entspannter aus, speziell in dem Teil Brandenburgs, in dem Madlitz liegt, standen die Pflanzen jedoch unter Trockenstress – rein statistisch und für uns mit bloßem Auge zu erkennen.

„Wenn wir ungebremst weiter das Klima erwärmen, haben wir bis zum Ende des Jahrhunderts die ersten Areale im Osten, besonders in Brandenburg, die tatsächlich einer Versteppung unterliegen“, erklärte Karsten Rinke, Experte für Wasserressourcen beim Helmholtz-Zentrum für Umweltforschung, im August 2022 dem Nachrichtenportal Watson. „Im Moment bewässern wir nur drei Prozent der Anbauflächen. Wenn die Klimakrise aber ungebremst vorangeht, wie jetzt, dann müssen bis zum Ende dieses Jahrhunderts schon 30 Prozent der Böden extra bewässert werden.“ Das Problem ist nur, dass das Wasser dafür nicht da sein wird. Es wird ja jetzt schon immer schwieriger, an Grundwasser zu kommen. Die Grundwasserspiegel sinken dramatisch. Bei uns liegt er bei 80 Metern oder noch tiefer.

Ich hatte das in einem frühen Stadium meiner Arbeit in Madlitz mal durchgerechnet. Ja, ich hätte bewässern können, dafür hätte ich mich jedoch mit einer Millioneninvestition verschulden müssen, um drei Brunnen zu bohren. Ich hätte plötzlich andere Produkte anbauen können, die diese

AUßERGEWÖHNLICHE DÜRRE
EXTREME DÜRRE
SCHWERE DÜRRE
MODERATE DÜRRE
UNGEWÖHNLICH TROCKEN

Je dunkler, desto trockener: Die illustrierte Dürremonitor-Karte beruht auf den Messungen in 1,80 Metern Bodentiefe des Helmholtz-Zentrums für Umweltforschung vom 12. September 2022

Beregnung brauchen – wie Kartoffeln, Rüben oder Möhren. Dann hätte ich aber auch neue Maschinen gebraucht und Lagerplätze. Beim zweiten Nachdenken wurde mir klar: Wenn das mit dem Wasser irgendwann mal gar nicht mehr läuft, hast du völlig falsch investiert. Grundwasser wäre eine Entwicklungsoption für Madlitz gewesen, aber sie birgt einfach zu viele Risiken. Außerdem, und das durfte ich lernen: Die Aquiferen, die großen Grundwasserleiter in den Tiefen der Erdkruste, sind die Arterien des Planeten. Und Arterien anzapfen hört sich instinktiv erst mal komisch an. Forscher der University of California kamen schon 2015 in einer Studie zu der Erkenntnis, dass etwa ein Drittel der globalen Grundwasserleiter übernutzt sind. Besonders in Indien, Saudi-Arabien und Nordafrika. Was uns droht, wenn wir uns demnächst unter ähnlichen klimatischen Bedingungen über das Grundwasser hermachen, ist also mit einem Blick in die Subtropen schon jetzt abzusehen. „*Angesichts der Geschwindigkeit, mit der wir die Grundwasserreserven der Erde plündern, brauchen wir eine koordinierte globale Anstrengung, um herauszufinden, wie viel uns noch bleibt*“, warnte damals Studienleiter Jay Famiglietti. Denn verlässliche Daten darüber, wie viel Wasser noch in den Aquiferen ruht, gibt es nicht. Dass es nur noch für wenige Jahrzehnte reichen würde, sagen die Pessimisten; für Jahrtausende, sagen die Optimisten. Mir sagt der gesunde Menschenverstand, dass ein absinkender Grundwasserspiegel ein klares Zeichen dafür ist, dass sich Zufluss und Entnahme längst nicht mehr im Gleichgewicht befinden. Aber auch für die Wasserfrage würde die regenerative Landwirtschaft, wie ich lernen durfte und später erzählen werde, ein paar Lösungen in der Hinterhand haben. Denn, und das darf man nicht vergessen, es ist nicht allein der Klimawandel an den trostlos trockenen Landschaften schuld. Auch die vor etwa 70 Jahren beginnende Flurbereinigung in den agrarisch genutzten Landschaften hat großen Anteil an dieser existenziellen Krise. Sie hat unsere Böden zu kahl gehauenen Angriffsflächen für Wind und Wetter gemacht. Kaum Baumreihen, die heiße Luftmassen aufhalten. Kaum Biotope, die wie ein Schwamm das wenige Wasser aufnehmen und speichern können, um es nach und nach an die Vegetation abzugeben oder im Idealfall über die Verdunstung für den eigenen Regen zu sorgen. Anders gesagt: Die Steppen, die uns vorhergesagt sind, haben wir selbst eigentlich schon vor Jahrzehnten angelegt.

Die Ironie der Geschichte ist, dass wir in der Notwendigkeit, unsere Landschaften an den Klimawandel anzupassen, genau das Gegenteil von dem brauchen, was eine Steppe ausmacht. Die Hauptrolle dabei spielt der Boden!

Der Boden – immer weniger Humus

Wir sind im Osten Brandenburgs geologisch nicht besonders gut mit nährstoffreichem Boden ausgestattet worden. Wir sitzen hier auf übersandeten Grundmoränen, die uns die letzte Eiszeit hineingeschoben hat. Über 95 Prozent der Landesoberfläche Brandenburgs sind mit Lockersedimenten bedeckt. Dünen nehmen hier etwa 80.000 Hektar ein, das ist nur etwas weniger als die Gesamtfläche Berlins. Aber auf diesem speziellen Untergrund hat sich in den vergangenen Jahrtausenden trotzdem einiges getan. Nach dem Rückzug des Inlandeises vor etwa 14.000 Jahren begann sich auf den gerade abgelagerten Moränen und Sandflächen der Boden zu entwickeln. Diesen Prozess beschreiben die Bodensteckbriefe des Brandenburger Umweltministeriums ganz gut. Nachdem sich die ersten Pflanzen angesiedelt hatten und das heutige Brandenburg zur Tundra wurde, begann auch die Humusbildung, die Entkalkung und die sogenannte Verbraunung der Erde. Mit dem milder werdenden Klima hielten immer mehr Baumarten Einzug, was der Region vor rund 10.000 Jahren zu einer fast geschlossenen Walddecke verhalf.

Allein dieser kleine Ausflug zeigt, dass die Natur auf den oft beklagten Sandböden durchaus einiges inszenieren konnte. In der Jungsteinzeit vor etwa 6000 Jahren griff hier jedoch der Mensch erstmals in größerem Maße in die Landschaft ein. Es wurde gerodet, dann wurde gepflügt, um Ackerbau zu betreiben. Eine Phase, die mit dem heutigen Landschaftsbild nichts zu tun hat. Denn der Wald kam nach den ersten anthropogenen Attacken wieder, konnte sich bis ins frühe Mittelalter erheblich ausbreiten. Die Steckbriefe sprechen von einem Waldanteil von über 90 Prozent in Norddeutschland. Ein kühl-feuchtes Klima herrschte. Der Boden konnte sich stark weiterentwickeln, stellenweise entstanden *„bis zu zwei Meter mächtige Braunerden"*. Aber dann: das Hochmittelalter. Zwischen dem 12. und 14. Jahrhundert wurden die Wälder von unseren Landwirtschaft betreibenden Vorfahren in gigantischem Ausmaß plattgemacht und gegen Felder und Wiesen ausgetauscht. In ganz Deutschland, so die Autoren der Steckbriefe, soll die Waldfläche auf unter 20 Prozent gesunken sein. Mit Konsequenzen für den Boden – aus den Waldhumushorizonten wurden Pflughorizonte oder Grünlandhumushorizonte. Diese hatten weniger Tiefe und weniger Lebendigkeit. Da half auch die punktuelle Aufforstung zu Beginn des 18. Jahrhunderts nicht viel. Denn es waren vor allem Nadelbäume, die in Monokulturen gepflanzt wurden und den Boden weiter verarmen ließen. Und als wäre das nicht genug, fing man in Brandenburg auch noch damit an, im großen Stile die Moore trockenzulegen und sie ebenfalls Ackerbau und Weidewirtschaft zuzuführen.

Jetzt sind wir auf der Zeitreise im vergangenen Jahrhundert angelangt, wo unserem Boden mit dem Aufkommen der synthetischen Mineraldüngung, der chemischen Pflanzenbehandlung, der zunehmenden Technisierung und der auf Masse abzielenden Ausrichtung über viele Jahrzehnte in einer neuen Art und Weise zugesetzt wurde. Anfangs ging es um eine gute Sache, nämlich darum, die weltweiten Nahrungsmittelknappheiten und Hungersnöte in den Griff zu bekommen. Dazu wurde von der US-Regierung die „green revolution" ausgerufen, keine Ökobewegung, sondern

Milliarden von Kleinstlebewesen und Organismen: In einer Handvoll gesunden Bodens leben mehr Organismen als Menschen auf der Erde

BodeN

intensiv betriebene Landwirtschaft. Im Zuge dessen gelang es dem amerikanischen Agrarwissenschaftler Norman Borlaug, neue ertragreichere Züchtungen – etwa von Weizen oder Mais – zu entwickeln, die in gigantischen Mengen angebaut und gegen den Hunger eingesetzt werden konnten. Es gab mehr Nahrung, mehr Wohlstand, mehr Sicherheit. Borlaug erhielt dafür den Friedensnobelpreis. Für die einen war er ein Gott, für die anderen der Totengräber der Landwirtschaft. Denn Borlaug hatte die Büchse der Pandora geöffnet und damit immer mehr Begehrlichkeiten geweckt. Der Tanz um das goldene Kalb des ewigen Wachstums in Form jährlicher Produktivitätssteigerungen hatte begonnen. In Deutschland etwa erwirtschafteten Bauern im Jahr 1950 noch 2,6 Tonnen Weizen pro Hektar Ackerland, heute sind es 8,1 Tonnen pro Hektar. Dass uns das gesamte System entglitten ist, zeigen aber besonders drei Zahlen von globalem Maßstab: Heute werden auf der Erde jedes Jahr rund 1,3 Milliarden Tonnen Essen weggeworfen. Gleichzeitig hungern 828 Millionen Menschen – und die Zahl steigt. Ein WWF-Report vermeldete 2021, dass 40 Prozent der weltweit produzierten Lebensmittel verschwendet werden. Die Frage nach der aktuellen Notwendigkeit einer Produktionssteigerung über intensive Landwirtschaft macht im Lichte dieser Zahlen nachdenklich.

Doch statt an der Frage der Verteilung etwas zu verändern, entfernen wir uns mit jedem neuen Erntejahr weiter von der Basis des Bodens, des Ortes, dem wir alles zu verdanken haben, der Wiege allen Lebens. Der gesunde Boden mit seiner darin und darauf wimmelnden Vielfalt wurde jahrzehntelang – und heute vielerorts leider immer noch – als anonymer und wertloser Produktionsfaktor gesehen. Das ging einher mit der irrigen Annahme, dass Energie und Wasser – zwei in der intensiven Landwirtschaft ebenso dringend benötigte Ressourcen – quasi endlos verfügbar und günstig sind. Was war und ist die Konsequenz?

Jahr für Jahr und Zentimeter für Zentimeter verlieren die Böden rund um den Globus an Humus. Böden, die unangetastet sind, kommen auf einen Humusanteil von zehn bis 30 Prozent. Die intensive Bewirtschaftung der Ackerflächen auf unserem Planeten hat diesen Humusanteil auf durchschnittlich zwei bis drei Prozent schrumpfen lassen. Die Ursachen sind zu starke Bodenbearbeitung wie das Pflügen,

Die Erosionsrate von industriell bestellten Böden liegt heute bei 2,5 Zentimetern pro 40 Jahre. Auf dieser und den folgenden Seiten symbolisieren wir den Rückgang von fruchtbarem Boden

zu starker Kunstdünger- und Pestizideinsatz, der Anbau von Monokulturen, immer schwerere Maschinen, die den Boden verdichten, die zu lange offen liegende Erde und natürlich die damit zusammenhängende Erosion. Zwei bis drei Prozent! Franz Rösl, eine Instanz in der deutschen Humusforschung, sagt, dass wir mit dieser Zahl dem Tode näher sind als dem Leben. Die UN-Ernährungsexpertin Maria Semedo schockte 2015 die Weltöffentlichkeit, indem sie nur noch 60 Ernten prognostizierte, sollte die Menschheit in dieser Form weiter Landwirtschaft betreiben. Humus scheint also existenziell zu sein.

Humus, das ist der lebendige und kraftstrotzende obere Teil unseres Bodens, aus dem sich unsere Pflanzen einerseits ernähren, zu dem sie andererseits aber auch wieder werden. Lässt man allein die Natur machen, braucht sie in unseren Breiten für den Aufbau eines Zentimeters Humus zwischen 100 und 300 Jahre. 95 Prozent der Nahrung kommen aus diesem normalerweise sehr fruchtbaren Oberboden. Er ist nicht etwa eine tote Rangiermasse, sondern ein lebendiger Organismus. Sieben bis acht Milliarden Lebewesen hat man in der Hand, wenn man in gesunden Waldboden greift. Und das sind keine Einzelgänger! Sie alle sind Teil eines komplexen symbiotischen Systems, in dem Pflanzen, Pilze, Insekten, Würmer und Mikroben Lebensgemeinschaften bilden. Sie tauschen Nährstoffe aus, senden Signale und reagieren aufeinander. Extrem wichtig sind auch die Symbiosen, die die Bodenorganismen mit den Wurzelgeflechten der Pflanzen eingehen. Wird der Boden jedoch falsch behandelt, indem er etwa mechanisch zu viel bewegt wird oder zu viele Chemikalien gespritzt werden, werden die natürlichen Symbiosen und Prozesse innerhalb weniger Minuten unterbrochen. Das heißt: Pflanzen und Boden bilden plötzlich getrennte Sphären, und das komplexe, sich selbst erhaltende System wird unterbrochen. Damit verschwindet die Lebendigkeit und damit die Gesundheit, das Immunsystem und die Resilienz. Und das alles unter dem zusätzlichen Druck der Dürren.

Und es geht ja nicht nur um den Boden als unsere Nahrungsquelle. Neben der Funktion als Nährstoffproduzent und -speicher übernimmt er viele andere Ökosystemleistungen. Er ist der Ort, auf dem durch die Pflanzen die Fotosynthese stattfindet,

er hält als Speichermedium die Wasserzirkulation am Laufen, er ist als Lebensraum Grundlage der Artenvielfalt. Gleichzeitig trägt der Boden zur Regulation unseres Klimas bei. Er dient als gigantischer Speicher von Kohlenstoff. Global wird vier Mal so viel Kohlenstoff als Humus im Boden gespeichert, wie in Form von Kohlendioxid atmosphärisch vorhanden ist. Wenig bekannt ist auch, dass die Böden auf dem Festland sogar Kohlenstoffspeicher Nummer eins sind. Der Boden, auf dem ein Baum steht, speichert mehr Kohlenstoff als der Baum selbst! Trotzdem treten wir ihn mit Füßen, versiegeln ihn, verdichten ihn und beuten ihn aus. Das Thünen-Institut für Agrarklimaschutz hat 2019 in der ersten deutschlandweiten Humus-Inventur festgestellt, dass landwirtschaftliche Böden mit rund 2,5 Milliarden Tonnen Kohlenstoff in 0 bis 100 Zentimetern Bodentiefe mit weitem Abstand der größte terrestrische Speicher für organischen gebundenen Kohlenstoff in Deutschland sind. „*Ein großer Schatz für Klimaschutz und Bodenfruchtbarkeit, den es zu bewahren gilt*“, sagt Axel Don, einer der verantwortlichen Forscher. Denn das ist eine weitere Erkenntnis: Ackerböden tragen zur Kohlenstoffspeicherung im Vergleich zu Dauergrünland oder erst recht zu Moorböden am wenigsten bei. Die in die Zukunft gerichteten Modellrechnungen des Thünen-Instituts deuten darauf hin, dass die geschundenen Ackerböden noch weitere Verluste von durchschnittlich 0,19 Tonnen Kohlenstoff pro Hektar und Jahr zu erwarten haben. „*Diese treten besonders dort auf, wo die aktuellen Vorräte relativ hoch und die Einträge an organischem Kohlenstoff über Pflanzenreste sowie Mist und Gülle gering sind*“, heißt es in dem Bericht. „*Je höher die Temperaturen und je geringer die Niederschläge in der Vegetationszeit, desto größer können die Verluste an organischem Kohlenstoff ausfallen.*“

Dass der Boden in der Klimafrage eine entscheidende Rolle spielen würde, darüber war man sich bereits im Umfeld des legendären UN-Klimagipfels 2015 in Paris sehr sicher, auf dem sich die Weltgemeinschaft auf das 1,5-Grad-Ziel einigte. Dort wurde auf Betreiben der französischen Regierung die 4-Promille-Initiative ins Leben gerufen. Hier geht es um die erstaunliche Berechnung, dass ein jährliches Mehr an Humus von 4 Promille – also 0,4 Prozent – in allen Böden der Welt die aktuellen Treibhausgasemissionen weitgehend kompensieren kann. Viele Regierungen und auch die EU-Kommission haben diese Kampagne begrüßt. Nur 0,4 Prozent mehr Humus! Das ist doch mal eine Zahl, die Hoffnung macht, die allerdings auch voraussetzt, dass nicht weiter das Gegenteil passiert und Humus abgebaut wird.

Der renommierte Bodenforscher Rattan Lal hat viel zur regenerativen Landwirtschaft geforscht, zu den Vorteilen von Untersaat,

Mulchen oder Agroforstsystemen – drei Methoden, auf die ich später eingehen werde, weil wir sie hier in Madlitz ebenfalls sehr schätzen und anwenden, um Boden wieder aufzubauen. Lal geht davon aus, dass der Boden im gemäßigten Klima während einer 50-jährigen Bearbeitung mit industriellen Methoden 30 bis 50 Prozent seines Kohlenstoffs verliert. In den Tropen, wo die Böden dauerhaft extremer Hitze wie auch sturzartigen Regenfällen ausgesetzt sind, soll dieser Verlust sogar bereits nach zehn Jahren passiert sein. Extreme Hitze? Sturzartige Regenfälle? Kommt uns das in Deutschland nicht auch inzwischen bekannt vor?

Es steht also unheimlich viel auf dem Spiel. Neben den rasant zunehmenden ökologischen Risiken verlieren wir mit schlechter werdenden Böden die Sicherheit, weiterhin ausreichende Ernten liefern zu können. Vielerorts werden die schwindenden Ernten jedoch mit einem künstlichen Konstrukt bekämpft. Die Kettenreaktion und der damit einhergehende Teufelskreis gehen so: Düngen wir zu intensiv mit scharfem Flüssigdünger, greift dieser die Mikrobiologie des Bodens an. Das wiederum verringert die natürliche Widerstandsfähigkeit und Gesundheit der Pflanzen, die auf die Bodenbiologie und die von ihr gelieferten Nährstoffe angewiesen sind. Dadurch können sich die Pflanzen weniger gut gegen Schädlinge und Krankheiten schützen, weswegen wiederum Chemie benötigt wird, um darauf zu reagieren. Verdient ein Konzern eventuell mehr an einem ausgelaugten Boden? So wie an einem Patienten, der nie geheilt wird, aber ständig behandelt werden muss? In diesem System gibt es nur wenige Gewinner. Ich bin überzeugt, dass das industrielle Landwirtschaftssystem in der aktuellen Auslegung den ökologischen und gesellschaftlichen Anforderungen nicht gerecht werden kann.

Das immense Potenzial natürlicher Lösungen wird bislang noch zu oft als irrelevante Alternative abgetan. Kompost mit all seinen wundersamen Ausprägungen, Anwendungen und Wirkungen wird völlig unterschätzt, genauso wie das Potenzial durch eine an den Standort angepasste Kuhhaltung. Für den Einsatz beider – Kuh und Kompost – haben wir uns entschieden. Wir haben sie zu einem wesentlichen Teil unserer Landwirtschaft gemacht, zu Kernkomponenten von der Natur inspirierter Kreisläufe.

Dass das eventuell besser sein kann als Chemie, erkannte paradoxerweise jemand, der die Synthetisierung von Stickstoffdünger erst populär gemacht hatte – Justus von Liebig. Aber er erkannte es zu spät. Da war das Kind schon in den Brunnen gefallen. Der Professor schrieb mehrere

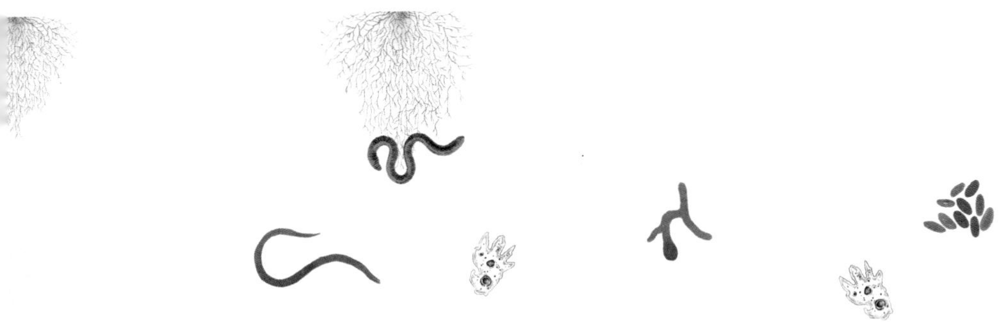

Bücher, darunter *Die Chemie in ihrer Anwendung auf Agricultur und Physiologie* (1840) und *Die Naturgesetze des Feldbaues* (1862). Die Botschaften beider Werke hätten unterschiedlicher nicht sein können. Im ersten stellt er die Anwendung chemischen Mineraldüngers über die bisher gängige humusfreundliche Praxis mit Mist, Gülle und Biomasse. Erst schreibt er ganz richtig: „*Als Prinzip des Ackerbaus muss angesehen werden, dass der Boden in vollem Maße wiedererhalten muss, was ihm genommen wurde; in welcher Form dies Wiedergeben geschieht, ob in der Form von Exkrementen, oder von Asche oder Knochen, dieses ist wohl ziemlich gleichgültig.*“ Aber dann sagt er: „*Es wird eine Zeit kommen, wo man den Acker, wo man jede Pflanze, die man darauf erzielen will, mit dem ihr zukommenden Dünger versieht, den man in chemischen Fabriken bereitet.*“ Und genau so kam es. In dem zweiten Buch, 22 Jahre später geschrieben, klingt das jedoch ganz anders. Darin empfiehlt er, organisches Material zurück auf die Felder zu geben, Biomasse, die die gesamte Brandbreite von Nährstoffen enthält – im Gegensatz zu den wenigen Komponenten der chemischen Düngung. Würde der Bauer Techniken anwenden, die nicht den vollen Nährstoffverlust des Bodens ausgleichen, würde eine solche Art von Landwirtschaft nur so lange möglich sein, bis der Boden ausgelaugt ist. Und dann verweist Liebig noch auf die Kulturen des Fernen Ostens, die es anders gemacht haben als manch gescheiterte Europäer und Jahrtausende überdauert haben. Es ist ziemlich kurios. Liebig plädiert plötzlich für biologische Kreisläufe, empfiehlt den Anbau bestimmter bodenfreundlicher Pflanzen, ermuntert Landwirte, auf Teilen ihrer Felder zu experimentieren, was ihrem Boden guttut. Liebig schrieb nicht nur darüber. 1865 wurde der Deutsche sogar vom britischen Parlament nach London eingeladen, um bei der Frage zu helfen, wie man die in der Themse schwimmenden Fäkalien – also die ausgeschiedenen Nährstoffe der Stadtbevölkerung! – für die Landwirtschaft würde nutzen können. Hier machten ihm die aufkommenden Sanitäranlagen und Abwassersysteme den Plan zunichte. Und die Landwirtschaft hatte sich längst der agrochemischen Philosophie seines ersten Buchs zugewandt.

Auch David R. Montgomery verweist gern auf die tragische Saulus-Paulus-Geschichte von Justus von Liebig. Der Geomorphologe widmete unserem Boden zwei wesentliche Bücher. *Dirt – The Erosion of Civilizations* veröffentlichte er 2007, *Growing a Revolution* kam 2017 heraus. Ich empfehle sie jedem, denn er beschreibt darin sehr eindringlich, wie Kulturen und Hochkulturen untergegangen sind, weil sie den richtigen Umgang mit dem Boden nicht verstanden haben. Dass Plato und Aristoteles schon in der Antike in der Lage waren, auf die Ursachen der Bodenzerstörung zu schließen, konnte nicht verhindern, dass die Griechen und später auch die Römer auf dem „*Friedhof der Weltreiche*“ landeten, wie es Montgomery ausdrückt. Was wir unserem Boden antun, so die Lehre, tun wir immer auch uns selber an. Zuerst leidet unsere Gesundheit, dann unsere gesamte Existenz.

Wem die alten Philosophen zu weit weg sind, für den hat Montgomery, der als Professor am Department of Earth and Space

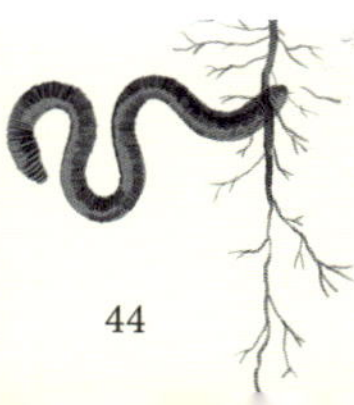

Sciences der University of Washington in Seattle lehrt, auch aktuelle Wissenschaft parat. So berichtet er von dem Geologen Bruce Wilkinson, der anhand der Verbreitung von Sedimentgestein auf Erosionsraten innerhalb großer geologischer Zeiträume schließen konnte. Wilkinson berechnete, dass der Boden in den vergangenen 500 Millionen Jahren mit einer durchschnittlichen Erosionsrate von etwa 2,5 Zentimetern pro 1000 Jahren abgetragen wurde. Heute – und jetzt kommt's! – beträgt die Erosionsrate der Erde eines konventionell bewirtschafteten Ackers 2,5 Zentimeter pro 40 Jahre. Eine *„dramatische Beschleunigung“* nennt Montgomery das, die geradewegs in eine weitere ökologische Krise geführt hat. *„Wir müssen die intuitive, aber naive Idee beerdigen, dass billig produzierte Lebensmittel den Hunger auf der Welt beenden“*, so der Geologe in seinem Buch *Dirt*. *„Im Verlaufe des vergangenen Jahrhunderts wurde von den langfristigen Konsequenzen der Erosion abgelenkt, indem die Erschließung neuer Flächen und die Entwicklung von Dünger, Pestiziden und neuen Sorten den Verlust an Bodenproduktivität kompensieren konnten. Boden aufzubrauchen und einfach weiterzuziehen, wird keine tragbare Option für zukünftige Generationen mehr sein. Die Lebensspanne unserer Zivilisation auszudehnen wird die Transformation unserer Landwirtschaft erfordern. Wir müssen dem Boden Respekt entgegenbringen und dürfen ihn nicht mehr als Zutat eines industriellen Prozesses behandeln, sondern als die lebendige Grundlage unseres Wohlstands.“* Spot on, Mister Montgomery!

Landwirtschaft ist eben kein Geschäft wie jedes andere, genauso wenig wie der Handel mit Wasser. Kurzfristige Profite machen immer nur wenige, die langfristigen Nachteile trägt die Allgemeinheit. Schauen wir allein auf Europa. Bereits heute sind 20 Prozent der Fläche der Europäischen Union von Erosion und dem damit einhergehenden Humusverlust betroffen. Jedes Jahr verlieren wir hier zehn Tonnen Boden pro Hektar. Bis Mitte des Jahrhunderts könnten die Wetterphänomene des Klimawandels regional zu einem Rückgang der Agrarproduktion von bis zu 50 Prozent führen – angefangen mit dem Mittelmeerraum.

Doch langsam scheint sich etwas zu tun. Wegen solcher Prognosen. Aber vor allem wegen der ganz konkret spürbaren Probleme auf unseren Feldern. Mich hat es immer extrem geärgert, wie Politik und Industrie ein Problem, für welches sie in erster Linie Verantwortung übernehmen sollten, weiterreichten an die Landwirte und die Bevölkerung. Nach dem Motto: Sollen die doch entscheiden – und so den Markt verändern. Nein, die Politik muss Verantwortung übernehmen und den Rahmen setzen. Bisher hat die Europäische Union das System mit Milliardensubventionen aufrechterhalten. Jetzt hat sie einen Missionsausschuss eingerichtet, der mit Blick auf die EU-Bodenstrategie 2030 den Weg zur Wiederherstellung gesunder und fruchtbarer Böden ebnen soll. Teil des Weges ist die *„Soil Mission Support“*-Initiative. Sie soll die unterschiedlichen Akteure in einem transdisziplinären Ansatz zusammenbringen. Geht es nach uns hier in Madlitz, müssten bei dieser Mission die Methoden der regenerativen Landwirtschaft die Hauptrolle spielen.

2.

Wie ich forschte

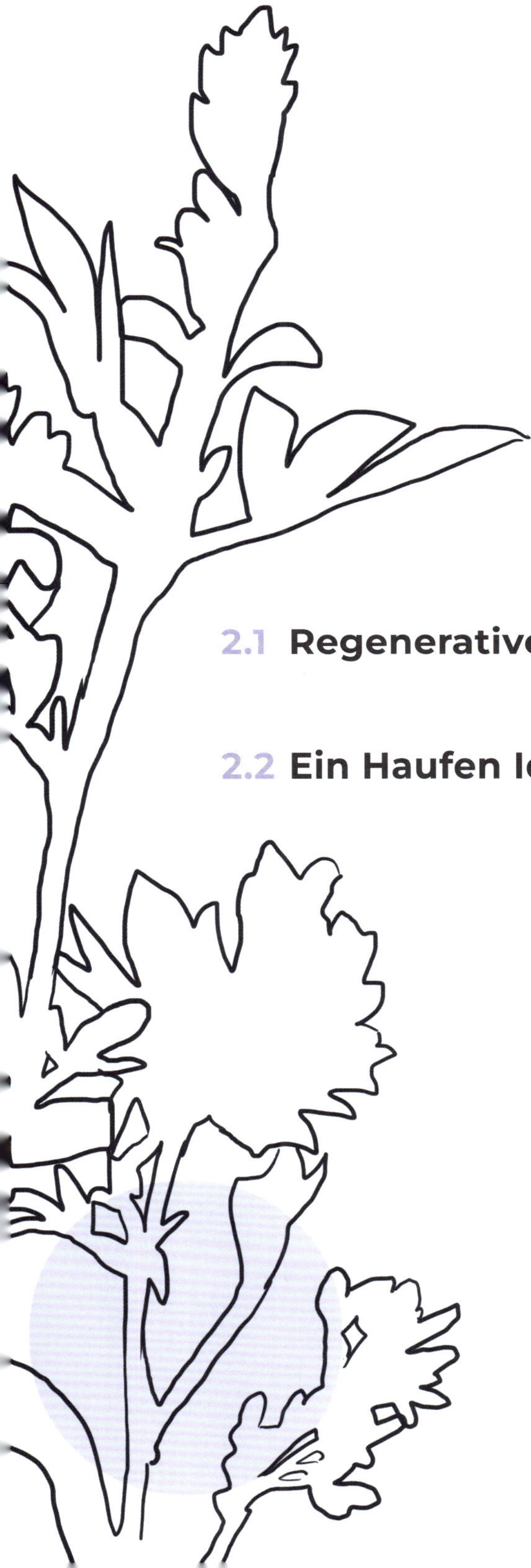

2.1 Regenerative Landwirtschaft

2.2 Ein Haufen Idealisten

2.1

Regenerative Landwirtschaft oder mein Hechtsprung in die neue Welt

Als ich Madlitz von meinen Eltern übernahm, wurde hier klassische Landwirtschaft betrieben. Viehloser Ökoackerbau. Wir haben Getreide angebaut, geerntet und verkauft. Parallel dazu haben wir Holz aus unserem Forst geschlagen und vermarktet. Es gab einen Jäger, der sich um das Wild gekümmert hat. Und wir betrieben eine kleine Dorfbäckerei und ein Bed & Breakfast. Doch mit alldem war es von Beginn an schwierig. Backbetrieb und Pension konnte ich mir nicht mehr leisten, beides waren Draufzahlgeschäfte. Und auch die Mechanik, zwischen Feld und Forst saisonale Einbrüche des jeweils anderen aufzufangen, funktionierte in Anbetracht der Verluste aus Trockenheit und Stürmen nicht mehr. Die Luft wurde immer dünner.

Nachdem ich die Idee des digitalen Bauernhofs in den Wind geschossen hatte, um mich dem Boden zuzuwenden, habe ich viel gelesen, um mir das nötige Wissen anzueignen. Schrieb Tausende von Mails, sprach mit unzähligen Leuten, baute mit ihnen irgendwelche Luftschlösser, um sie direkt wieder einzureißen. Ich machte wahnsinnig viel, spielte im Kopf unterschiedlichste Entwicklungsvarianten durch, arbeitete die Nächte durch, aber was immer ich auch fand, nichts davon gab mir das Gefühl des Richtigseins, diese Ahnung, von der man – ohne es erklären zu können –

instinktiv überzeugt ist. Gleichzeitig spürte ich aber auch, dass ich mich prinzipiell auf dem richtigen Weg befand.

Die viele Energie, die ich investierte, aber auch die Sorgen, die Frustration begannen sich irgendwann in erste konkrete Formen zu verwandeln. Auf einmal schrieb mir jemand auch mal eine Antwort auf meine Mails. Von meinem Freund Jacob wurde mir **Emil Underberg** vorgestellt. Emil ist ein grenzenloser Idealist, der seit vielen Jahrzehnten an einer heilen Welt mit einer gesunden Natur feilt. Er war einer der Ersten, die mir einen neuen Weg zeigten. Das Thema, für das er mich begeisterte, war Agroforst, eine Art Verbindung von Land- und Forst- oder Viehwirtschaft auf einer Fläche, bei der sich alle drei gegenseitig unterstützen. Man pflanzt Baumstreifen über den Acker verteilt und nutzt weiterhin die Ackerfläche, hat aber eben auch noch die Streifen, die unterschiedliche Nutzungen ermöglichen. Obst, Beeren, Nüsse! Wow. Mir war sofort klar: Das ist es! Unsere Riesenäcker hier leiden doch so sehr aufgrund der schieren Größe. Unser größtes ist fast 170 Fußballfelder groß. Dort ist kein Schutz vor Wind, dort steht keine Barriere, falls mal ein Riesenregenschauer kommt, dort findet sich kein Lebensraum für Insekten und andere Tiere. Wenn ich diese Flächen wieder bepflanzen würde, wenn ich über Baum- und Strauchstreifen das Leben wieder zurück auf den Acker bringen würde! Ich sah mich als alten Mann freudig durch die Baumreihen laufen, die deutlich kühlere Luft wahrnehmend, umgeben von ärgerlich aufsteigenden Vögeln im Sonnenaufgang. Da war es, dieses Gefühl, dass etwas richtig ist, auf das ich gewartet hatte und das mich jetzt mit der größten Energie überhaupt erfüllte. In dem Moment öffnete sich ein kleiner Ausschnitt dessen, was noch kommen sollte. Ab jetzt gab es kein Zurück mehr.

Ich folgte also meinem Instinkt und ging beim Agroforst in die Tiefe, und jeder, der das tut, stößt früher oder später auf **ERNST GÖTSCH**, den Paten dieser Art von Landwirtschaft, einen Naturphilosophen aus der Schweiz, der in Brasilien auf gerodeten und ausgebeuteten Agrarbrachen keine neuen Monokulturen entstehen ließ, sondern vielfältige und an den Kreisläufen der Natur orientierte Ökosysteme, die Boden aufbauen, Quellen wieder austreten lassen und nebenbei auch noch Früchte bringen. *„Wir sind nicht die Schlauen“*, rückt Götsch zurecht, *„wir sind nur Teil eines intelligenten Systems. Wir sind weder der Eigentümer, noch der Chef oder Manager, wir sind Endobionten, also Bewohner im System der Natur.“* Ernst ist ein spannender und fordernder Zeitgenosse – dazu aber später mehr.

Aber bei Götsch blieb es nicht auf meiner Recherchetour. Ich stieß auch auf den Afrikaner **ALLAN SAVORY**, der es in der Disziplin des ganzheitlichen Weidemanagements zur Berühmtheit geschafft hat und den Menschen bis heute mit der Feststellung ins Gewissen redet, dass die Wüstenbildung eines der größten und dazu noch selbst gemachten Probleme der Menschheit ist, meist verharmlost unter dem Fachwort „Desertifikation“. Wüsten entstehen, so durfte ich von dem in Simbabwe geborenen Savory lernen, indem der Sonne zu viel offener Boden präsentiert wird, ein Boden, der ohne Vegetation nicht mehr in der Lage ist, selbst gelegentlichen Regen aufzunehmen und zu speichern, sondern den gefallenen Niederschlag sofort wieder verdunsten lässt. 40 Prozent der Oberflächen des Planeten sind bereits Wüsten oder vom Prozess der Wüstenbildung betroffen. Auf der Suche nach den Ursachen kommt Savory selbst eine traurige Rolle zu. Als heute 87-Jähriger ist er immer noch tief betrübt darüber, dass er in den 1960er-Jahren als junger Wissenschaftler dafür sorgte, dass in Simbabwe Zigtausende Elefanten erschossen wurden, weil man sie für die kahlen Böden verantwortlich machte. Doch ohne sie verbesserte sich die Situation keineswegs. *„Das nehme ich mit in mein Grab“*, gesteht er und sagt gleichzeitig, dass wir lange Zeit nie wirklich verstanden hätten, was die Wüstenbildung eigentlich auslöst. Doch der Mann scheint den Stein der Weisen gefunden zu haben: Schon vor 10.000 Jahren, ist sich Savory sicher, habe der Mensch begonnen, mit einer falschen Weidewirtschaft die heutigen Wüsten anzulegen. Zu lange hielt er seine Herden auf einem Flecken. Dabei ist es wesentlich, dass sich Gräser auf dem Boden biologisch zersetzen. *„Falls nicht“*, so der Forscher, *„stirbt der Boden!“* Die Lösung liegt laut Savory in dem uralten Herdenverhalten von Wildtieren wie etwa Gnus oder Büffeln. Den besten Schutz vor Raubtieren haben sie in der Gruppe: Je größer die Gruppe, desto besser. Durch die ständige Gefahr, attackiert zu werden, sind die Tiere nie lange an einer Stelle, sondern ziehen über weite Strecken durch die Landschaft. *„Es gibt nur eine einzige Antwort auf die Wüstenbildung“*, bläut Allan Savory

Kleine Ahnengalerie meiner Vorbilder: Von ihnen allen findet sich etwas in Madlitz wieder

„MIR FÄLLT

den Zuhörern seiner begehrten Vorträge ein. *„Wir müssen heute unser Vieh nutzen und es – stellvertretend für das frühere Herde-Raubtier-System – über die Weiden bewegen. Es gibt keine andere Option! Wenn wir das nicht realisieren, werden wir den Klimawandel nicht aufhalten können, selbst dann nicht, wenn wir uns von den fossilen Treibstoffen verabschiedet haben.“* Umgekehrt heißt das, mit seinem Prinzip so viel Kohlenstoff in Weideland zu speichern, dass wir laut Savory sogar wieder auf ein vorindustrielles Niveau kommen und zugleich die Weltbevölkerung ernähren könnten. *„Mir fällt nichts ein, was mir mehr Hoffnung macht“*, sagt er. Und wenn Savory seine Vorher-nachher-Bilder zeigt von verwüsteten Landschaften und ihren aktuellen sattgrünen Entsprechungen, die von nichts weiter als riesigen Viehherden angelegt wurden, dann geht's rund im Publikum.

Ich stieß auf **GABE BROWN**, der mit seiner Familie auf einer Farm in North Dakota seit Jahrzehnten regenerative Landwirtschaft betreibt und zu einem Pionier der Bodengesundheitsbewegung wurde. In den 1990er-Jahren verlor Brown durch Extremwetterereignisse – vor allem Hagelstürme und Dürren – mehrfach fast einhundert Prozent seiner Ernten. In diesen existenziellen Krisen wurde ihm klar, dass Landwirtschaft bislang betrieben wird, indem der Mensch – Bauern, Manager, Politiker – der Natur seinen Willen aufdrückt. Er entschied sich, sich von diesem Paradigma zu lösen und nur noch mit der Natur zu arbeiten und nicht gegen sie. *„Ich lernte, die Natur zu imitieren“*, sagt er und folgt dabei letztlich den Erkenntnissen von Allan Savory. Brown hat aus seinen Weideflächen „Drehscheiben“ gemacht. Seine Kühe fressen für einen Tag das Gras eines bestimmten Areals, verarbeiten es in ihren Mägen und geben ihren Kot auf die Fläche, was auf die Bodenbildung einzahlt. Dann aber rotieren sie auf ein neues Areal, wo sie wiederum frische Gräser finden. Währenddessen kann sich die vorherige Fläche ein Jahr lang erholen: Sie baut Biodiversität auf, bindet große Mengen an CO_2 aus der Atmosphäre und kann plötzlich wieder Regenwasser speichern, das auf den backsteinharten Feldern seiner Nachbarn abfließt. Das Verfahren habe auch seinen Betrieb profitabler gemacht, sagt Brown. Nicht zuletzt hat er seine ökonomische Widerstandskraft gesteigert, indem er nicht mehr auf wenige Erzeugnisse setzt, sondern 17 verschiedene Produkte anbietet – von Getreide über Honig bis zu Eiern. Eine Win-win-win-Situation für alle nennt Brown das – auch fürs Klima. *„Bauern werden oft beschuldigt, selbst eine der Ursachen des Klimawandels zu sein“*, sagt er. *„Sie können aber auch einen großen Teil der Lösung ausmachen.“* Ich begriff immer mehr, dass die Gesundheit des Bodens, die Gesundheit der darauf wachsenden Pflanzen und die Gesundheit der darauf lebenden Tiere nicht nur der menschlichen Gesundheit weiterhelfen würden, sondern auch der Gesundheit des gesamten Planeten.

Ich stieß auf **JOEL SALATIN**, der vorführt, dass man ohne Dünger und Pestizide weit mehr ernten kann als mit ihnen. Der seine Tiere wie Landsmann Brown über die

nichts ein, was mir **mehr** Hoffnung macht"

Die drei besten Antworten auf den Klimawandel: Grünland, Wälder und Kühe!

Weideflächen bewegt nach dem Dreiklang moving, mobbing, mowing – bewegen, beweiden, mähen. Salatin ist der tiefen Überzeugung, dass nur solche Dinge im Leben gut sind, die etwas Heilsames haben. Er schärft seinen Gästen, die ihn auf seinem Hof in Virginia besuchen, ein, dass ein Boden, der nur ein einziges Mal gepflügt wird, danach einhundert Jahre braucht, bis die Arten, die vorher darauf und darin gelebt haben, zurückkehren. Er macht ihnen klar, dass der Status quo der Landwirtschaft immer auch zu tun hat mit den Entscheidungen, die wir hinsichtlich unserer Ernährung treffen. Und er motiviert sie sogar dazu, die Stadt zu verlassen, selbst in die Landwirtschaft zu gehen und anzufangen mit einem gepachteten halben Hektar und ein paar Hühnern in einem mobilen Stall. „*Schraubt eure Lebenshaltungskosten herunter und lebt diesen Traum!*", appelliert er.

Ich stieß auf die amerikanische Mikrobiologin **ELAINE INGHAM**, die seit 40 Jahren das Biom des Bodens erforscht. Sie prägte den Begriff des Soil Food Web, um darzustellen, dass es sich bei der Erde, auf der wir gehen, um das Betriebssystem der Natur handelt, um ein Netzwerk verschiedener Akteure, die sich gegenseitig am Leben halten und gemeinsam das beste

Wer braucht wen? Die Illustration des Soil Food Webs, unseres Bodennahrungsnetzwerks, zeigt einen Ausschnitt der wunderbaren Vielfalt des Ökosystems Boden. Man kann erahnen, wie sensibel die Vorgänge zwischen den Akteuren sind

Glieder-
Füßler
Schredder
Glieder-
Füßler
Räuber
Vögel
Nematoden
Pilz- & Bakterien-
ernährer
Nematoden
Räuber
Protozoen
Amöben, Flagellaten
& Wimpertierchen
Kleintiere
Regenwürmer

Mittel gegen Schädlinge, Krankheiten oder Extremwetterphasen bilden. Vor allem das Pflügen und der Einsatz von Pestiziden zerstöre das Soil Food Web, so Ingham. Aber sie ist nicht verzagt, denn auch sie kann versprechen, dass der Boden mit seinem natürlichen Netzwerk innerhalb weniger Monate wiederhergestellt werden kann und im gesunden Zustand sogar mehr Ertrag abwirft als die künstlich gedüngten und gespritzten Flächen. Nebenbei hat die Professorin große Expertise in der Herstellung von sogenanntem Kompost-Tee gewonnen, der als natürlicher Ersatz für chemische Mittel funktioniert, Pflanzenkrankheiten bekämpft und das Pflanzenwachstum fördert. Der Tee ist ein wässriges Extrakt aus kompostiertem Dung, reich an Bakterien, Pilzen, Einzellern und löslichen Pflanzennährstoffen. *„Wenn wir etwas anbauen und ernten wollen, müssen wir den Boden und die Fruchtbarkeit aufbauen, anstatt sie zu zerstören“*, sagt Ingham. *„Die einzige Möglichkeit, diese Ziele zu erreichen, besteht darin, das Leben im Boden zu verbessern.“*

Ich stieß auf **PAUL STAMETS,** der als Autodidakt sein Leben den Pilzen widmet und als ihr leidenschaftlicher Botschafter unermüdlich auf deren Vorzüge hinweist. Rund 1,5 Millionen Spezies übernehmen in den globalen Ökosystemen eine Unmenge von Aufgaben, und Stamets geht davon aus, dass das Myzelium, die Bausteine des Pilzes, Brücken bildet zwischen dem menschlichen Immunsystem und dem Immunsystem unserer Umwelt. *„Der Weg in die Zukunft“*, sagt er gern, *„ist der Weg des Myzeliums.“* Pilze haben nicht nur über eine Milliarde Jahre hinweg unsere Böden mit aufgebaut, haben mit ihren Enzymen und Säuren mitgeholfen, Gestein und Biomasse zu zersetzen, und sie in verdauliche Nährstoffe verwandelt. Manche von ihnen seien sogar so klug, davon geht Stamets aus, dass sie die Natur nach einer Ölkatastrophe „aufräumen“ können oder nach einem nuklearen Fallout. Sie seien auch in der Lage, chemische Dünger und giftige Pestizide zu ersetzen oder die Aufforstung zu beschleunigen. Wenn wir durch den Wald gehen, seien die Pilze mit ihrer *„zellulären Intelligenz“* sogar in der Lage, uns wahrzunehmen. Ich begann zu verstehen, dass dort ein riesiges, unentdecktes Universum an Wissen und Chancen lag.

Schließlich stieß ich auf den Japaner **MASANOBU FUKUOKA,** der den Begriff der Nichts-tun-Landwirtschaft prägte. Diese beruht auf der Beobachtung, dass die Natur keinerlei menschliche Eingriffe benötigt, sondern sich selber am besten entwickeln und erhalten kann. Ihm hat die Permakulturbewegung viel zu verdanken. Bei Fukuoka finden sich viele Parallelen zu Ernst Götsch. Beide predigen das genaue Beobachten natürlicher Abläufe. Danach richten sie den Zeitpunkt der Aussaat aus, die Zusammensetzung von Pflanzengemeinschaften oder das gezielte Beschneiden von Bäumen.

Intuitiv ahnte ich, dass diese Menschen recht haben. Ich empfand eine riesige Freude dabei, ihre Weisheiten zu entdecken, die mir schlüssiger erschienen als alles, was ich mein Leben lang getan und gedacht hatte. Energie gaben mir in dieser durchaus harten Zeit auch Mails, die plötzlich in meinem Postfach eingingen. Was? Gabe Brown antwortet mir? Ich hatte rotzfrech bei ihm angeklopft, wieder und wieder, und wahrscheinlich

ICH LERNTE, DIE NATUR ZU IMITIEREN

dachte er sich irgendwann, was denn dieser deutsche Typ da will. Aber er meldete sich zurück, und wir tauschten uns aus. Bei der Begegnung mit all diesen fabelhaften Personen wunderte ich mich: Warum erfahre ich erst jetzt von ihnen? Warum spricht nicht die ganze Welt von diesen Menschen? Sie haben doch die Lösungen! Und die geben Hoffnung! Für mich war ganz klar: Ich bringe alle diese anderen Arten der Landwirtschaft nach Madlitz und teste auf einem der härtesten Standorte Deutschlands, ob diese Systeme ökonomisch, ökologisch und sozial den heute bekannteren anderen Landnutzungssystemen überlegen sind. Ich war überzeugt: Wenn wir es in Madlitz schaffen, dann kann es überall gelingen.

Stück für Stück erahnte ich also, was ich brauchen könnte, um unser erstes und wichtigstes Ziel zu erreichen: den Boden wieder aufzubauen. So unterschiedlich die Ansätze dieser Visionäre zuerst auch klangen, ich stieß dabei auf viele gemeinsame Nenner. Etwa, dass der Boden immer von Biomasse bedeckt sein sollte, dass er wenig bewegt werden sollte, dass er stets von aktiven Wurzeln belebt sein sollte, dass er ein Habitat einer möglichst großen Artenvielfalt sein sollte. Nur dann würde er uns weiterhin zur Verfügung stehen können. Das leuchtete mir alles vollkommen ein, genau wie die Tatsache, dass all diese Pioniere keine exakte Blaupause vorgeben, sondern nur die richtige Richtung.

Die konkrete Ausgestaltung müssten wir aus unserem eigenen Ökosystem vor Ort heraus erledigen. Wir würden beobachten, anpassen, beobachten, anpassen. Nicht wir würden entscheiden. Die Natur entscheidet. Wir würden sieben Samen aussäen und uns anschauen, welcher am besten wächst. Mit dem würden wir dann weitermachen. Wir würden sehen, welche Pflanzung Schädlinge anzieht und dies als Antwort der Natur betrachten, dass diese Art hier wohl nicht stehen soll.

dabei aber lernen müssen, dass das, was wir hier vorhaben, bisher niemand im großen Stil finanziert – es schien so, als würde nur technische Innovation gefördert – und nicht etwa systemische, ökologische oder soziale. Ich konnte und ich wollte aber nicht warten. Ich merkte auch, dass ich immer frustrierter wurde, je länger ich nur darüber sprach, was man machen könnte oder sollte oder wie toll es doch wäre, wenn. Gleichzeitig wusste ich ja bereits, dass der Weg der richtige ist und ich loslegen muss.

Wir würden uns also an den großen Meistern orientieren, die schon viele Schritte gegangen waren, in Deutschland damit jedoch bei nahe null anfangen, weil wir unser Ökosystem erst verstehen müssen.

Mit der Entscheidung für die Richtung kamen aber sofort die nächsten Fragen auf: Wie kriegst du bloß die Menschen her, die das können? Und wie bezahlst du das Ganze? Was sagen deine jetzigen Mitarbeiter über diese neuen Ansätze? Ich habe mich um staatliche Förderungen bemüht, einen Antrag nach dem anderen geschrieben,

Ich müsste es jetzt einfach selbst machen! Damit würde ich auch meine Gedanken in eine andere Richtung lenken können, weg von Dingen, die man nicht beeinflussen kann, zumindest nicht sofort und unmittelbar: das Wetter, das Klima oder eben die Politik, da bist du schnell in einer mentalen Spirale nach ganz unten. Auf meinem eigenen Feld kann ich jedoch ganz praktisch jeden Tag Hoffnung produzieren. Ich hatte zwar keine großen Rücklagen, auf meinem Girokonto waren nicht mehr als 2500 Euro. Allerdings hatte ich aus meinem vorherigen Venture-Capital-Leben noch einen schönen Audi A4 sowie ein paar von meinem ersten Gehalt als Investmentbanker gekaufte miese

Telekom-Aktien. Beides stieß ich für den neuen Weg ab. Es war gewissermaßen die finale Abnabelung meines Banker-Ichs und die Neugeburt als Landwirt. Ich tauschte 200 Pferdestärken gegen 20 Kuhstärken. Ich verkaufte Wertpapiere, um Wertgehölze kaufen zu können. Die Firma Ecosia – eine Suchmaschine, die Bäume pflanzt – reicherte meine 25.000 Euro noch mit einem Darlehen an, sodass ich mit einem Startkapital von 50.000 Euro beginnen konnte. Ich gründete die LandVision Alt Madlitz GmbH.

anhören à la *„Fokussiere dich!"*. Ich antwortete: *„Erstens habe ich keine Zeit. Zweitens mache ich das, weil ich es mir nicht leisten kann, es nicht zu tun. Ich muss breit fächern, um dann sehen zu können, was etwas wird und was auf keinen Fall etwas wird."* Ich habe in dieser Phase vier bis fünf Stunden pro Nacht geschlafen, ansonsten gegrübelt, gearbeitet. Mich hatte es vollkommen gepackt, auf einmal sah ich überall Unmengen an Chancen, fand herausragende Menschen und ihre Initiativen.

Adieu, Audi! Der Verkauf des Autos war die einzige Chance, endlich loslegen zu können

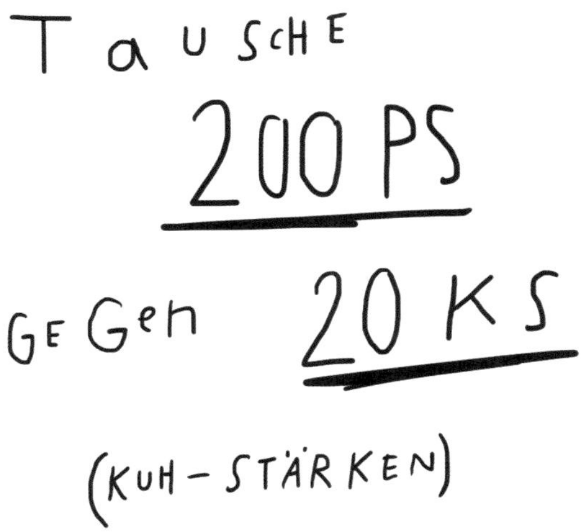

Als erste Amtshandlung beauftragte ich die örtliche Baumschule, den ersten Agroforst anzulegen und Bäume auf den Acker zu pflanzen – leider von vorne bis hinten falsch, jedenfalls wenn man die strengen Maßstäbe unseres großen Vorbilds Ernst Götsch anlegt. Aber ich war einfach besessen von der Überzeugung, loslegen zu müssen. So lief das auch mit den ersten Kühen, die ich kaufte, ohne einen wirklichen Plan zu haben, was das eigentlich bedeuten würde. Ja, ich war ungeduldig, aber ich bin auch jemand, der glaubt, dass eine Entscheidung nicht besser wird, je länger man darüber nachdenkt. Natürlich wurde ich von außen auch verunsichert und musste mir viele Warnungen

Und Menschen begannen, mich zu finden. Es war, als wäre ich in ein neues Universum der Möglichkeiten eingetreten.

Mein Plan musste auf die Fläche. Und je mehr ich mich diesem Plan hingab, desto mehr Dinge passierten genau im Sinne dieses Plans. Ich begegnete **Julius Palm,** damals Nachhaltigkeitsmanager, heute stellvertretender Geschäftsführer von Followfood. Julius ist einer der herzlichsten und sanftmütigsten Menschen, die ich je erlebt habe. Wenn man ihn trifft, spürt man nicht nur seinen Wunsch für eine bessere Welt, man bekommt auch seine Zuversicht und seinen Mut mit. Followfood hat den

Anspruch, die nachhaltigste Foodmarke der Welt zu etablieren. Ich weiß es noch genau: An dem Tag im Mai 2020, als 30 neue Kühe vor der Tür standen, sagte er mir zu, uns finanziell unterstützen zu wollen. Ich persönlich, unser Team und unser Projekt in Madlitz verdanken Julius sehr, sehr viel. Ich hatte mich ja sehr weit aus dem Fenster gelehnt, Bäume gepflanzt, Kühe gekauft – immer mit dem Glauben daran, dass es mir gelingt, Menschen zu überzeugen und für unsere Arbeit zu gewinnen. Aber wenn das Geld auf dem Konto immer weniger wird und die Rechnungen immer mehr, wird dieser Glaube getestet! Julius wurde uns also geschickt und ermöglichte es uns, den Traum erst einmal weiter zu träumen.

Und so ging es weiter. Ich hatte mitbekommen, dass das Bauordnungsamt Beeskow und die zuständige Naturschutzbehörde aufgrund des Baus eines Radwegs Ausgleichspflanzungen vornehmen lassen mussten. Da ich bereits gute Kontakte zu den Ämtern hatte, meldete ich mich bei ihnen und fragte, ob wir uns mal über das Thema „Agroforst" austauschen könnten. Was kam, war eine wundervolle Erfahrung: Egal mit wem wir sprachen, die Mitarbeiter und Mitarbeiterinnen aus den verschiedenen Ämtern fanden Agroforst super und unterstützten uns, im Rahmen von Ersatz- und Ausgleichsmaßnahmen ein sechs Hektar großes Agroforstprojekt zu pflanzen. Das erste in Deutschland, das so finanziert wurde. Und das auch noch auf einer Pachtfläche! Auch unseren Ämtern und den Menschen dahinter haben wir viel zu verdanken. Ohne sie könnten wir nie das machen, was wir jetzt machen.

Wir waren mittlerweile ein bunt zusammengemixter Haufen. Praktikanten und Praktikantinnen, Freiwillige, Interessierte, Menschen, die zum Pflanzenhelfen kamen. So unterschiedlich wir auch waren, wir waren von den gleichen Überzeugungen angezogen, und in uns brannte das gleiche Feuer. Das einzige Problem dabei: Ewig würden wir damit nicht durchhalten können. Auch das größte Feuer für die Sache zahlt nicht das Mittagessen, kommt nicht für die Wohnkosten auf. Mir wurde schnell bewusst, dass ich weiteres Kapital benötigen würde, um unsere Vision realisieren zu können. Genau in dieser Phase schrieb mir eine Freundin,

Einer der ersten, die an uns glaubten: Julius Palm von Followfood und ich im Madlitzer Wald

die vegane Köchin Sophia Hoffmann, ob ich schon von dem Ecover-Wettbewerb gehört hatte? Die Firma für nachhaltige Reinigungsmittel gründete während der Pandemie den „Fertilise The Future"-Fonds, um Menschen und Initiativen auszuzeichnen, die für die Rettung des Planeten kämpfen. Ich entwickelte kurzerhand ein Waldumbauprojekt, mit dem wir hier in Madlitz auf drei Flächen à 1,5 Hektar Forst eine Kiefernmonokultur nach unterschiedlichen Umbauarten – unter anderem auch nach den Prinzipien der regenerativen Landwirtschaft – transformieren wollten. Unter 750 Bewerbungen setzten wir uns durch und erreichten den ersten Platz in Deutschland. Mit dem Preisgeld von 180.000 Euro konnten wir dann das Projekt für den kommenden Winter planen und ich den vielen Menschen vorübergehend eine Perspektive bieten. Zum Waldumbau gibt es nachher ein eigenes Kapitel.

Schließlich kam der Sommer 2020. Ich war Gast auf einer Konferenz in der Schweiz und lief am zweiten Tag mit ein paar netten Kerlen zur Seilbahn. Wir kamen ins Gespräch, und ich erzählte ihnen, was ich so mache, welche Herausforderungen wir haben, welche Sorgen ich trage. Und ihr so? *„Wir sind von der Avina Stiftung, einer Schweizer Stiftung, die solche Projekte, wie ihr es seid, die also noch so sehr am Anfang sind, dass sie keine öffentliche Förderung bekommen, unterstützt."* Drei Wochen später wurde ich von ihnen eingeladen, und wir besprachen die Zukunft. Wir beschlossen, eine gemeinnützige GmbH zu gründen und einen Projektantrag zu schreiben, den die Avina Stiftung finanzieren würde, um die wissenschaftliche Begleitung und Datenaufnahme unserer Projekte in Madlitz zu professionalisieren. Niemals hätte ich mir am Anfang erträumt, an diesen Punkt zu kommen. Es war genau das passiert, was ich erhofft oder erahnt hatte, obwohl es völlig utopisch anmutete: Wer würde schon freiwillig Geld in den Brandenburger Sand setzen?! Nach Followfood, nach Ecover kam jetzt auch noch die Avina Stiftung! Menschen begannen an uns zu glauben, und das gab uns Mut.

Endlich konnte ich unser Team aufbauen und den Menschen eine Perspektive geben, die hier waren, weil sie daran glaubten, dass es schon irgendwie weitergehen würde. Ich konnte plötzlich alles, was wir angefangen hatten, verbessern und verstetigen. Das Konzept für ein bedarfsorientiertes, unabhängiges Forschungsinstitut auf Flächen realer wirtschaftlicher Ackerbau- und Forstbetriebe mit Fokus auf den Umbau in regenerative, multifunktionale Landnutzungskonzepte war geboren!

Grundsätzlich kann ich am Ende dieses Kapitels sagen, dass mit diesem ersten Impuls, diesem Agroforst-Moment, in dem ich realisiert habe, was mithilfe dieser Visionäre aus unserem Boden werden kann, die Energien zu fließen anfingen. Vor ein paar Jahren noch habe ich vor allem über mich selbst nachgedacht, verhielt mich wie jemand, der auf einen Lottogewinn wartet, weil er glaubt, dass das Leben es ihm schuldet. Jetzt erkannte ich, welche Möglichkeiten uns hier eigentlich offenstehen, wie relevant dieses Thema ist und wie die Arbeit hier auf unserem Standort später hoffentlich auch mal anderen wird helfen können. Als ich die Haltegriffe der alten Welt losgelassen habe, öffnete sich ein Tor in ein neues Universum sinnstiftender Ideen und cooler Menschen mit großer Lebensfreude und hoher Motivation. Ich war plötzlich umringt von Menschen, die genauso tickten wie ich.

Ein Haufen Idealisten oder wie das Universum mein Team baut

Jedes Projekt steht oder fällt mit den Menschen. Das war mir immer klar, das hatte ich auch immer überall beobachtet. Für viele Betriebe ist es aktuell extrem schwierig, jemanden zu finden. Auch für uns ist es nicht immer einfach, selbst wenn wir von der wachsenden Bekanntheit der regenerativen Landwirtschaft profitieren. Wir versuchen, immer viel Vertrauen in die Menschen zu setzen, ihnen Verantwortung zu übertragen und gleichzeitig ein Arbeitsumfeld zu schaffen, in dem man sich ständig verbessern kann. Wir ermutigen, ins Risiko zu gehen, wir probieren aus, wir trauen uns, Fehler zu machen. Ich arbeite mit einer Gruppe von Überzeugungstätern, die erkannt haben, dass Landwirtschaft eine großartige Form des Aktivismus ist.

Man kann hier etwas verändern, direkt und unmittelbar Dinge anpacken, die man bei der letzten Demonstration auf die Plakate gepinselt hatte oder sonst nur in Parteiprogrammen nachlesen kann: Biodiversität, Bodenrettung, Klimaanpassung, Gesundheit, Chancengleichheit, Bildung, ländliche Entwicklung. Und ich prognostiziere, dass viele junge Leute ihre Rebellion von der Straße in der Landwirtschaft fortsetzen werden. Ich bin optimistisch,

Nichts geht über eine diverse und motivierte Gruppe. Das Kernteam wird von einer wechselnden Schar von Praktikanten und Praktikantinnen sowie Gästen ergänzt

dass sich der Agrarsektor radikal verändern wird und immer mehr Menschen Teil davon sein wollen. Auch aus Sorge um die eigene Zukunft. Auch weil das Leben in der Stadt immer unharmonischer werden wird. Die heile Welt, die wir in deutschen Metropolen jahrelang erlebt haben, wird nie wiederkommen. Der Frust wird zunehmen, der Umgang miteinander härter, die Lebensqualität schlechter. Die Zukunft liegt ganz klar auf dem Land.

Nach einer Anlaufphase von einem Jahr konnte ich immer mehr in diese neue Welt hineinschauen. Ich merkte, dass ich in einem überschäumenden Energiesystem gelandet war, das dich mit Früchten überhäuft. Ich hatte plötzlich Hunderttausende von Ideen. Wenn diese wunderbare Erfahrung nur alle Menschen machen könnten! Es gibt auf den Wegen der Natur eine unvorstellbare Menge an Möglichkeiten. Das soll jetzt gar nicht so esoterisch klingen, ich bin auch überzeugt davon, dass es insbesondere ökonomisch sinnvolle Wege gibt, die man gemeinsam mit der Natur gehen kann, aber ich meine natürlich auch das Gefühl von Glück, Freude und Sinnhaftigkeit. Ich bin mittlerweile fest davon überzeugt: Wenn du Dienst tust an der Gesellschaft und an der Schöpfung, dann hat das einen unglaublichen Mehrwert – auch für dich selbst. Zahlt man nur genug ein an Energie, an Hingabe, an Passion, an Liebe, dann beginnt diese Energie überzuschwappen und zu einem zurückzufließen. Hatte nicht am Rande des Jakobsweges gestanden, dass der Weg mehr gibt, als er fordert? Dazu gehört wohl auch, dass ich plötzlich mit den richtigen Menschen am richtigen Ort zusammenkam. Die Engländer nennen das *serendipity* – glückliche Fügung. Ich mag den Ausdruck. So lief das mit einigen meiner heutigen Mitarbeiterinnen und Mitarbeiter. Und manchmal war es schon übersinnlich. Ich erinnere mich an einen Morgen, als ich aufwachte und mir sofort der Gedanke kam: „*Mist, eigentlich brauche ich noch eine Person hierfür und dafür.*“ Zwei Tage später sehe ich draußen eine Frau, die ein wenig verloren auf dem Hof auf und ab geht. Ich frage sie: „*Was machst du hier? Kann ich dir helfen?*“ – „*Ich bin hier zum Bäumepflanzen*“, antwortet sie. Drei Tage später sehe ich sie dann im Wald bei unserer Pflanzaktion und beginne ein Gespräch mit ihr, und es stellt sich heraus, dass sie, Maren, eigentlich Stiftungsrecht gelernt hat, aber auch dieses macht und jenes kann. Mein dritter Satz war: „*Suchst du einen Job?*“ „*Ja*“, sagte sie. So etwas passierte nicht nur einmal. Die meisten Menschen hat mir das Universum geschickt, nur wenige suchte und fand ich klassisch über Headhunter oder Jobportale. Das Gute an meinen Leuten ist: Wenn du einmal eine coole Person kennengelernt hast, finden sich in deren Umfeld meist fünf weitere coole Personen, die ähnlich ticken. Auch über diese Verbindungen sind inzwischen einige zu uns gekommen.

Das hört sich jetzt vielleicht alles sehr einfach an, so als sei das Team quasi vom Himmel gefallen. Aber ein Selbstläufer ist das nicht. Wir investieren viel Zeit, um uns potenzielle zukünftige Praktikanten oder Kolleginnen länger anzuschauen. Danach führten wir oft ein Abschlussgespräch: „*Du warst jetzt eine Zeit lang hier, was fasziniert dich am allermeisten?*“ Wenn jemand sagte, dass er alles irgendwie spannend findet, ahnte ich, dass ich das würde vergessen können. Wenn jemand jedoch antwortete, dass er oder sie sich für eine spezielle Sache

SERENDIPITY
(glückliche Fügung)

Das gemeinsame Mittagessen ist wichtig. Hier haben wir die Möglichkeit, zusammenzukommen, uns auszutauschen und die Arbeit der anderen kulinarisch wertzuschätzen! Unten: Rosi in ihrem Element!

begeistern kann und außerdem noch ein paar eigene Ideen hat, dann merkte ich, dass diese Person die richtige ist, eine, die selber nachdenkt, die kämpfen will, die für die Sache brennt, die hungrig ist. Neben diesem unbedingten Willen, Dinge zum Besseren zu verändern, ist mir wichtig zu sehen, dass die neuen Kolleginnen und Kollegen ein großes Herz haben, warme Augen, also menschlich in Ordnung sind. Denn bei einem stetig wachsenden Team von so freiheitsliebenden und umweltbewussten Individualisten – sie werden alle in den folgenden Kapiteln von mir vorgestellt und auch selbst zu Wort kommen – muss ich auch schauen, dass es zwischenmenschlich passt und das Wohl der Gruppe nicht zu bröckeln beginnt. Auch hier habe ich viel lernen müssen.

Denn eines darf man nicht vergessen: Ich habe mich zwar für einen Weg entschieden, den Weg der regenerativen Landwirtschaft, aber zu einem Teil bin auch ich immer noch ein Gefangener des alten Agrarsystems, genauso wie Tausende anderer Landwirte. Noch muss ich Dinge tun, die ich eigentlich nicht tun will, die aber den Laden am Laufen halten und die Gehälter zahlen. Das fängt beim Pflügen an. Würde ich radikal an die Sache herangehen, sollte ich nach der Theorie sofort aufhören damit. Dann hätte ich aber in den nächsten fünf bis acht Jahren einen Ertragseinbruch von um die 40 Prozent. Was ich damals völlig unterschätzt habe, ist die Kunst, alle Menschen gleichzeitig mitzunehmen. Was uns als Gruppe so stark macht, ist die Heterogenität. Wir haben viele Kollegen und Kolleginnen, die seit vielen, vielen Jahren bei uns sind und ohne die gar nichts laufen würde. Und dazu kommen immer mehr Menschen, die andere Erfahrungen, anderes Wissen und damit auch andere Sichtweisen mitbringen. Diese Gegensätze machen das Miteinander oft nicht einfach, helfen uns aber in unserem Bestreben, nah an der echten Praxis zu bleiben und nicht in irgendwelchen Bubbles davonzuschweben. Wenn das Team, das meine Eltern aufgebaut hatten, damals, 2016, als ich übernommen habe, nicht so stark gewesen wäre, hätte das alles nie klappen können. Und auch unsere Forschungs- und Entwicklungsarbeit, die wir heute machen, wäre ohne sie nie möglich. Ich bin sehr dankbar, dass sie mich so unterstützen.

Gute Laune in Madlitz: Wissenschaftlicher Leiter Max Küsters (o.), Landwirt Thomas Neumann (r.) und Rosi (o.r.), die mit ein paar Kollegen das Mittagessen nach draußen verlagert hat

DREAM

TEAM

Wo ist was in Madlitz?

Gut & Bösel aus der Vogelperspektive

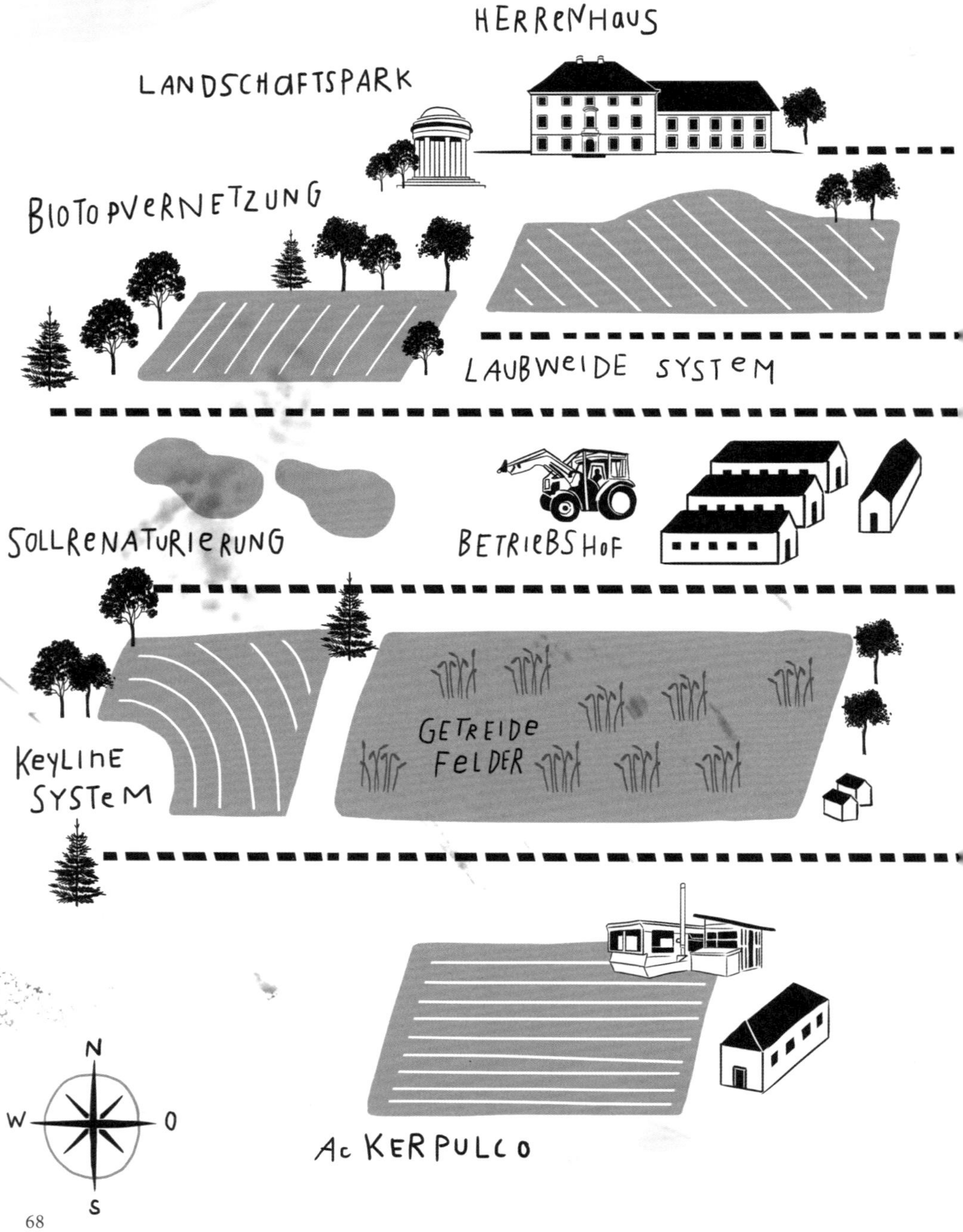

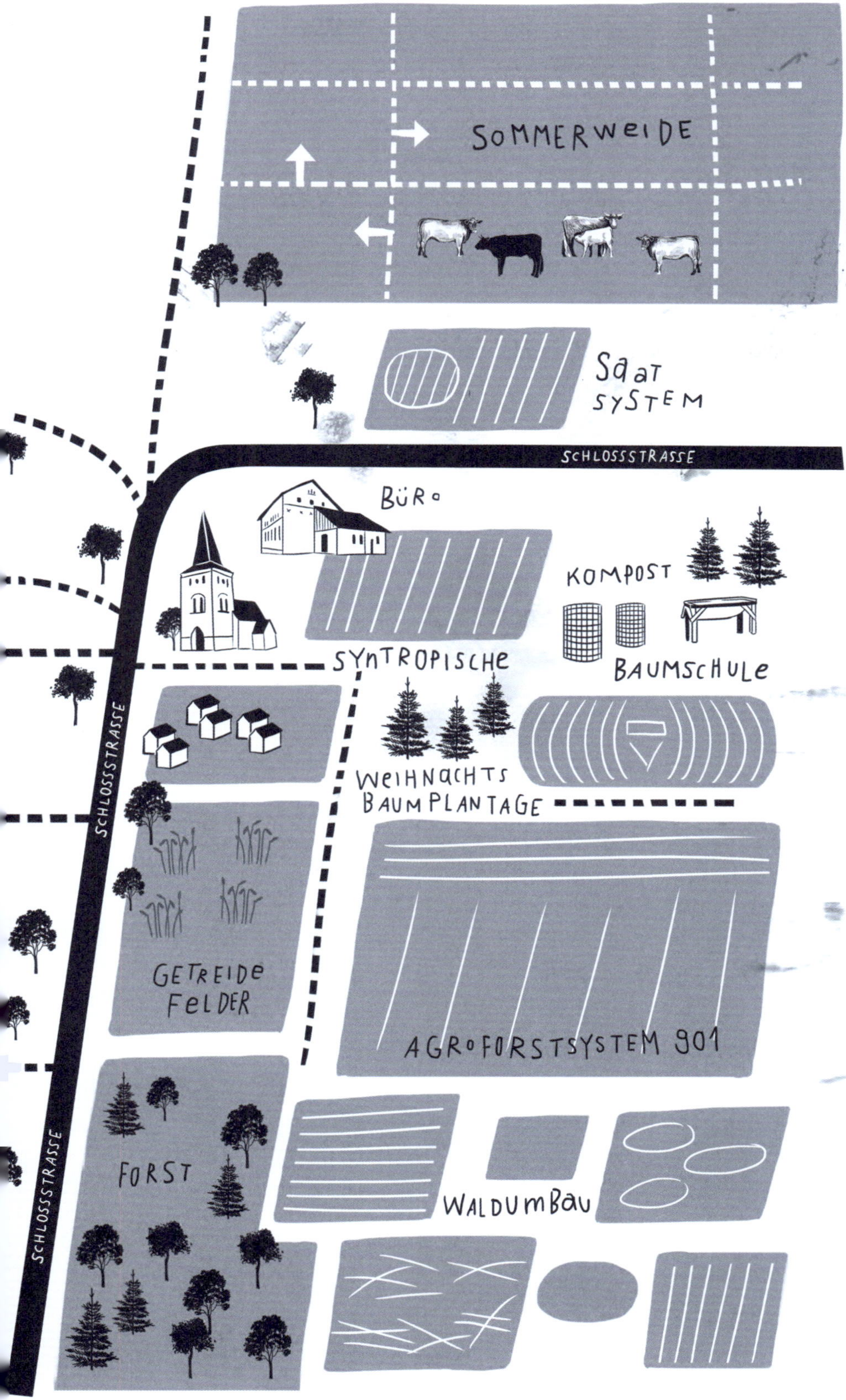
SOMMERWEIDE
SaaT SYSTEM
SCHLOSSSTRASSE
BÜRO
KOMPOST
SYNTROPISCHE
BAUMSCHULE
SCHLOSSSTRASSE
WEIHNACHTS BAUMPLANTAGE
GETREIDE FELDER
AGROFORSTSYSTEM 901
FORST
WALDUMBAU
SCHLOSSSTRASSE

3.

Wie wir arbeiten

3.1 Agroforst

3.2 Die Baumschule

3.3 Kompost

3.4 Die rotierende Rinderherde

3.5 Der Marktgarten

3.6 Vom Acker zum Teller

3.7 Der Waldumbau

Agroforst oder die Kunst, Ökosysteme auferstehen zu lassen

Als ich Ernst Götsch auf unserem Hof aus dem Auto steigen sah, war ich extrem erleichtert. Gott sei Dank, es gibt ihn tatsächlich! Bisher war ich meiner Intuition gefolgt und hatte blind vertraut. Ich hatte Videos von diesem Mann gesehen, von dem es hieß, er sei der Retter der Landwirtschaft, weil er *mit* der Natur arbeitet und nicht *gegen* sie; ich hatte mit Leuten Kontakt, die ihn kannten und nicht aufhörten, demütig von ihm zu schwärmen; ich ging auf Forderungen ein, die mich – angeblich von ihm selbst – aus dem brasilianischen Dschungel erreichten; ich stellte einen Mitarbeiter ein, nur um ihn direkt für drei Monate nach Südamerika zu schicken, damit er von jenem Ernst Götsch würde lernen können, um anschließend dessen Wissen hier bei uns in Madlitz aufs Feld zu bringen. Aber weder hatte ich Götsch vorher getroffen, noch jemals ein Wort mit diesem Phantom am Telefon wechseln können. Wenn ich jetzt auch noch geblendet wurde, wo mich doch eh schon alle für verrückt halten … Aber, Entwarnung. Jetzt, wir sprechen vom Frühjahr 2019, stand er hier, kernig, drahtig, gebräunt, in legerer kakifarbener Kleidung, so, als sei er gerade aus dem Dickicht gestiegen und nicht aus einem Flugzeug. An den Füßen seine kurzen, weißen Gummistiefel. Aus einer Ledertasche, die er quer über der Schulter trug, ragten seine Astschere und die geliebte Machete. Ernst strahlt eine besondere Energie aus: unbändige Passion und Tatendrang, gepaart mit schier unendlichem Wissen, Demut und Gespür für die Natur. Manchmal erahnt man in seinen Augen aber auch die Furcht, dass

Ein Guru in Madlitz: Wahlbrasilianer Ernst Götsch und ich bei unserer ersten Begegnung 2019

sein Wissen nicht schnell genug verbreitet angewandt wird und wir uns als Menschen zu spät beginnen zu verändern. War es die Sorge, die die Falten auf seinem gegerbten Gesicht gebildet hatte, oder war es einfach nur die Sonne? Unwillkürlich musste ich an die Schneisen denken, die die Agrarindustrie in den Dschungel Brasiliens schlägt.

Wir gingen aufeinander zu, um mich herum meine staunenden Mitarbeiter, die es ebenfalls kaum fassen konnten, ein fester Händedruck, und dann konnte ich nicht anders, als ihn zusätzlich in den Arm zu nehmen. Es war einer dieser Momente, in denen man sich selbst kneifen muss, um zu realisieren, dass das gerade wirklich passiert. Das, was ich mir vorgestellt, ja, erträumt hatte, war Realität geworden. Tausende von Enttäuschungen hatte ich auf meinem Weg erlebt, Tausende unbeantworteter E-Mails geschrieben, Tausende ungewisser Stunden verhofft, Tausende schlafloser Nächte gehabt. Doch jetzt schien sich etwas manifestiert zu haben. Götsch war hier! Nur ist Götsch – wie ich umgehend erfahren musste – bei Männern nicht sehr touchy. Er wollte meine überschwängliche Umarmung schnell lösen, schob mich mit seiner Hand, die immer noch meine Hand drückte, zurück und sagte dann mit seinem Schweizer Akzent: *„Herr Benedikt, es freut mich. Götsch mein Name. Fangen wir an!“* Gänsehaut. Denn genau das wollte ich, anfangen, machen, die Welt verändern, zumindest die Welt der Landwirtschaft, mit der so viele andere Welten zusammenhängen – unser Klima, unsere Artenvielfalt, unsere Ernährung, unsere Gesundheit, sogar unser Überleben.

Götsch hatte die 9000 Kilometer von Piraí do Norte im brasilianischen Bundesstaat Bahia bis in den Osten Brandenburgs auf sich genommen, weil er mir ebenso vertraute wie ich ihm. Mit dem kleinen Unterschied allerdings, dass er vorher über zwei seiner Mitarbeiter alle Unwägbarkeiten ausloten ließ, um auszuschließen, dass er sich jemandes Lands widmet, der sich lediglich mit dem Namen Götsch schmücken will oder das kostbare Projekt irgendwann versanden lässt, weil es ihm zu viel wird. Ich nehme an, dass Götsch allerspätestens anhand meiner nun unmittelbar spürbaren Energie merken konnte, dass es mir tatsächlich Ernst ist. Der Plan: Auf 3,5 Hektar, das entspricht ungefähr der Größe von fünf Fußballfeldern, gelegen zwischen Dorfrand und Friedhof, sollte im Herbst 2019 eine Versuchsfläche für den syntropischen Agroforst à la Götsch entstehen. Auch aufgrund ihres quadratischen Schnitts hielten wir sie aber für ideal, auf ihr eine größtmögliche Artenvielfalt explodieren zu lassen, in 19 Einzelreihen mit 19 verschiedenen Obstarten, um die 100 Obstsorten und verschiedenen Beerensorten. Darunter Pflaumensorten, Mispelsorten, Szechuanpfeffer, Birnensorten, Pfirsichsorten, Tafeltrauben, Quittensorten, Feigensorten, Kakisorten …

Nachdem wir im Frühjahr bereits das erste sehr einfache Agroforstsystem auf rund 30 Hektar mit überwiegend schnell wachsenden Hölzern angelegt hatten, wollten wir jetzt unseren Fokus auf die Frage lenken, was wir an hochwertigen lebensmittelproduzierenden Bäumen und Sträuchern anbauen könnten. Die Leitfragen nun: Welche Sorte gedeiht, welche nicht? Mit welcher Sorte sollten wir später in die Fläche gehen, mit welcher lieber nicht? Wir hatten dort in den Jahren zuvor Luzerne angebaut. Jetzt wollten wir austarieren, in welcher Konstellation Agroforst mit den unwirtlichen Zuständen in Brandenburg nicht nur fertigwird und gute Ernten gibt, sondern auch den Boden wieder aufbaut und sogar der Dürre Paroli bieten kann. Renke de Vries, der Mann, den ich zu Götsch nach Brasilien schickte, hatte eine interessante Zahl aus dessen Wäldern mitgebracht: 600 Hektar Agroforst würden reichen, um seinen eigenen Regen zu machen. Wow! Würden wir also auf unserem eher kleinen Archipel Erfolge feiern können, könnten wir diese später auf sogar 1000 Hektar bringen – und nebenbei das Mikroklima um Madlitz herum beeinflussen. Und andere Bauern könnten – sofern sie das alles für sinnvoll und praktikabel halten – unsere Erkenntnisse auf ihren Standort anpassen. Wozu wären wir gemeinsam wohl in der Lage!

Aber zuerst einmal: **Was genau ist überhaupt Agroforst,** und was hat dieser hochgelobte Götsch damit zu tun? Auf den Punkt gebracht führt Agroforst die bisher getrennten Disziplinen Ackerbau, Holzproduktion und Tierhaltung auf der gleichen Fläche zusammen und nutzt die dabei entstehenden Wechselwirkungen. Daher der Zusatz „syntropisch". Die Wortkombination entstammt dem Griechischen und meint, dass etwas „gemeinsam" funktioniert. Heute erforschen wir in den regelmäßig gesetzten Streifen unserer syntropischen Agroforstsysteme die Entwicklung zahlreicher Obst-, Nuss- und Beerensorten. Zwischen diesen Streifen kann allerlei passieren. Auf großer Fläche steht dort Getreide. Auf kleiner Fläche wachsen dort etwa Gräser, auf denen sich wiederum Hühner tummeln können. Sie alle sind Teil verschiedener bunter Communitys.

Auf diese kooperative Weise versucht der syntropische Agroforst, die über Jahrtausende gewachsenen Muster der Natur zu imitieren. Sie ist unsere Lehrmeisterin. Wir hören auf sie. Wir orientieren uns an ihr. Wir beobachten genau, welche Pflanzen sich

Für manche Gestrüpp, für uns kostbares Kraut: Das Sammeln von Samen für die Agroforststreifen gehört zu unseren festen Ritualen

TO DO

„Herr Benedikt, es freut mich. Götsch mein Name. Fangen wir an!"

fördern und vertragen, sich Schatten spenden, sich Nährstoffe zuführen. Wir beobachten die natürlichen Abläufe, schauen, welche Pflanzen aufeinander folgen und miteinander groß werden, registrieren, wie schnell und wie hoch sie wachsen. Wir beobachten genau, welche Obstsorten auf dem sandigen Boden unserer Region mit dem prekären Klima klarkommen, und konzentrieren uns dann auf sie. Beobachten, das Wort fällt hier auffällig oft. Aber arbeiten nach dem Götsch-Prinzip bedeutet eben, nur fünf Prozent der Zeit ins eigentliche Pflanzen zu investieren. Der Großteil der Arbeit ist das ständige Beobachten und Anpassen, Beobachten und Anpassen. Am Ende des Prozesses stehen gesunde und nachhaltige Arbeitsgemeinschaften, die an Boden und Klima angepasst sind und das Potenzial haben, mehrere Ernten auf der gleichen Fläche zu produzieren. Von Äpfeln bis Birnen, von Johannisbeeren bis Maulbeeren, von Walnüssen bis Haselnüssen, von Estragon bis Wermut. Jeweils in Kombination mit Getreide, Grünland, Kühen und Hühnern. Immer angepasst an den jeweiligen Standort und das gewünschte Betriebssystem. Das Besondere daran: Syntropische Systeme brauchen – einmal richtig angelegt – so gut wie keinen Input mehr von außen, keinen Kunstdünger, keine Pestizide, nicht mal Bewässerung. Das Einzige, was der Mensch in den Agroforststreifen zu tun hat, ist das regelmäßige Stutzen und Beschneiden bestimmter Akteure. Damit fördern wir das Wachstum, greifen also lediglich potenzierend ein. Wir zerstören nicht, sondern sind als gelegentlicher Teil des Systems nützlich.

Die positiven Effekte eines Agroforstsystems sind atemberaubend. In einem Satz: Agroforst bringt die Lebendigkeit zurück! Mit dem Pflanzen und Säen der richtigen Artengemeinschaften bauen wir Stück für Stück die Vielfalt im Boden wieder auf. Symbiosen bilden sich zwischen Wurzeln, Mikroorganismen und Bodentieren. Die Biomasse der Pflanzen, die nie das Feld verlässt, sondern als Mulch auf dem Boden liegen bleibt, beschleunigt den Aufbau dieser vor Leben strotzenden Humusschicht. Oberirdisch bildet die Vielfalt der Grünstreifen dauerhafte Habitate aus, die auf die Artenvielfalt der Tierwelt einzahlen. Sie bieten Lebensräume und Rückzugsorte für Wild, Vögel, Amphibien, Reptilien, Spinnen und Insekten, die sich in die neu entstandenen Kreisläufe eingliedern.

Enorm sind aber auch die Vorteile für den Acker zwischen den Agroforststreifen. Oberhalb der Erde bremsen die Linien den Wind und werfen Schatten. Damit schützen sie gerade in den Dürresommern vor Erosion und Austrocknung. Unterhalb der Erde verbessern sie die Fähigkeit des

Durch jeden Satz ein wenig weiser: Gespräch mit Ernst beim Anlegen des syntropischen Systems

Bodens, den weniger werdenden Regen zu speichern. Die Baumwurzeln sind sogar imstande, das tief liegende Grundwasser förmlich nach oben zu pumpen und es so für das Getreide oder das Weideland verfügbar zu machen. In den niederschlagsreichen Jahreszeiten sowie bei sommerlichem Starkregen sind intakte Agroforstböden in der Lage, Wasser schnell aufzunehmen, den Oberflächenabfluss zu vermindern und die Auswaschung von Mikroorganismen und Nährstoffen zu verhindern.

Doppelt wirksam sind Agroforstsysteme auch beim Kampf gegen den Klimawandel. Zum einen können sie mit dem unter- und oberirdischen Aufbau von Biomasse enorme Mengen an Kohlenstoff binden. Zum anderen helfen sie uns Landwirten, uns an die klimatischen Veränderungen anzupassen. Die immer häufiger auftretenden Extremwetterereignisse inklusive der länger werdenden Trockenperioden bringen unkalkulierbare Risiken für die Ernten mit sich. Agroforstsysteme verleihen aufgrund der oben genannten Vorteile jedoch eine weit größere Klimaresilienz als Monokulturen und damit eine verlässlichere Stabilität von Erträgen. Dazu trägt auch bei, dass es sich beim Agroforst um ein sogenanntes Boden-Mehrfachnutzungskonzept handelt. Dadurch dass auf ein und derselben Fläche nicht nur Getreide oder wahlweise Kühe oder Hühner stehen, sondern auch in den verschiedenen Stockwerken der Streifen – sie werden gebildet von vier verschiedenen Schichten, die sich von den krautigen Kulturen der Unterschicht bis zu den Kronen der Überschicht erstreckt – eine große Vielfalt unterschiedlicher vermarktbarer Früchte und Pflanzen wächst, kann der Ausfall einer bestimmten Art leichter kompensiert werden.

Das alles wusste ich bis vor ein paar Jahren nicht. Wie auch. Meine Eltern betrieben klassische Biolandwirtschaft, und ich war ein Banker. Aber selbst als ich mich ent-

So sieht's der Mäusebussard: Blick auf das erste mit Ernst angelegte Agroforstsystem „Syntropische"

schloss, den Hof zu übernehmen und vieles ganz anders zu machen, war mir nicht klar, dass uns so etwas wie der Agroforst in eine neue Dimension würde heben können. Dabei hatten unsere Vorfahren, unser aller Vorfahren, den Agroforst längst gekannt. Sie nannten ihn nur anders – Streuobstwiesen etwa. Eine Form des Anbaus, die in Deutschland zu Hoch-Zeiten über 6000 Obstsorten kultivierte und bis in die Vierzigerjahre des vergangenen Jahrhunderts wie selbstverständlich fast überall praktiziert wurde. Zwischen den ungeordnet stehenden Bäumen pickten die Hühner, Kühe liefen umher, in den Bienenstöcken summte es. Die vielfältigen Ernten und Erträge ernährten ganze Regionen und hielten sie gleichzeitig in Arbeit – einer sinnstiftenden, erfüllenden, naturnahen Arbeit.

Schritt für Schritt wurde dieses Idyll von einer immer stärker industrialisierten Landwirtschaft abgelöst. Wobei: „Schritt für Schritt" stimmt nicht ganz, zumindest in Deutschland gab es den einen Moment des Sündenfalls. Das war der 15. Oktober 1953. An dem Tag verabschiedete das damalige Bundesernährungsministerium unter CSU-Minister Wilhelm Niklas – wenige Tage darauf wurde er in dem Amt vom späteren Bundespräsidenten Heinrich Lübke abgelöst – den sogenannten Emser Beschluss. Darin hieß es wortwörtlich: „Für Hoch- und Halbstämme wird kein Platz mehr sein. Streuanbau, Straßenanbau und Mischkultur sind zu verwerfen." Die deutschen Bauern sollten auch zum Wirtschaftswunder beitragen und gleichzeitig von ihm profitieren. Die „grüne Revolution" wurde ausgerufen, ein Begriff, der heute in die Irre führt. Denn es war ein Frontalangriff auf die Natur. Nach Schätzungen des NABU gingen die deutschen Streuobstbestände von etwa 1,5 Millionen Hektar im Jahr 1950 über die Strecke eines halben Jahrhunderts auf weniger als ein Drittel zurück. Der Obstanbau wanderte in Plantagen. Im Zuge einer rigorosen Flurbereinigung wurden die Bäume und Hecken aus den Landschaften gerissen, um diese dem intensiven Getreideanbau zu übergeben. Damit wurden die klugen Arrangements, die Bauern, Boden, Pflanzen, Nutz- und Wildtiere, Mikroorganismen und natürlich auch das Wetter über viele Jahrhunderte miteinander getroffen hatten, vernichtet. Ich denke, 1953 war der Anfang vom Ende unserer Ernährungssicherheit. Bewusst war uns das nicht.

Auch weil im Zuge dieser völlig naturfernen Agrarpolitik, der sich die EU anschloss, viel kostbares Wissen verloren gegangen war, hatte ich keine Ahnung. Alles, was wir heute tun, mussten wir uns wieder mühsam zusammensuchen, erarbeiten, archivieren. Als wir anfingen, gab es kaum Studiengänge zum Agroforst, kaum Forschung, kaum Erfolgsbeispiele in unseren Breiten. Ich musste einfach selber ran. Aus einer inneren Überzeugung. Ich sah ja jeden Tag, wie unsere Felder auf diesen riesigen Flächen der Sonne ausgeliefert waren und keinerlei natürliche Struktur sie schützte. Das konnte so nicht weitergehen. Diesen Zustand musste ich einfach brechen. Ich folgte einer tief empfundenen Logik, dass Agroforst die sinnvollste Antwort auf die großen Fragen unserer Landwirtschaft sein würde. Nicht nur aufgrund seiner ökologischen wie ökonomischen Vorteile. Ich war auch von seiner Ästhetik sehr angetan. Agroforstsysteme sind eine wahnsinnig schöne Form, den Naturraum mitzugestalten. Ich habe mir schon früh vor meinem geistigen Auge vorgestellt, wie unsere Äcker später aussehen würden, wie es wohl sein würde, wenn ich hier in einigen Jahren hindurchlaufe, es mitten im Sommer plötzlich kühl und feucht wird und die Vögel, aufgeschreckt durch meine Schritte, in alle Richtungen ausschwärmen.

Ich weiß, dass derartige Visualisierungstechniken auch zu beliebten Management-Tools geworden sind, ich habe mich damit nie wirklich auseinandergesetzt, sondern eher instinktiv darauf zurückgegriffen. Ich habe immer eine sehr konkrete Vorstellung von dem, was ich erreichen möchte, und insbesondere davon, wie dieses „Erreichen" dann auch aussieht, welche Ästhetik, welche Ausstrahlung, welche Stimmung über meine Vorstellung erreicht werden könnte. Natürlich entwickelt, verstetigt und verändert sich diese Vorstellung mit immer neuen Informationen oder auch Meinungen anderer Menschen. Je weiter man kommt, desto stärker wird die Vorstellung von dem, was einmal passieren wird. Das Bild wird immer klarer. Und je klarer es wird, desto mehr Freude und Energie spüre ich, weil das Ziel näher rückt. So zu arbeiten hat für mich einen großen Reiz. Vielleicht ist das vergleichbar mit einem Architekten, der Strukturen schafft, die 100 bis 200 Jahre überdauern sollen. Das Gleiche strebe ich an in der Landwirtschaft. Auf dem Weg dorthin breitet sich das Bewusstsein aus, und man trifft in Ermangelung offizieller Quellen irgendwann ganz automatisch auf die Renegaten dieser Zunft, die bisher vom agrarwissenschaftlichen Mainstream ignoriert, belächelt oder totgeschwiegen wurden. Ernst Götsch als einer dieser Rebellen und Träger des alten Wissens spielte dabei – und spielt immer noch – eine ganz besondere Rolle. 2018 hörte ich das erste Mal von ihm, also etwa ein Jahr bevor ich ihn auf unserem Hof etwas seltsam begrüßen durfte.

Als ein junger Quereinsteiger, der Neues wagen wollte und auch schon seine ersten Agroforststreifen aus verschiedenen Pappel-, Weiden- und Erlenarten mehr schlecht als recht aufs Feld gebracht hatte, bekam ich eine Einladung zu einem Workshop für Syntropic Farming in Berlin. Ich sollte auf dem Podium sitzen und von meinen Erfahrungen und Einschätzungen erzählen. Eigentlich hatte ich weder Lust noch Zeit, wir waren mitten in der Ernte, aber

eines hatte mich doch gepackt: Auf der Internet-Seite von Greenbuzz Berlin, die mich zu dieser Veranstaltung einluden, wurde von der Vortragenden Uzzy Arztmann und einer Organisation namens „Agenda Götsch" berichtet. Ich fand ein Video, das alles veränderte: „Life in Syntropy" auf Vimeo, damals mit wenigen Tausend Klicks. In dem Filmchen wurde ein über siebzigjähriger Waldschrat aus der Schweiz vorgestellt. In den Achtzigerjahren war er mit seiner Familie nach Brasilien gegangen, um Brachflächen, auf denen nach der Waldrodung Land- und Viehwirtschaft betrieben wurde, wieder zum Leben zu erwecken. Klar, der Mann in dem Film hieß Ernst Götsch. Seine Erfolge waren verblüffend. Grün, satt und hoch sah man das vorher dürre Land da stehen, die Natur war zurück, Wasserquellen sprudelten plötzlich wieder, und ganz nebenbei konnte Götsch sehr gute Erträge machen mit ins System eingepasstem Kakaoanbau – und das mit

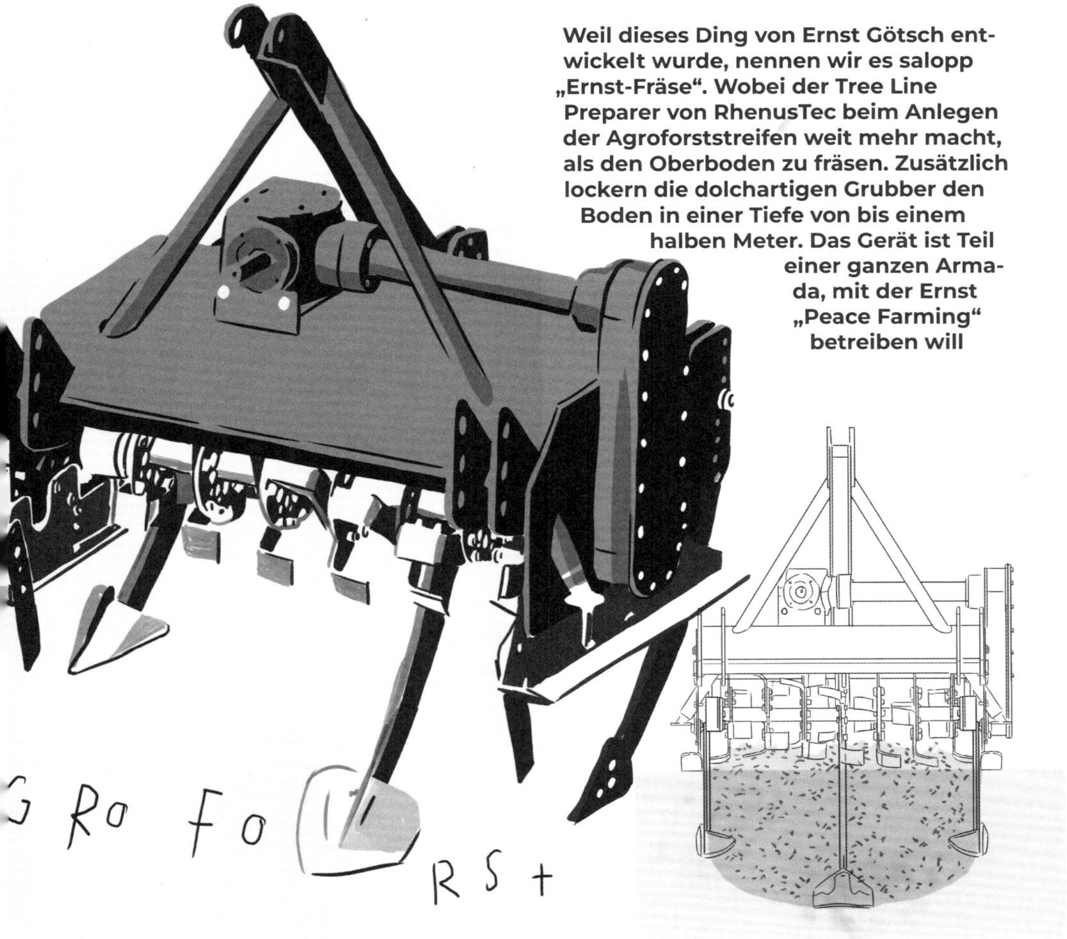

Weil dieses Ding von Ernst Götsch entwickelt wurde, nennen wir es salopp „Ernst-Fräse". Wobei der Tree Line Preparer von RhenusTec beim Anlegen der Agroforststreifen weit mehr macht, als den Oberboden zu fräsen. Zusätzlich lockern die dolchartigen Grubber den Boden in einer Tiefe von bis einem halben Meter. Das Gerät ist Teil einer ganzen Armada, mit der Ernst „Peace Farming" betreiben will

weit weniger Kosten als seine konventionell anbauenden Nachbarn. Für mich war klar: Den Mann muss ich nach Madlitz holen – egal wie! Also sagte ich zu bei der Veranstaltung, jedoch nicht ohne anzukündigen, dass ich nur kommen würde, wenn wir mit Uzzy am nächsten Tag nach Madlitz führen. Natürlich hoffte ich, über sie an Ernst heranzukommen! Sie erklärte sich tatsächlich bereit, nach dem Workshop mit mir nach Madlitz zu fahren, um sich anzuschauen, was hier bisher passiert war. Auf dem Rücksitz meines Autos: ein freiberuflich arbeitender Baumpfleger namens Renke de Vries, der mir beim Workshop durch die außergewöhnlich hohe Frage-Frequenz aufgefallen war. Okay, wenn er unbedingt mitwill, dann soll er halt mitkommen. Ich ahnte nicht, dass ich mit ihm meinen zukünftigen Agroforst-Manager und einen der brillantesten Pflanzenversteher überhaupt im Wagen hatte!

Gemeinsam blickten wir auf meinen ersten Agroforst, den ich gemeinsam mit einem externen Berater geplant hatte. Ein längliches Feld, in Nord-Süd-Ausrichtung, auf dem wir Roggen anbauten. Im Frühjahr hatten wir die Bäume gepflanzt, mit dem Waldpflug die humose Schicht nach außen geklappt, sodass die Pflanzebene 20 Zentimeter tiefer lag als der Acker links und rechts. Der gute Boden wurde also zur Seite gelegt. Was für ein Fehler. Danach wurde es mit der Pflege natürlich schwieriger. Der nächste Bock: Wir hatten ein recht einfaches System in die Erde gebracht, sieben verschiedene Pappelarten, zwei verschiedene Weidearten, zwei

So machen wir das

Arbeitsschritte

1. **Aussaat Klee- und Kräutermix** Ein Jahr vor dem Pflanzen der Agroforststreifen, meist im September, säen wir einen Kräutermix, zwei Wochen danach das Getreide. Die Untersaat u.a. mit Luzerne oder Rotklee ist wichtig, weil sie bis zu vier Mal im Jahr Biomasse gibt. Sie dient den Agroforststreifen als Düngerfabrik.

2. **Saatgut sammeln** Von Juni bis Oktober des Folgejahrs sammeln wir händisch Samen von Kräutern und Bäumen, die wir in den Streifen haben wollen. Wir suchen in der Region, damit sie bereits an den Standort angepasst sind. Im Eimer lassen wir etwa Pflaumensorten vergären. Je diverser, desto besser!

3. **Tiefenlockern und fräsen** Die Untersaat ist aufgegangen, das Getreide geernet. Jetzt wird der Boden für die Agroforststreifen vorbereitet. Im August, wenn die Erde noch nicht zu feucht ist, lockert der Grubber bis in 45 Zentimeter Tiefe, um den Baumwurzeln Platz zu geben. Die Fräse lockert den Oberboden für das Saatbett.

weitere Arbeitsschritte auf Seite 87 →

verschiedene Erlenarten. Pflanzt man sehr ähnlich und sehr reduziert, dann verliert der Streifen im Endstadium seine Wirkung. Der Wuchs ist zwar hoch, aber unten wird es ohne Sträucher wieder licht. Der Effekt, dass sich die Windgeschwindigkeit verändert, ist nicht mehr in der nötigen Konsequenz gegeben. Heute wissen wir: Ein anständiger Agroforst braucht natürlich ein Stockwerksystem, das vom Boden bis zur Krone reicht. Trotz aller Fehler der Erstanlage hatte mich dieses System stark geprägt. Ich hatte die verschiedenen Pappelsorten in 30-Meter-Blöcke pflanzen lassen, weil mich einfach interessiert hat, wie unterschiedlich sie wachsen, und ich auch die Vorstellung dieser heterogenen Reihen schön fand. Tatsächlich waren die Einsichten pures Geld wert: Unterschiede zwischen den Sorten dieses wirklich einfachen und anspruchslosen Pionierbaums Pappel konnten nicht drastischer sein. Hier begann ich zu verstehen, dass wir wirklich überhaupt nichts wissen, sondern dem Weg der Natur folgen müssen.

Gut also, dass der Kontakt zu Ernst Götsch zustande kam. Oder sagen wir: zu seinen Mitarbeitern. Denn, wie bereits erwähnt, von Götsch selbst hörte ich erst einmal nichts. Stattdessen tauchte hier ein Mann namens Silvio auf. Eine Art Manager und Auskundschafter, der ermitteln sollte, ob es sich menschlich wie landwirtschaftlich lohnen würde, nach Brasilien (Tropen!) und Portugal (Subtropen!) ein nächstes Götsch-Projekt im wechselhaften Deutschland aus dem Boden zu stampfen. Nach vier, fünf Tagen Gesprächen und Inspektionen sagte Silvio: *„Okay, wir machen das. Aber vorher muss jemand beim Ernst einen Workshop besuchen und danach drei Monate mit ihm arbeiten.“* Das war mal eine Ansage! Ich hatte damals eine Mitarbeiterin, die eigentlich nach Brasilien fliegen wollte, doch eine Woche vorher sagte sie mir ab. Gleichzeitig kam ihr aber die rettende Idee: *„Was ist denn mit dem Typen, der damals mit dabei war, dieser Renke?“* Stimmt, daran hatte ich nicht gedacht. Ich rief ihn an, fragte, wie es ihm ginge und dann freiheraus: *„Hast du Lust, einen Monat nach Portugal zu gehen und dann drei Monate nach Brasilien? Ernst Götsch ruft!“* Keine zwei Sekunden vergingen. *„Ja, klar!“* – *„Aber es geht am Wochenende los.“* – *„Kein Problem.“* Renke besuchte mich in Madlitz, denn wir mussten ja eine Art Arbeitsvertrag schließen, obwohl ich gar kein Geld übrig hatte. Letztlich einigten wir uns im gegenseitigen Vertrauen: Ich gehe in Vorleistung, zahle den Workshop in Portugal und den Trip nach Brasilien – und du verpflichtest dich, mit deinem Wissen mindestens zwei Jahre auf meinem Hof zu bleiben. So begann das mit Renke – mein erster Mitstreiter auf unserem neuen Weg.

Am Anfang war Renke: Dem studierten Forstwirt und Baumpfleger konnte ich den allerersten Arbeitsvertrag geben

WIR ZUSAMMEN

Renke ist ein spannender Typ, der so in gar keine Schublade passt. Erdverbunden und in sich ruhend, ernsthaft und abgewogen. Er trägt eine ähnliche Schwere in sich, wie das Menschen tun, die erkannt haben, was möglich ist und was im Gegensatz dazu passiert. Er hat sich abgewendet und doch noch nicht die Hoffnung für den Wandel verloren. Er gehört zu den Menschen, die das Wissen in sich tragen, das wir brauchen, um die Landwirtschaft zu transformieren. Ihm wäre es unfassbar unangenehm, so von sich zu reden. Ich will Renke aber trotzdem selbst zu Wort kommen lassen.

Renke, wie war das damals mit Ernst Götsch im Dschungel, erzähl doch mal!

Ernst zu treffen war in jeder Hinsicht überwältigend. Er ist ein sehr netter und höflicher Mensch, aber es wurde schnell deutlich, dass er klare Prinzipien und Ansichten hat, nach denen er vorgeht. All diese Prinzipien hat er sich nicht selbst ausgedacht, denn es sind die Prinzipien der Natur, welche er sich durch eigene Beobachtung von Tier und Pflanzen sowie durch Forschung und den Austausch mit Indigenen angeeignet hat. Die Natur ist seine Religion, er spricht gern über den Naturburschen Goethe, er zitiert den griechischen Philosophen Äsop, der wohl schon vor 2700 Jahren schrieb, dass es selbst den Göttern nicht zustehen würde, die Naturgesetze zu ändern, er kommt regelmäßig auf die Moralverpflichtung des kategorischen Imperativs von Kant zurück.

Das klingt nach totaler Menschenliebe, nach totaler Hingabe an die Schöpfung.

Ja. Aber Ernst ist keiner, der dich ans Händchen nimmt, dir den Wald zeigt und dabei aus seinem Leben plaudert. Mit Ernst spricht man am besten, wenn er draußen im Feld ist, wenn er mit und in der Natur arbeitet, wenn er ein Teil von ihr wird. Diese Momente muss man demütig abpassen. Was man mitnimmt, hängt also sehr von einem selbst ab. Überhaupt: Wer mit Ernst lebt und arbeitet, muss sehr selbstständig sein.

Worin bestand deine Arbeit?

Es klingt vielleicht für manche erst einmal seltsam, aber wir haben im Wald mit Kettensägen und Macheten eine große Lichtung von ungefähr 1000 Quadratmetern gesägt und geschlagen. Zur Beruhigung: Es war kein Urwald. Es war eine Hanglage, die von Ernst vor 25 Jahren aufgeforstet worden war. Aber er war damit nicht vollständig zufrieden. Und wenn Ernst mit etwas nicht zufrieden ist, dann setzt er das System zurück auf null. Uns gab er nun die Chance, das Feld neu zu bestellen. Wir haben nichts entwurzelt, und die gesamte heruntergeschnittene Biomasse blieb auf dem Terrain. Wir sammelten die Samen der Pflanzen, die regional und saisonal verfügbar waren und auf Ernst seiner Farm wuchsen, und säten sie wieder nach syntropischem Muster – dazwischen Mais, Maniok, Bohnen und anderes. Vier Wochen hat es gedauert, um die Fläche anzulegen. Zeitgleich habe ich mir abends meine Gedanken über Madlitz gemacht und sie mit Ernst diskutiert. Wie gesagt, man kann mit ihm wirklich am besten reden, wenn er arbeitet. Glücklicherweise tat er das auch abends. Dann fermentierte er seinen Kakao und geriet dabei in eine fast meditative Laune.

Wie weit hat er sich geöffnet?

Einigermaßen. In solchen Momenten sprach er zum Beispiel von einer seiner größten Inspirationsquellen, dem kleinbäuerlichen Landbau in seiner Heimat im Nordosten der Schweiz. Zu Beginn der Fünfzigerjahre des letzten Jahrhunderts waren nur noch Reste des Reichtums übrig, die seine Vorfahren auf-

Friede, Freude, Agroforst: Die Götsch-Fans Renke de Vries und Rosanna Gahler managen und pflegen unsere Baumreihen

gebaut hatten. Sie waren ganz anders als das, was man ihm im Geschichtsunterricht erzählt hatte. „Keine armen und einfältigen Bauerntölpel nämlich", sagte Götsch. „Im Gegenteil, sie besaßen den Geist und das Wissen, Obstgärten anzulegen, die noch zwei Jahrhunderte später enorme Mengen verschiedenster und bester Früchte produzierten." Einer davon war der Obstgarten seiner Eltern. Eine andere Zeit, von der er immer wieder berichtete, war seine Forschungsarbeit an einem Zürcher Institut, wo versucht wurde, Saatgut für Nahrungsmittelpflanzen durch Züchtung genetisch zu verbessern bzw. an die schlechter werdenden Umstände anzupassen.

Was sagte er dir zum Verhältnis des Menschen zum Wald? Ernst vermutet ja, dass der Kampf gegen den Wald wie ein Instinkt tief in uns verwurzelt ist – bis heute.

Die Fehler der vergangenen Zivilisationen sind eindeutig. Wichtig ist, dass wir nun mit klug gestalteten und gemanagten Agroforstsystemen etwas aufbauen können, das dem natürlichen halb offenen Waldökosystem mit all seinen Vorteilen sehr nahekommt. Egal ob nun in den Tropen oder im immer trockener werdenden Brandenburg. Die Sukzessionsprinzipien sind gleich, und auch die Effekte des Schneidens sind gleich.

Vielleicht erläuterst du den Lesern einmal, was genau die Sukzession ist.

Sukzession ist der natürliche Ablauf der Natur. Hier bei uns kommen nach einem Kahlschlag zuerst die Gräser und andere krautige Pflanzen hoch, dann folgen meist dornige Sträucher wie Weißdorn, Himbeere, Brombeere oder Sanddorn. Danach gesellen sich Pionierbaumarten wie Birke, Weißpappel, Zitterpappel, Robinie hinzu, nach ihnen Bäume mit einem längeren Lebenszyklus wie Kirsche und Ahorn, danach Buche und Eiche als Arten, die am ältesten werden. Unstrittig ist, dass sich die Bedingungen innerhalb des Ökosystems mit der Dauer verbessern, wenn du die Sukzession in dein Konzept integrierst. Trotzdem ist es heute in den meisten Fällen so, dass bei einem neu angelegten Wald die meisten Sukzessionsstufen ausgelassen werden. In Deutschland zum Beispiel haben Pappel und Birke keinen Wert, Sträucher schon gar nicht. Man pflanzt das, was man haben will. Will man Eiche haben, pflanzt man sie direkt, obwohl sie erst spät in der Sukzession kommt. Oder andersrum: Manche Forstwirte pflanzen nur Kiefer, die hier recht früh kommt, unterbrechen nach der Rodung die Sukzession und pflanzen wieder Kiefer. Aus ökonomischen Gründen wird die Natur komplett ignoriert. Dabei ist die Sukzession der natürliche Weg, den Boden, die Wasserverfügbarkeit und die Menge der verfügbaren Nährstoffe zu erhöhen. Bei unseren Agroforstsystemen versuchen wir daher, die Sukzession und Schichtung des Ökosystems zu beachten und diese natürlichen und den Standort verbessernden Prozesse zu nutzen.

Eingelocht: Walnüsse und Haselnüsse wandern zuerst in die frisch angelegten Agroforststreifen

4. Kompost ausbringen Kurz nachdem die Streifen vorbereitet wurden, geben wir kleine Mengen von Kompost in die Mitte – als Booster für das Saatgut. Der Kompost sollte hohe Qualität haben, kein halbverdautes Material enthalten, sondern wieder reine Erde sein.

5. Mulch ausbringen Auch dieser Schritt folgt unmittelbar. Mit dem Düngerstreuer bringen wir in zwei Dämmen Holzhackschnitzel aus. Sie sollen das Bodenleben füttern und den Bäumen anfangs genug Feuchtigkeit geben. Am besten sind Schnitzel aus Laubholz mit viel Feinastanteil.

6. Rinne ziehen und säen Auf den zehn Zentimetern Boden zwischen den Mulch-Dämmen ziehen wir eine fünf bis acht Zentimeter tiefe Rinne. Mit einem Stab drücken wir alle zehn Zentimeter etwa fünf Zentimeter tiefe Löcher hinein, in die die Saat von Walnuss, Esskastanie oder Nussbäumen kommt. Danach wird über die gesamte Länge der Rinne das Saatgut ausgebracht, das vorher in einer Schubkarre zusammengemixt wurde – zehn Samenkomponenten, frischer Apfeltrester, vergorenes Kernobst. Anschließend harken wir etwa zwei Zentimeter Erde darüber.

7. Aussaat der Lichtkeimer Ganz obendrauf, vielleicht ein bisschen gestreckt mit Sägemehl, streuen wir Samen von Kräutern wie Wiesenkerbel, Beifuß oder Nachtkerzen.

Weitere Arbeitsschritte auf der folgenden Seite →

8. **Pflanzen der Pionierbäume** Jetzt geben wir die zweijährigen Pionierbäume und Pionierbüsche in die Erde. Dies sind ein- bis zweijährige wurzelnackte Pflanzen aus lokalen Baumschulen – darunter Pappeln, Birken, Grauerlen, Weiden, Robinien und Sanddorn. Sie werden später die Funktion haben, die neben ihnen wachsenden Obstbäume „hochzubringen", also zu schützen und zu nähren. Der Sanddorn liefert zudem Beeren, ein heimisches Superfood.

9. **Schneiden und krauten** Vor dem Austrieb im Frühjahr werden die Bäume um mindestens zwei Drittel eingekürzt. Das ist notwendig, da sie zwischen Entnahme aus der Baumschule und Einpflanzen bei uns an Wurzelmasse verloren haben. Würde der Baum zu viele Blätter bilden und damit viel verdunsten, könnte er kollabieren. Geschnitten werden auch die Kräuter, die Gräser innerhalb der Reihen werden gekrautet, das jedoch erst im Sommer.

10. **Schwaden von Biomasse** Drei- bis viermal im Jahr kann das Gras zwischen den Agroforststreifen gemäht werden, erstmals Ende Mai. Die Gräser werden auf Schwaden genannte Haufen gelegt, die sich entlang der Pflanzstreifen ziehen. Sie dienen als Mulch und damit dem ständigen Bodenaufbau.

Wie hat Ernst über das Stutzen und Schneiden erzählt?

Beim Stutzen hat Ernst bei vielen Quellen Inspiration gefunden. Einerseits berichteten ihm Indigene, dass sie beobachtet hatten, dass Bäume, die bei Stürmen viele Äste und Zweige verloren, besonders stark Früchte ausbildeten. Auch die Affen wissen wohl genau, dass sie Äste von Obstbäumen, die nicht mehr tragen, abbrechen müssen, um neues Wachstum zu initiieren. Unsere Vorfahren in Europa kannten Derartiges natürlich auch. Das zeigt unter anderem unsere jahrtausendealte Kopfbaumkultur in Mitteleuropa oder auch die Nieder- und Mittelwaldwirtschaft. Ernst hat das nicht neu erfunden, aber er hat das alte Wissen wieder aktiviert und neu kombiniert. Das Schneiden hat also einen großen Effekt. In Brasilien wie hier. Schneiden führt zu Veränderungen im Wurzelbereich, wo dadurch Wachstumshormone abgegeben werden. Ernst hatte schon in seiner Schweizer Zeit erkannt, dass das Stutzen von Pappel und Ahorn auf Obstwiesen positive Effekte auf das Wachstum der Apfelbäume hat, die in der Nähe wachsen. Für mich ist der syntropische Agroforst das Konzept mit dem ganzheitlichsten Ansatz.

Was sind deiner Meinung nach die größten Unterschiede zwischen Brasilien und Brandenburg, Renke?

Der größte Unterschied liegt noch nicht mal im Klima, sondern in der menschlichen Arbeit. Das Konzept von Ernst Götsch beruht ja auch darauf, dass wir Menschen jeden Tag bei unseren Agroforstsystemen sind, sie beobachten, die Natur lesen, fördernd eingreifen. In Brasilien ist vielleicht manchmal etwas einfacher möglich. Arbeitskräfte sind dort reichlich vorhanden, weil sie sehr viel günstiger sind als in Deutschland. Zum anderen vermittelt unsere Gesellschaft, dass eine solche Arbeit minderwertig ist beziehungsweise nicht so angesehen wie ein ordentlicher Fabrik- oder Bürojob. Das ist eine Katastrophe. Dabei ist die Arbeit draußen ganz großartig, ich empfinde die Büroarbeit als viel anstrengender als die Arbeit auf dem Feld. Mein Rücken wird vom Sitzen viel kaputter als vom Pflanzen und Bäumeschneiden. Feldarbeit wurde über viele Jahrzehnte als schwere und schreckliche Arbeit angesehen, aber davon müssen wir wegkommen. Syntropische Systeme können auch für diesen Imagewandel sorgen. Sie bilden wahnsinnig schöne, ästhetische, lebendige, energetische Landschaften, in denen es Spaß macht, sich zu bewegen, auch wenn man hart arbeitet. Ich glaube, dass viele der psychischen Krankheiten daher kommen, dass wir diese Anbindung an die Natur und die Interaktion mit der Natur gar nicht mehr haben, nicht mal die Land- und Forstwirte, denn die meisten von ihnen sitzen den Großteil ihrer Zeit in klimatisierten Treckern oder Büros. Ernst setzt daher in seinen Workshops auf eine ganzheitliche Sichtweise mit vielen Aha-Effekten und zeigt, welche Freude es bringen kann, mit der Natur statt gegen sie zu arbeiten.

Die Workshops, ein gutes Stichwort. Einen solchen stellte ich im Frühjahr 2019 gemeinsam mit der Soil Alliance auf die Beine, einem Verein für regenerative Landwirtschaft, bei dem ich im Vorstand saß. Das war genau der Anlass für den ersten Besuch von Ernst Götsch in Madlitz, den ich zu Beginn des Kapitels beschrieben hatte. 50 Leute nahmen daran teil. Was wir damals auf diesen 3,5 Hektar begannen, ist ein stetig wachsender DNA-Pool, der uns fast täglich neue Informationen bringt und Antworten auf die große Frage, wie Agroforst ökonomisch skaliert werden kann. Nehmen wir zum Beispiel die Pfirsiche, von denen hier einige Sorten in einer der Agro-

forstreihen stehen. Die Sorte „Rekord von Alfter“ wächst seit zwei Jahren vorbildlich und hat den Dürresommer 2022 ganz gut überstanden, hat mir meine Mitarbeiterin Rosanna Gahler berichtet, genauso wie der „Proskauer“, ein alter aus Schlesien stammender Pfirsich, die Sorte „Priscilla“ hat es hingegen nicht geschafft. Aber es sind nicht die Kulturfrüchte allein, die wir beobachten. Zwischen den Pfirsichsorten haben wir sogenannte Mutterbäume gepflanzt wie Birken, Pappeln oder Kirschen, um herauszufinden, welcher davon dem Habitat guttut und auf das Wachstum der Pfirsiche einzahlt. In andere Reihen haben wir Brombeeren und Himbeeren gepflanzt,

___ **1.** **Sorgfältige Vorbereitung** Für die Chip-Veredelung im Sommer sollte die Unterlage gesund sein, ein gutes Wurzelsystem haben und mit ihrem Blattwerk im Saft stehen. Das Edelreis, also das wenige Zentimeter lange Teilstück eines Zweigs der Edelsorte, sollte frisch sein. Seine Blätter werden entfernt, sodass nur noch die ruhende Knospe des nächsten Jahres vorhanden ist.

___ **2.** **Der Einschnitt** Jetzt wird der Baum am Hauptstamm oder Haupttrieb an einer geraden Stelle eingeschnitten. Unterhalb des Schnittes sollten sich keine Triebe mehr befinden, die den Saftdruck für die Veredelung rauben. Der Schnitt erfolgt von oben nach unten und leicht tiefer werdend, einem flachen Keil ähnelnd. Dieser wird entnommen.

___ **3. + 4.** **Saubere Verbindung** Jetzt wird in passender Größe zum Einschnitt an der Unterlage das Auge aus dem Edelreis geschnitten und mit dem Messer in den Ausschnitt gesetzt. Es ist darauf zu achten, die frischen Schnittstellen beider Teile nicht zu berühren. Meist verhindern Kontaminationen das Anwachsen.

___ **5.** **Jetzt wächst zusammen** Der Chip sitzt! Je besser der ausgeschnittene Chip auf die Schnittstelle der Unterlage passt, desto höher liegen die Chancen, dass er anwächst.

___ **6.** **Sanfter Schutz** Nun muss die Stelle fest mit Veredelungsband umwickelt werden – oberhalb und unterhalb des ruhenden Auges mehrmals, direkt auf dem ruhenden Auge aber nur ein- bis zweimal. Das spezielle Tape ist elastisch, atmungsaktiv und biologisch abbaubar. Der Schritt funktioniert auch mit Plastikfolie, diese muss jedoch zum Beginn des Austriebs der Knospe im Frühjahr aufgeschnitten werden.

weil in der Natur beobachtet werden konnte, dass Bäume gerne mit ihnen zusammen groß werden. Vermutlich liegt das daran, dass die Beeren im Boden bestimmte Pilze anziehen, die den Bäumen wiederum bei der Wasserversorgung helfen.

Als heimlicher Star dieses Agroforstsystems hat sich übrigens die Ölweide entpuppt. Sie ist mit dem Sanddorn verwandt, wächst gut auf kargen Böden und verträgt heiße Bedingungen. Die Pflanze kennt kaum jemand, obwohl sie kleine rote Früchte ausbildet, die optisch an Oliven erinnern, recht süß sind und zu Marmelade oder Kompott verarbeitet werden können. Rosanna, die sich zusammen mit Renke um inzwischen fünf Agroforstsysteme kümmert, ist übrigens großer Fan der Ölweide.

Rosi, wie hast du eigentlich zum ersten Mal von Agroforst gehört?

Zum ersten Mal während meines Studiums. Ich saß in irgendeiner Bar in Frankfurt und erzählte bei einem Gin Tonic dem englischen Freund meiner Schwester, dass ich Forstwirtschaft studiere. Er fragte mich sofort, ob ich denn dann auch Ernst Götsch kennen würde. Ernst wer? Visionäre Leute, die gegen den Mainstream schwimmen, haben es in der Lehrbuchwissenschaft schwer. Deshalb hatte ich wirklich noch nicht von ihm gehört. Aber ab diesem Moment kam ich von dem Thema nicht mehr los, und ich war entsetzt darüber, dass es im Forststudium gar nicht thematisiert wurde, dass es das in Deutschland einfach nicht gibt. Trotzdem habe ich es geschafft, meine Bachelor-Arbeit über Agroforstsysteme in Deutschland zu schreiben!

Was glaubst du, woran es liegt, dass es Agroforst bisher so schwer hatte?

Womöglich auch daran, dass es eine Mischform ist. Forstwirtschaft kümmert sich um Forst, Landwirtschaft kümmert sich um den Acker. Und wenn du Obst willst, kümmerst du dich nur um Obst. Es steckt alles in Schubladen, alles ist fragmentiert, nichts ist *integriert. Der Agroforst passte bisher einfach nicht ins System. Daher war es auch ein Problem, eine*n Professor*in zu finden, der/die meine Arbeit begleitet. Ich habe für ein Thema gebrannt – und lief gegen eine Wand. Aber langsam tut sich ja etwas. Alle reden von Biodiversität, von Kohlenstoffspeicherung und von Nahrungssicherheit, und immer mehr Menschen erkennen, dass all das der Agroforst leisten kann. Obwohl das ganze Wissen darüber schon einmal da war, müssen wir in Deutschland Pionierarbeit leisten. Leute wie Ernst Götsch können dabei Mut machen. Was mich an seiner Geschichte so fasziniert hat, war, dass er in Brasilien abgeholztes Land kaufte und die Leute ihm sagten: „Was willst du damit, bist du total bescheuert? Hier regnet es nicht, hier war mal Wald, danach Rinder, hier kannst du nichts mehr produzieren!“ Aber schaut man sich seine Flächen nach 40 Jahren an, ist das ein Wahnsinn. Er hat die alten Wasserkreisläufe wieder zum Laufen gebracht. Das ist so eine große Motivation für mich und gibt mir Optimismus. Die Fähigkeit von Agroforstsystemen besteht darin, ganze Ökosysteme zu regenerieren. Das muss man sich mal vorstellen! Und neben dem Aufbau von Boden als Kohlenstoffspeicher und dem Aufbau von Biodiversität gibt es für den Betrieb einen ökonomischen Mehrwert, der uns eine nachhaltige Versorgung sichert. Da stimmt alles, das ist es! Unsere konventionelle Ackerwirtschaft ist ja darauf ausgelegt, jedes Jahr einjährige Kulturen anzubauen. Du säst, bewegst den Boden, entreißt es ihm wieder mitsamt der Nährstoffe. Und dann steht man da vor einem ausgebeuteten Acker, dem man künstlich wieder Nährstoffe hinzufügen muss, damit da wieder eine einjährige Kultur wächst. Natur ist aber seltenst einjährig. Kulturen folgen aufeinander, und es gibt mehrjährige Bäume, Sträucher und Kräuter, die den Boden schützen. Das macht die Natur, und nichts anderes macht das Agroforstsystem. Es hält Boden, es schützt vor Wind, vor Sonneneinstrahlung, verhindert Verdunstung, steigert durch das Wurzelwerk die Fähigkeit, Wasser zu halten – und es baut den Boden auf mit Biomasse und macht ihn wieder lebendig.*

Ein Credo von Ernst ist ja, den Agroforst aus Samen wachsen zu lassen und nicht bereits gezogene Setzlinge zu pflanzen. Kannst du noch mal erklären, warum das so ist? Wir haben ja im Winter 2019/2020 bei uns ein Agroforstsystem angelegt, das fast nur aus Saaten besteht.

Fast nur, ja. Das Saatsystem besteht aus sechs Baumreihen von je 100 Metern auf einem halben Hektar. Zwischen den Reihen, die in sechs Metern Abstand wachsen, ist Dauergrünland, auf dem in zwei, drei Jahren die Hühner integriert werden sollen. Es ist das erste System, bei dem wir sehr intensiv mit Saat gearbeitet haben, weil nicht nur Ernst festgestellt hat, dass Bäume, Sträucher und Kräuter, die man per Saat ausbringt, später viel widerstandsfähiger werden und ein viel stärkeres Wurzelwerk haben als Pflanzen, die aus der Baumschule kommen, wo sie ständig bewässert und gedüngt wurden und auf Torfboden standen, dessen Abbau das Klima stark belastet. Was denken die Pflanzen wohl, wenn sie dann hier hinkommen, auf diesen Boden mit diesem Wetter? Außerdem wurde durch das ständige Umtopfen deren Wachstum gestört. Ungestörte Bäume können viel längere Wurzeln ausbilden und brauchen später keine künstliche Beregnung. Bei unserem Saatsystem haben wir deshalb etwa 80 Prozent gesät und nur die Mutterbäume der frühen Sukzession gepflanzt, also die Birken und Pappeln. Auch mit sehr wenig Regen in diesem Sommer steht dort alles 1a.

Kein Gewitter, sondern das Wunderwerk Wurzel. Darunter ein geschwadeter Agroforststreifen

Stutzen & Beschneiden

1. **Asten der Mutterbäume** Über gezieltes Beschneiden können wir Schichtung und Dichte der Agroforststreifen beeinflussen. Die Äste der Mutterbäume sollen nicht ins Obst wachsen, sondern darüber. Stück für Stück asten wir sie daher hoch. Ein Nebeneffekt ist, dass die astlosen Bereiche dem Holz mehr Qualität verleihen und es damit für die Verwertung interessanter machen. Im Juli schneiden wir dann die Mutterbäume „kopfartig" auf fünf bis acht Meter. Dies soll in Zukunft mechanisiert passieren. Das Schnittgut wird geschreddert ins Feld gepustet, um dort großflächig den Bodenaufbau zu fördern. Mit dem Neuaustrieb bei den Mutterbäumen kommt ein Wachstumsimpuls ins System. Die Obstgehölze darunter erhalten Licht zum Ausreifen der Früchte.

2. **Der Obstbaumschnitt à la Oeschberg:** Junge Obstbäume erhalten von uns in ihren ersten fünf bis zehn Jahren einen Erziehungsschnitt im Kronenbereich. Der Oeschbergschnitt ist eine fast 100 Jahre alte Technik aus der Schweiz. Sie besteht im Kern darin, dass die Leitäste, die Fruchtäste sowie die stabilisierende Mitte des Baums regelmäßig gekürzt werden. Verzweigung und Dickenwachstum erhalten damit Impulse, was auf die Baumgesundheit einzahlt und uns die Ernte erleichtert.

3. **Fällen der Mutterbäume** Wenn die Mutterbäume der späteren Sukzessionsstufe nachrücken, müssen die Mutterbäume der früheren Generation weichen. Pappel und Birke werden eher zu Nutz- und Brennholz. Aus der hochwertigeren Robinie können Bretter oder Zaunpfähle werden.

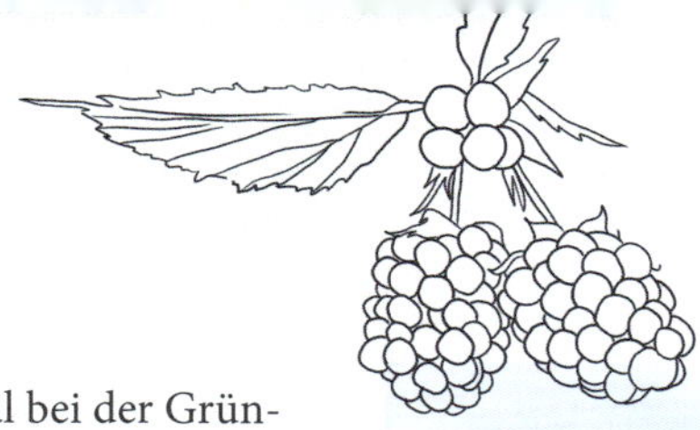

Ich habe Rosi das erste Mal bei der Gründung des Agroforst-Verbands (DeFAF e.V.) in Berlin getroffen. Wie schon bei Renke fiel auch sie mir unter den etwa 50 Leuten auf. Sie hatte eine besondere Ausstrahlung, die jeden sofort in ihren Bann zieht, sie war selbstbewusst und frech und hatte Humor, sie war charmant und herzlich, aber auch aufgeweckt und anstachelnd. Sie gibt unheimlich viel Energie und vermittelt große Lebensfreude. Im Sportunterricht hätte ich sie immer sofort in mein Team gewählt. Ich konnte spüren, dass sie eine besondere Persönlichkeit hat und einen klaren Kopf auf den Schultern. Ich wusste sofort: Die Frau ist top! Ich habe sie angequatscht und ging mit ihr eine rauchen. „Willst du nicht Praktikum bei mir machen?", fragte ich sie, aber ich war wohl nicht besonders überzeugend, und sie hat mehrmals abgelehnt. Irgendwann hatte ich sie dann so weit, obwohl ich nichts zahlen konnte, nicht mal ein Essen. Nach dem Praktikum ging sie wieder, denn sie musste ja Geld verdienen. Aber ich merkte, wie wertvoll sie für den Betrieb bereits geworden war. „Bevor du Dinge machst, die du nicht machen willst, komm zurück", sagte ich ihr. „Ich gucke, wie ich dir etwas zahlen kann." Ich stellte Rosi ein, ohne die Mittel dafür zu haben. Es würde schon irgendwie gehen.

Inzwischen können sich Renke, Rosi, Mara und ich uns um fünf verschiedene Agroforstsysteme kümmern. Zudem helfen uns meist drei bis vier Praktikanten. Zum allerersten Agroforst aus der Vor-Götsch-Zeit, dem ersten syntropischen Götsch-Agroforst und dem Saatgutsystem haben sich zwei weitere gesellt. Die sogenannte Laubweide und das Keyline-System.

Mit der Laubweide, begonnen im Winter 2020, wächst ein silvopastorales Agroforstprojekt heran. Das heißt, es kombiniert die Nutztierhaltung mit der Kultivierung von Gehölzen. Nach sieben Jahren werden hier Kühe, schon nach zwei Jahren Hühner auf insgesamt sechs Hektar zwischen 8000 Bäumen und Sträuchern herumlaufen – darunter Salweide, Eichen, Buchen, Feld-, Spitz- und Bergahorn, Speierling, Hasel- und Walnuss, Holunder, Maulbeere und Sanddorn. Silvopastorale Systeme sind die wohl weitest verbreiteten Agroforstsysteme in Europa. Schon in der Jungsteinzeit und bei den Römern war diese Form der Landnutzung bekannt. Jedoch ist unsere Laubweide komplett anders als ein Korkeichenwald oder Streuobstwiesen. Sie ist mehrschichtig und geht mit der Sukzession, noch dazu gibt sie Wertholz und Laubfutterkomponenten – eine gigantische Weiterentwicklung.

Vor den Agroforststreifen im syntropischen System ist genau bezeichnet, welche Sorten und Arten hier nebeneinander wachsen. Deren Entwicklung wird dauerhaft digital erfasst

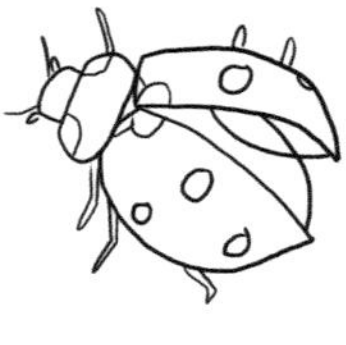

Der gegenseitige Nutzen ist atemberaubend. Da die Fläche ganzjährig begrünt ist, können wir durchgehend hochwertiges Futter gewährleisten – während es woanders aufgrund der Trockenheit knapp wird und die Anzahl der Tiere reduziert werden muss. Doch bekanntlich fressen Kühe und Hühner nicht nur, sie verteilen auch ihren Kot über die gesamte Fläche und damit wertvolle Nährstoffe und Mikroben sowie Feuchtigkeit. Das befördert in extremem Maße den Humusaufbau und das Wachstum der Bäume, Sträucher und Kräuter. Wachstumsimpulse geben die Kühe übrigens auch durch das Fressen von Trieben und Halmen.

Ein Jahr später pflanzten wir ein weiteres syntropisches Agroforstsystem, bei dem wir aufgrund der leichten Hanglage die Baumreihen entlang der Höhenlinien anlegten. Dies bezeichnet man in der Permakultur-Bewegung als Keyline-Design. Es wurde bereits in den 1950er-Jahren von dem australischen Erfinder und Bergbauingenieur Percival Alfred Yeomans entwickelt. Nachdem sein Schwager bei einem Grasbrand ums Leben gekommen war, übernahm er dessen Ländereien in New South Wales. Er machte sich Gedanken darüber, wie man trotz der Trockenheit der Region sowie den unvorhersehbaren Wechseln von Dürren und Starkregenereignissen eine einigermaßen ertragbringende Landwirtschaft auf die Beine stellen könne. Er blickte auf sein Land und kam auf die Idee, dessen hügelige Topografie zu nutzen, um das wenige Wasser verfügbarer zu machen. Dazu beobachtete er die Höhenlinien, genauer: die vom Hauptkamm abgehenden Kämme und Täler. Über sie waren bisher die selte-

WACHSTUMS

1 – ab 1. Jahr Zuerst schießen die Pionierbäume der frühen Sukzession empor, die im Wechsel gepflanzt worden sind. Zwischen Pappel, Birke, Robinie oder Weide steht der Sanddorn, ebenfalls ein Pionier. Pioniergewächse sind so robust, dass sie auch ohne Bewässerung gut anwachsen. Das ist genau ihre Aufgabe: zu wachsen, wenn die Bedingungen noch nicht so gut sind, und den anderen damit wortwörtlich den Boden zu bereiten. Gleichzeitig keimen auch schon die Baumsamen, die die spätere Hauptkultur des Streifens werden – wie Pflaume oder Apfel.

2 – ab 3. Jahr Der Sanddorn ist jetzt schon so groß, dass erste Beeren geerntet werden können. Die Pioniermutterbäume haben es bereits auf zwei bis drei Meter Höhe geschafft. Sie wurden von uns immer wieder nach oben geastet, u.a. um den darunter und daneben wachsenden Obstbäumen nicht Licht und Platz zu nehmen. Die inzwischen veredelten Obstbäume sind jetzt einen bis anderthalb Meter groß. Sie haben etwa die gleiche Höhe wie die Mutterbäume der späteren Sukzession (Ahorn, Eiche, Kirsche), die nachher die ersten Mutterbäume ablösen werden.

3 – ab 6. Jahr Der Sanddorn trägt immer noch und stellt weiterhin die Hauptfrucht. Die dazwischen stehenden Obstbäume durchbrechen Stück für Stück die Zwei-Meter-Marke und gehen langsam in eine nennenswerte Produktion. Die Obstbäume erhalten von uns sogenannte Erziehungsschnitte. Diese sorgen für einen Wuchs, der auf Fruchtqualität, Baumgesundheit und Beerntbarkeit abzielt. Zu erkennen ist auch, wie die späten Mutterbäume langsam die frühen ablösen. Im Zuge dieses Wechsels wird z.B. die Pappel nach etwa 20 Jahren gefällt, der Spitzahorn übernimmt ihre Funktion.

4 – ab 35. Jahr Spitzahorn, Eiche & Co. haben den Raum genutzt. Sie dominieren nun mit einer Höhe von fünf bis acht Metern den Agroforststreifen. Durch jährliches Stutzen werden sie dort gehalten. Sie thronen über der Obstkultur und sorgen für leichte Beschattung, produzieren mit ihrem Laub Biomasse, bauen den Boden auf, bringen durch Wachstumsimpulse Dynamik ins System. Der Sanddorn wurde von Beerensträuchern der späteren Sukzession wie der Kornelkirsche ersetzt. Mit dem Apfel als Hauptkultur kann das System etwa 120 Jahre produzieren, mit der Birne etwa 150 Jahre.

PHASEN

Buch TIPPS

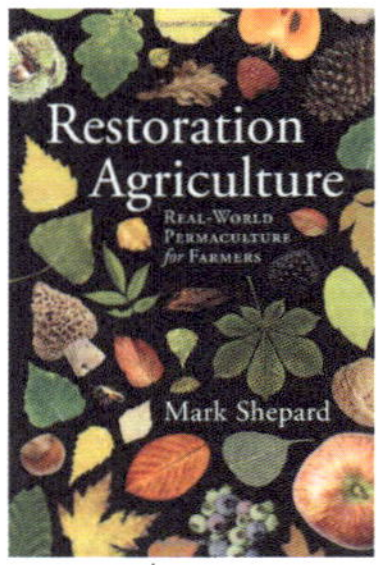

Einen Waldgarten erschaffen
Martin Crawford ist einer der Pioniere für Waldgärten im mitteleuropäischen Klima. Waldgärten sind jungen Wäldern nachempfunden. Im Gegensatz zum klassischen Obstgarten wachsen in ihnen auf unterschiedlichen Höhen Ertragsfrüchte. Detailreich beschreibt der Engländer, wie man sich einen Waldgarten anlegen kann und was es dabei zu beachten gilt. Ein sehr lehrreiches Buch.

GAIA
In diesem Buch erklärt James Lovelock seine Gaia-Theorie, nach der die Erde ein großer Makroorganismus ist. Verblüffende Fakten über die Funktionsweise und Entwicklung unseres Planeten werden anschaulich dargestellt. Die Gaia-Theorie legt einen wichtigen Grundstein für ein holistisches Weltbild, in dem alles miteinander verwoben ist.

Restoration Agriculture
Mark Shepard beschreibt, warum es so wichtig ist, die Welternährung Stück für Stück von einjährigen Kalorienquellen hin zu mehrjährigen Pflanzen bzw. Nüssen umzustellen. Anhand praktischer Beispiele zeigt er, wie man ein nachhaltiges Agrarökosystem, das sich die natürlichen Prozesse zunutze macht, gestalten und managen kann. Shepard treibt die Transformation seit Jahrzehnten auf eigenem Grund voran – als Chef der New Forest Farm, einer mehrjährigen „landwirtschaftlichen Savanne“ in Wisconsin.

nen Niederschläge annähernd ungebremst zu Tal gerauscht. Indem Yeomans aber seine Schlüssellinien einzog in Form der Landschaft angepasster Wälle und Gräben, hinderte er das Wasser am Hinabströmen und konnte es agrarischen Flächen auf den höher liegenden Gebieten zuführen sowie angelegten Senken, die als Wasserspeicher dienten. Nebeneffekte sind die Verhinderung von Bodenerosion und der Aufbau von Humus – inklusive der langfristigen Speicherung von Kohlenstoff. „Der Landwirt kann seine eigene Landschaft erschaffen“, sagte Yeomans selbstbewusst. Sein Konzept wurde mit Preisen überhäuft und weltweit kopiert. Auch von uns, jedoch in angepasster Form. Gerade wachsen auf einem ehemaligen Haferfeld bis zu 500 Apfel-, Birn- und Pflaumenbäume heran und bis zu 500 Beerensträucher, Sanddornbüsche und Kornelkirschen – später ergänzt um bis zu 500 Hühner. Der Verlauf der Agroforststreifen wurde abgestimmt auf den Verlauf der Höhenlinien unseres leicht abfallenden Hangs, sodass sich das Wasser, falls es bei Starkregen zu oberflächigem Abfluss kommt, perfekt über die Fläche verteilt. Bei einem gesunden und intakten Boden sollte es später allerdings auch bei Starkregen nicht mehr zu einem oberflächigen Abfluss kommen. Bis dahin übernehmen also die Baumreihen die Rolle der Dämme in der Urform des Keyline-Systems. Insofern hat das, was wir hier tun, auch etwas Verbindendes. Auf einem Acker in Madlitz treffen sich zwei Pioniere ihrer Zunft: der Australier Yeomans und der Schweizer Götsch.

Alltags TRICKS

von Renke de Vries

1

Mulchen Ob Balkonkasten oder Gartenbeet, jeder Boden kann vom Mulchen profitieren. Räumen Sie ihn niemals leer! Mulch schützt gleichermaßen vor starker Sonneneinstrahlung und vor Auswaschung und Verschlemmung. Mulch hält auch die Feuchtigkeit und bietet dem Bodenleben Nahrung. Für Mulchmaterial ist es nicht nötig, zum Baumarkt zu fahren. Verwenden Sie, was gerade so verfügbar ist, zu Hause oder um die Ecke. Das können Stroh und Gras genauso sein wie Laub und Sägemehl.

2

Mehrschichtig pflanzen Indem Sie beim Pflanzen auf die vertikale Schichtung Ihrer Pflanzen achten, nutzen Sie einerseits den oft geringen Platz auch in der Höhe besser aus, andererseits schaffen Sie nützliche Bereiche von Licht und Schatten. Außerdem entstehen in Pflanzengruppen symbiotische Effekte, die allen Beteiligten guttun. Zum Beispiel ergänzen sich in ihrem unterschiedlichen Wuchs Kürbisse (unten), Mais (oben). Und wer möchte, kann am Mais Bohnen hinaufranken lassen.

3

Einen Obstbaum aus dem Samen ziehen Probieren Sie es doch einmal beim nächsten Apfel aus: Essen Sie das Gehäuse nicht ganz ab und graben es mit ein wenig Fruchtfleisch vor dem nächsten Frühling ein. Das Fruchtfleisch ist wichtig für den Gärprozess, zudem sollte der Apfelrest mit den Kernen nicht ganz austrocknen. Wenn Sie Glück haben, keimt da nach wenigen Monaten schon etwas, und nach fünf bis sieben Jahren hängt ein Apfel dran. Was da wächst, ist allerdings nie genau die Sorte, die Sie gegessen haben. Dieser Baum hat noch nie irgendwo anders gestanden. Sie schreiben also Geschichte! Bildet Ihr Baum keine Frucht aus, schneiden Sie ihn herunter und versuchen, ihn in einem neuen Versuch zu veredeln.

3.2

Die Baumschule oder die Legende von der klugen Wurzel

Wenn ich den Feldweg hochgehe zu unserer Baumschule und schon aus der Ferne die kleine Holzhütte sehe, und wenn ich dann auch noch höre, wie die Reggae-Klänge aus den Boxen des Mercedes, der vor der Hütte parkt, über die Pflanzen zu mir herüberwehen, dann wird mir ganz warm ums Herz, dann kommt das tiefe Gefühl in mir hoch, dass hier etwas im Einklang ist. Dieser Ort ist für mich ein ganz besonderer, er ist ein Stück Hoffnung und heile Welt. Ich beginne hier ganz bewusst mit einem Gefühl, denn als Landwirt muss man heute zwangsläufig auch ein Zahlenmensch sein, und ich bin es mit meiner Vergangenheit als Banker auf dem Papier ja auch. Wenn du aber merkst, dass sich dein Herz mit der Natur verbindet, mit dem Baum als Baum und nicht mit dem Baum als Kostenfaktor, dann musst du diesem Gefühl folgen. Ich habe jedenfalls die Vorstellung immer unglaublich romantisch gefunden, eine Baumschule zu betreiben, eine Schule für junge Bäume, Ausgangspunkt zu sein für neue Generationen gesunder Pflanzen, die einmal die Welt besiedeln. Ich kann gar nicht in Worte fassen, wie schön ich das finde.

Hobbygärtner Goethe, dem es in Weimar wohl ähnlich ging, hat – in einem eher unbekannten Stück – versucht, dieses Gefühl zu erfassen: *„Doch muss ich gestehen, dass ich in der Baumschule unter den fruchtbaren Bäumen lieber bin“*, schrieb er. *„Der Gedanke des Nutzens führt mich aus mir selbst heraus und gibt mir eine Fröhlichkeit, die ich*

JoHANNES

sonst nicht empfinde." Ja, so die Richtung ist es. Mit der Fröhlichkeit geht bei mir sofort auch die Verantwortung einher, die ich für den Nachwuchs empfinde, für diese kleinen, zarten Pflänzchen, die hier klimatisch so einiges aushalten müssen. Gerade lerne ich zusammen mit meiner Freundin Tess, was es bedeutet, ein Kind großzuziehen, wie anspruchsvoll, kräftezehrend und wunderschön diese Aufgabe ist. Das geht uns in der Baumschule nicht anders! So wie Tess und ich unserer Tochter Quincy den Boden bereiten wollen, der sie am besten auf das Leben vorbereitet, indem er sie nährt und stärkt und wachsen lässt, so spielt der Boden auch in der Baumschule die tragende Rolle, um unsere Pflanzen gesund, widerstandsfähig und lebenstüchtig zu machen.

Bevor ich gleich näher darauf eingehe, möchte ich jedoch den Hauptdarsteller unserer Baumschule vorstellen. Er hat einen ebenso großen Anteil an meinen Glücksgefühlen.

Denn man muss sich vergegenwärtigen, dass hier im Sommer 2021 noch gar nichts war außer einer von Gräsern und ein paar jungen Pappeln und Birken bestandenen Brache, auf der vorher jahrelang Weihnachtsbäume wuchsen. Vom Nullpunkt aus eine Baumschule aufzubauen ist schwer genug. Eine Baumschule aufzubauen, die den Prinzipien der syntropischen Landwirtschaft entspricht, ist noch einmal schwerer. Aber es ist aller Ehren wert, wenn das einem Menschen gelingt, der so etwas vorher noch nie gemacht hat. Er heißt Johannes Harms, wir nennen ihn den Boy oder auch Jo-Bro, und ich bin unheimlich glücklich, ihn zu meinen Mitarbeitern zählen zu können. Der Boy ist gern am Meer, und menschlich zeichnet ihn das Naturell eines Surfers aus. Er ist so unverfälscht, so real, so klar, so reflektiert in seinen Ansichten über die Abgründe unserer Zivilisation und die neue Landwirtschaft, die wir benötigen, dass ich ihn nicht mehr missen möchte. Und sein Engagement sucht seinesgleichen: Allein im ersten Jahr veredelte er für uns 2000 Bäume, gleichzeitig verschulte er 5000 Pflanzen und zog etwa 8000 Krautpflanzen vor.

All die Pflanzen, die der Boy auf die Strecke bringt, können besser nicht sein – weil sie perfekt zu uns passen. Das liegt zum einen daran, dass er die besten Exemplare auswählt und mit ihnen weiterarbeitet. Vor allem aber liegt es an der Natur, die ihm die Hinweise auf die Exemplare gibt, die es in unserem ganz speziellen Biotop schaffen würden. Dieser Punkt ist elementar, und

Die nächsten Generationen: Eberesche mit Ahornbäumen (Foto l.), junge Birnbäume in Pouches (o.)

er macht die Baumschule zu einem extrem wichtigen Ort unseres Konzepts.

Die meisten Baumschulen könnten uns niemals das liefern, was wir im Zuge unseres Konzepts brauchen. Das wurde uns Ende 2019, Anfang 2020 klar, als wir nach dem zweiten Besuch von Ernst Götsch die ersten beiden Agroforstsysteme anlegten. Er säte in uns den Gedanken, dass wir bei allem, was wir pflanzen, einen Schritt früher beginnen müssen. Konkret: dass wir Samen und Setzlinge aus standort- und klimaangepassten Arten und Sorten nutzen müssen. Doch weder bekamen wir entsprechendes Saatgut noch entsprechende Bäume. Auch die Vielfalt blieb sehr überschaubar. Einen breiten DNA-Pool würden wir damit nicht anlegen können. Wir suchten uns durch Hunderte von Baumschulen, um am Ende sehr wenige passende Qualitäten und Sorten in den Händen zu halten. 1540 Baumschulen gibt es in Deutschland, mit ihren 300.000 Gehölz- und Staudenartikeln macht die Branche regelmäßig Milliardengewinne. Das klingt gewaltig, doch wir erkannten, dass wir mit herkömmlichen Anbietern extrem viele Zugeständnisse machen müssten. Gleichzeitig wussten wir, dass perfekte Angepasstheit einer der ganz zentralen Punkte ist, wenn wir Qualität und Langfristigkeit in unseren Systemen haben wollen. Der Spielraum für Kompromisse bei Saatgut und Bäumen ist ganz, ganz klein. Nein, ich sollte besser sagen: Der Spielraum ist nicht vorhanden. Schon gar nicht bei werthaltigen Obst-, Beeren- und Nusssorten.

Das Hauptproblem ist, dass der Fokus der Baumschulen auf das Wachstum oberhalb der Erdoberfläche gerichtet ist. Was unter der Erde passiert, beim Wurzelwachstum, dem wird kaum Beachtung geschenkt. Damit wird jedoch ein großer Effizienzverlust in Kauf genommen. Ganz vereinfacht könnte man das so erklären: Die Wurzeln sind wie wir Menschen. Wenn wir alles haben, werden wir faul. Das ist beim Großziehen junger Bäume in normalen Baumschulen ähnlich. Die haben ein sehr gutes Substrat, das einen nahezu perfekten Boden imitiert. Es ist durchgängig Feuchtigkeit gegeben, es sind durchgängig Nährstoffe da. Die Wurzeln kommen dadurch nie in den Zustand und in die Aktivität, in tieferen Bodenschichten nach Wasser und Nährstoffen suchen zu müssen. Sie haben schon alles und müssen weder Länge ausbilden noch Feinwurzeln.

Ich denke dabei immer an einen imaginären Bodybuilder, der nur den Oberkörper trainiert. Der sieht dann obenrum extrem muskulös aus, hat aber nur ganz dünne

AUS PFLANZEN

ARBEITSSCHRITTE

1. **In Dunkelheit zusammenwachsen** Die ein- bis zweijährigen Pflaumengehölze aus der Frühjahrsveredelung lagern einige Wochen im Keller. Sonnenlicht ist in dieser Zeit unerwünscht. Es geht vor allem darum, dass die veredelten Unterlagen bei konstanten Bedingungen von etwa zehn Grad und ohne Licht verwachsen, ohne zu früh anzutreiben.

2. **Raus in die Baumschule!** Schwellen die Knospen an, ist der Zeitpunkt gekommen, um die kleinen Pflaumenbäumchen zu entnehmen und sie in die Pflanzbeutel zu setzen. Ich fülle die Pouches mit Kompost von Laurenz und reichere das Substrat unter anderem mit Gesteinsmehl und Perlit an. Da das alles vor den Eisheiligen passiert, kommen die Pflaumen noch in den Folientunnel. Ende Mai lasse ich die Pouches in die temporären Reihen des Baumschulsystems ein.

3. **Ab in die Freiheit!** Haben die Wurzeln den gesamten Pouch schön durchdrungen – das ist im Herbst der Fall –, entnehme ich den Baum samt Ballen und verpflanze ihn an seinen endgültigen Standort, beispielsweise in eines unserer Agroforstsysteme. Zwischen Keller und Acker ist der Pflaumenbaum zwischen 20 und 50 Zentimeter gewachsen.

4. **Am endgültigen Standort** Der Ballen muss so in den Boden eingebettet werden, dass ein guter Wurzelschluss hergestellt, also von allen Seiten Substrat in die Hohlräume eingebracht wird. Die Mulchschwaden, die ich vor dem Pflanzen zur Seite geschoben habe, ziehe ich nachher wieder ein wenig heran, allerdings nicht zu dicht an den Stamm heran, damit er nicht fault. Die über dem Boden liegende Veredelungsstelle sollte gemäß der Hauptwindrichtung hin ausgerichtet werden, sodass sie später nicht bricht.

Beinchen, die den Torso kaum tragen können. Wenn du einen so gezogenen Baum auspflanzt, hat er aufgrund seiner Größe und seiner Blattmasse einen Nährstoff- und Wasserbedarf, den die verkümmerten Wurzeln in der neuen anspruchsvolleren Umgebung gar nicht bedienen können. Die Behinderung der Wurzeln hat auch noch mit einer anderen Komponente zu tun. Viele Baumschulen verdienen ihr Geld über die Menge. Menge bekommst du aber nur, wenn du bestimmte Prozesse automatisierst. Das geschieht über kreisrunde oder vierkantige Anziehtöpfe aus Plastik, die von einer Maschine gut gehalten, schnell befüllt und transportiert werden können. Die gefangenen Wurzeln wachsen jedoch irgendwann im Kreis. Würde man so mit dem eigenen Kind umgehen? Würde man es so sehr pampern und einengen, dass es verlernt, seine eigenen Wurzeln zu entwickeln, Wurzeln, die im Leben erst die nötige Standhaftigkeit geben? Dass von Plastik umschlossene junge Wurzeln nicht lernen können, nach unten zu wachsen, hat jeder wahrscheinlich schon einmal beobachtet, der sich für Balkon oder Garten Pflanzen aus dem Baumarkt gekauft hat. Ich sage nicht, dass diese Pflanzen nicht für eine Zeit lang lebensfähig sind, ja, junge Bäume dieser Herkunft wachsen sicherlich auch an und produzieren Obst. Die Frage ist nur, wie lange sie das tun, ob sie das nicht auch viel, viel besser hätten tun können und ob sie auch den verschärften Klimabedingungen nicht besser hätten standhalten können.

Wir verwenden keine zehn mal zehn Zentimeter kleinen Anziehtöpfe, sondern permeable Beutel, sogenannte Root Pouches von der Größe eines Fußballs, die wir direkt in den Boden hineingeben. Sie haben den Vorteil, dass Wasser, Luft, Nährstoffe, Bakterien, Mikroorganismen, Pilze und auch Feinwurzeln hindurchgelangen können. Das Wichtigste dabei ist, dass Baumsamen wie auch Setzlinge schon in einem ganz frühen Stadium die originalen Informationen vom Umgebungsboden erhalten, und zwar von genau dem Biotop, in dem sie später viele Jahre wachsen werden. Hier geht es also um Kommunikation, die wir geschehen lassen. Damit wissen die Pflanzen schon in ihren ersten Tagen, mit welchem Boden sie es zu tun haben und mit welchem Klima, und können früh eine gewisse Robustheit entwickeln.

Wurzeln sind von Natur aus ziemlich schlau. Schon Charles Darwin hatte das mehr oder weniger laienhaft vermutet, indem er in seinem Buch *The Power of Movements* in Plants von 1880 annahm, dass die Wurzelspitzen zu vergleichen seien mit dem „Gehirn eines niederen Tiers". So falsch lag er damit nicht. 2009 konnte der Bonner Zellbiologe František Baluška in einem Forschungsprojekt bestätigen, dass Wurzeln hirnähnliche Funktionen ausführen und so etwas wie „Kommandozentralen" beheimaten, die eine Art Nervensystem steuern. Wie ein Sensor registrieren die Wurzelspitzen Reize wie Wasser, Licht, Nähr- oder Giftstoffe, die Informationen werden an die Wachstumszonen der Wurzel weitergeleitet, wo entschieden wird, in welcher Richtung im Boden es weitergehen soll. Wenn du von solchen Eigenschaften weißt, dann willst du diese Intelligenz von Beginn an trainieren und nutzen. Ein Jammer, dass die Wurzeln nicht nur in vielen Baumschulen, sondern auch in der Forschung lange Zeit Stiefkind-Status hatten. So stellten etwa die beiden US-Agrarwissenschaftler Bahman Ehdaie und J. Giles Waines vor ein paar Jahren fest, dass zentrale Weizenzüchtungen aus der hochgelobten „green revolution" viel weniger Wurzelbiomasse ausbilden als normale Landsorten und ihr Wurzelsystem zu klein ist für die optimale Aufnahme von Wasser und Nährstoffen – die unschöne Konsequenz einer Betrachtung von Pflanzen, die sich nur oberhalb der Erdoberfläche abspielt.

Wir versuchen bestmöglich, auch den Blick unter die Erde mit einzubeziehen. Unser Ziel ist es, alle Agroforstsysteme mit wurzelstarken Individuen aus der eigenen Baumschule auszustatten. Die Zwischenbilanz nach einem Jahr macht mir große Hoffnung. Da reicht ein Blick ins Keyline-System. Alle darin gepflanzten Obstbäume stammen bereits von Johannes – und sie funktionieren. Trotz des jüngsten Dürresommers fühlen sie sich pudelwohl, kein einziger schwächelt. Hauptsächlich sind das Pflaume, Pfirsich, Birne, Apfel und viele Beerensorten. Das ist schon bemerkenswert, was Johannes in der kurzen Zeit geschafft hat. Nein, es ist Weltklasse.

Aber wie fing das alles an? Tatsächlich sind der Boy und ich uns schon bei diesem allerersten Workshop in Berlin für syntropische Landwirtschaft über den Weg gelaufen, ohne jedoch ein Wort miteinander zu wechseln. Johannes studierte damals Agrarwissenschaften in Berlin und befand sich zwischen zwei für ihn wegweisenden Brasilientrips. Der erste, direkt nach dem Abitur, hatte ihn überhaupt erst auf die Idee gebracht, lernen zu wollen, wie man Landwirtschaft betreibt. Aber erst der zweite Trip brachte uns zusammen. Weil Johannes dort als vom Mainstream-Studium enttäuschter Autodidakt aus nächster Nähe die Methoden des Ernst Götsch kennenlernte und weil er dort gleichzeitig unvorstellbares Leid erlebte.

Dass es ein Traumjob ist, sieht man ihm an: Baumschulchef Johannes mit geschulterter Grabhacke

BAUMSCHULE

Das erzählst du besser selbst, Johannes. Was war los in Brasilien?

Nach dem unbefriedigenden Studium entschloss ich mich zu einer Bildungsreise, die ich mir mithilfe meines brasilianischen Freundeskreises in Berlin zusammenbaute. Ich schrieb mir auf, was ich mir idealweise anschauen sollte, und habe dann einige Landwirte im Bundesstaat Bahia besucht. Da waren einige Schüler von Götsch dabei. Ich habe syntropische Systeme in allen Altersstufen kennengelernt. Das älteste war etwa 40 Jahre alt. Ich habe dort mitgearbeitet und auf eigene Kosten Kurse besucht. Die groben Prinzipien der syntropischen Landwirtschaft hatte ich verstanden und mit eigenen Augen gesehen, dass sie funktionieren. Mein Glück war, dass ich die meisten Höfe vor dem Corona-Ausbruch im März 2020 besuchen konnte. Als es mit der Pandemie losging, bekam die ganze Brasiliensache eine andere Wendung. Es gab einen Lockdown, und zwar einen mit Militäreinsatz, geschlossenen Flughäfen, Busbahnhöfen und Hotels, es gab keine Mietautos mehr, nichts. Touristen wie ich sollten einerseits das Land verlassen, andererseits war es mir nicht möglich zu reisen. Und ich wollte auch bleiben, weil ich mein ganzes Studium darauf gewartet habe. Auf dem letzten Hof konnte ich nicht mehr unterkommen, aber ich hatte stabile Leute in Serra Grande kennengelernt, die auf dem Hof als Mechaniker arbeiteten. Sie wohnten in einer Favela, also im Getto, und obwohl sie wenig hatten, nahmen sie mich auf. Die Gastfreundschaft dort ist einmalig, und es

Hier wachsen Pfirsiche im Folientunnel. Dieser bildet das Zentrum der Baumschule. Von dort breiten sich in harmonischen Bogen gestaltete Pflanzstreifen aus – gut zu erkennen aus der Vogelperspektive (unten r.)

FREI-

war großartig. Was ich dort allerdings erlebt habe, die Einblicke, die ich in dieses meiner Meinung nach politisch hoch fragwürdige, ja, diskriminierende und von Polizeigewalt geprägte System bekommen habe, haben mein Weltbild für immer verändert. Die Natur ist in Brasilien der Himmel auf Erden, aber so viele Menschen in den Städten sind die Verlierer eines korrupten Systems, von dem nur sehr wenige profitieren. Und trotz alledem behalten diese Menschen ihre Lebensfreude – sie lachen, tanzen, singen und sind freundlich.

Wie hast du es dann rausgeschafft?
Ich bin Mitte 2020 rausgekommen, als es wieder Flugverbindungen gab von Ilhéus nach Sao Paulo. Nach all diesen extremen Erfahrungen komme ich dann nach Berlin, und die Leute sind trotz aller ihrer Privilegien so frustriert und unfreundlich. Mit diesem Kontrast war für mich schnell klar, dass ich hier in unserer Stadtgesellschaft nicht mehr leben kann. Vielleicht würde ich sogar genauso unausstehlich werden und mich aufregen, weil jemand seinen Müll nicht richtig sortiert oder sein Auto falsch parkt. Das packe ich nicht! Dieser Job auf dem Land hat mir also die Gelegenheit gegeben, Berlin zu entfliehen. Ich weiß natürlich, dass ich mich hier in einer Bubble des Friedens befinde, aber sie ist die Rettung für mich.

Das freut mich sehr. Du hast nach deiner Rückkehr auch nicht lang gezögert.
Ich kam im Sommer 2020 hierher und begann erst einmal mit einem Praktikum. Das war für mich perfekt. Woanders auf der Welt muss man viel Geld für ein Praktikum zahlen, um mit Leuten, die so viel Wissen haben, Zeit zu verbringen und von ihnen zu lernen. Weißt du noch, wie ich sagte: „Egal wie lang, ich bleibe hier. Ich helfe, ich mache, was ihr wollt. Hauptsache, ich kann hierbleiben und mitmachen!“ *Ich habe Vollgas gegeben im Agroforst und irgendwann selbst angefangen, Pläne zu schmieden.*

Allerdings. Und dann wurde es ernster mit uns!

Ja, und da begannen wieder meine Sorgen, von wegen Unabhängigkeit und keine Verantwortung übernehmen, Bindungsängste halt. Und dann dachte ich mir: „Junge, du hast in Brasilien so viele Leute erlebt, die händeringend Möglichkeiten suchen, aber nie eine haben werden. Warum jetzt diese Ängste? Diese Menschen würden für solche Möglichkeiten töten." *Das habe ich dann für mich transformiert und meine Chance genutzt. Na klar machst du das! Dass das ein Traumjob sein würde, war schon von vornherein klar. Es ist zwar Arbeit wie Sau, aber allein jeden Tag draußen mit den Händen zu arbeiten und etwas aufzubauen, Pionierarbeit zu machen, erfüllt mich sehr.*

Der Aufbau einer Baumschule ist ja auch nicht mal eben so gemacht. Renke und ich hatten dich gefragt, ob du dir das zutraust.

Und ich antwortete euch, dass ich so etwas noch nie gemacht habe. „Wie soll ich jetzt vorgehen?" *Und du hast geantwortet:* „Das musst du wissen!" *Und dann ging es los. Das klassische Prinzip einer Baumschule kam für mich natürlich nicht infrage. Nach allem, was ich bei den Götsch-Jüngern und bei Renke gelernt hatte, war mir klar, dass wir ein Hybridsystem brauchen würden – einen Wechsel aus dauerhaften und temporären Agroforststreifen. Die dauerhaften Streifen helfen mir erst einmal dabei, den Boden wieder aufzubauen, ein Mikroklima zu schaffen und Erosion einzudämmen. In den dazwischenliegenden temporären Agroforststreifen wachsen unsere veredelten Bäume heran. Ich würde sie mitsamt den Pouches in den Boden einlassen, damit sie mit dem System verbunden sind und Informationen von ihm bekommen, damit sie gute Wurzeln ausbilden, sodass sie kaum bewässert werden müssen und so weiter. So ist das dann nach und nach entstanden. Wir sind noch am Anfang des Weges, aber im Großen und Ganzen funktioniert schon vieles. Ich bin sehr erfreut und überrascht über die Qualität der Bäume, die hier bereits entstehen.*

HeiT

Kannst du die besondere Form dieser Pflanzungen erklären? In der Mitte ist der sogenannte Folientunnel, und nach außen hin bauen sich in weiten Bogen die Agroforststreifen auf.
Ja, das sieht von oben aus wie eine Zwiebel, und ich weiß, dass du darin noch etwas anderes erkennst. Aber ich denke, wir können uns darauf einigen, dass wir die Baumschule in einer organisch dynamischen Form angelegt haben, wie sie sehr oft in der Natur vorkommt und für Leben, Wachstum und Fruchtbarkeit steht. Aber hier geht es ja längst nicht nur um Symbolik oder Ästhetik. Die Bogen haben den Vorteil, Wind- und Wassererosion einzudämmen und möglichst viele Kleinklimazonen zu schaffen, da sie aufgrund des Verlaufs der Sonne verschiedene Schattenzonen werfen. Je diverser die Kleinklimazonen sind, desto mehr Spielraum hast du für die Lebewesen. Und je mehr Lebewesen du hier hast, desto größer ist die Wahrscheinlichkeit, dass du Dysbalancen wie eine Überpopulation von Schädlingen ausgleichen kannst. Diversität stabilisiert das Gleichgewicht, hilft beim Bodenaufbau und der Bodengesundheit – und wir können somit ökologisch und ökonomisch nachhaltig etwas ernten.

Bitte beschreibe zum Schluss deinen Bezug zum Boden.
Der Boden ist unsere Herkunft und unsere Zukunft, er ist alles, was wir haben, zusammen mit dem Wasser. Er ist unsere Lebensgrundlage. Alles, was wir essen, kommt daher. Der Boden ist wesentlicher Teil unseres Wasser- und Nährstoffkreislaufs. Schädigen wir diese Instanz, schädigen wir diese Kreisläufe. Leider passiert das durch die konventionelle Landwirtschaft seit langer Zeit. Sie zerstört den Boden nachhaltig, verdichtet ihn, laugt ihn aus, raubt ihn aus, gibt ihm nichts zurück, baut zeitgleich kontaminierte Lebensmittel darauf an, die uns, den Boden, die Tiere, das Wasser und die Luft vergiften! Das ist eine komplett blasphemische Richtung. Dahinter stehen große Lobbys, die Interesse daran haben, dass alles so weitergeht. Das sind die Hersteller der Düngemittelindustrie, der Pestizidindustrie, der Agrartechnik – und auch die Eigentumsverhältnisse sind dafür verantwortlich. Wenn du etwas pachtest für 20 Jahre, bauen die Bauern auf Subventionsbasis darauf so viel an wie geht und mit so viel effizienzsteigernden Mitteln wie möglich – und nachher, wenn der Boden kaputt ist, haben sie eh nichts mehr damit zu tun. Wenn du aber möchtest, dass deine Kinder mit dem Boden nachher etwas anfangen können, würdest du dich sicher anders verhalten. Bei all dem Scheiß muss ich aber sagen, Benni, dass mich diese kleinen Bäumchen hier ungeheuer motivieren. Ich habe das Gefühl, dass es sich lohnt, um jeden Quadratmeter zu kämpfen.

Unbedingt! In den temporären Agroforstreihen, in denen unser Nachwuchs groß wird, dürfen sich junge Kastanien entwickeln, Äpfel, Birnen, Felsenbirnen, Feigen, Pflaumen, Zwetschgen, Mirabellen und Reneclauden. Dazu Haselnuss, Walnuss, Kornelkirschen, Mispeln, Quitten und jede Menge Beerensträucher, 15 bis 20 Sorten von jeder Art, Brombeere, Himbeere, Stachelbeere, Jostabeere, Johannisbeere, japanische Weinbeere, Erdbeere, Blaubeere, Cranberry. Der Boy zieht auch Schattenrankpflanzen wie Akebia oder Schisandra, frostharte Kiwi, dreiblättrige Zitrone, Szechuanpfeffer und Holunder. Und damit habe ich sicher nicht alles aufgezählt. Macht sich eine spezielle Sorte besonders gut, wird sie zum richtigen Zeitpunkt vermehrt und verschult. Nebenbei betreibt Johannes hier auch noch experimentellen Gemüsebau, um zu schauen, wie man auch dieses Segment irgendwann in den Agro-

Im Winter 2021 pflanzte Johannes seine veredelten Pflaumen ins Keyline-System

forst integrieren könnte, insbesondere mit mehrjährigem Gemüse wie Baumkohl. Das alles geht einher mit dem Bodenaufbau. In unserer Baumschule wie auch in all unseren Agroforstsystemen läuft das über ein wenig Komposterde aus eigener Herstellung und sehr viel Biomasse. Sie wächst in den Bereichen zwischen den Streifen in Form von Kleegrasmischungen. Das sorgt einerseits für Stickstoffanreicherung in der Erde, andererseits kann der Klee vier- bis fünfmal im Jahr gemäht werden. Die dabei anfallende Biomasse dient als Mulchmaterial – schützt und nährt also den Boden.

Samensammlung kurz vor Aussaat – darunter Esche, Ahorn, Hainbuche, Bohnen, Radieschen

Buch TIPPS

Sepp Holzers Permakultur
Ein Praxisbuch des ersten wahren Agrar-Rebellen Österreichs. Im Zentrum die Frage: Wie lese ich die Natur, um für alle Individuen optimale Bedingungen in einem Ökosystem zu schaffen? Man lernt auch viel über die Verbesserung der Bodengesundheit. Pure Weisheit!

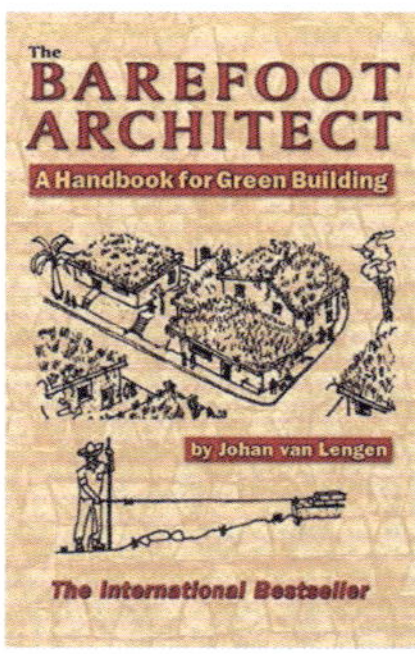

The Barefoot Architect
Johan van Lengen ist eine Architektenlegende. Legendär auch seine Anleitungen für all jene, die ein Haus in und mit der Natur bauen möchten – gesund und autark! Inspiriert wurde er von Naturvölkern, die den Lehm mit ihren nackten Füßen anrührten.

www.

Selbst veredeln
Statt eines dritten Buchtipps möchte ich eine Internetseite mit kostbaren Informationen zum Veredeln teilen. Welche Werkzeuge braucht es? Was sind die richtigen Unterlagen? Welche Methoden gibt es? Wie gehe ich vor? Riesige Erfahrung auf: *www.veredeln.info*

Alltagstrick

BAUMSCHULE

Saatgut sammeln Machen Sie Ihren Garten oder die Balkonkästen zum Mikrokosmos Ihrer Region! Dafür müssen Sie nur mit offenen Augen durch die Nachbarschaft gehen, denn was dort blüht, das wächst auch bei Ihnen. Ob Wildblumen, Kräuter, Gemüse, Eichen, Maronen, Ahorne, Buchen, Hagebutten – was immer Ihnen gefällt, warten Sie den rechten Moment ab und nehmen Sie ein paar Samen davon mit nach Hause. Der richtige Moment unterscheidet sich allerdings teilweise voneinander, denn die jeweilige Pflanze muss erst ausgeblüht haben, damit die Samen reif sind. Noch während der Blüte sollten die Samen nicht „gerupft" werden. Entnehmen Sie die Samen, wenn sie eine komplett welke Blüte vor sich haben – erst danach sind sie keimfähig. Viele Pflanzen haben sogar Frost nötig, um keimfähig zu werden. Sammeln Sie im Herbst in der Umgebung bis zum ersten Frost, können Sie schon unmittelbar danach das Saatgut bei sich aussäen. Müssen Sie Zeit überbrücken, können Sie die Samen im Kühlschrank zwischenlagern. Auch Salat, Kohl oder Radieschen lassen sich wunderbar weitervermehren. In diesem Fall muss man ebenso aufs Welken der Blüten warten, was natürlich nur geht, wenn vorher nicht alle Gemüsepflanzen geerntet wurden, sondern manche von ihnen Stängel und Blüten ausbilden konnten.

Haben Sie Ihre Region einigermaßen durchstreift, nutzen Sie doch auch Ihren Urlaub! Wohin immer ich reise, bringe ich mir Samen mit – und nehme Samen mit dorthin, um sie zu tauschen. Das haben die Menschen seit Jahrtausenden gemacht. Warum sollten wir jetzt damit aufhören und das Saatgut den Großkonzernen überlassen? Natürlich ist der Transfer von Samen in andere Klimazonen zum Teil ein Glücksspiel, aber in Madlitz wachsen inzwischen auch Lavendel und Brombeeren aus Portugal oder Kohl aus Kenia.

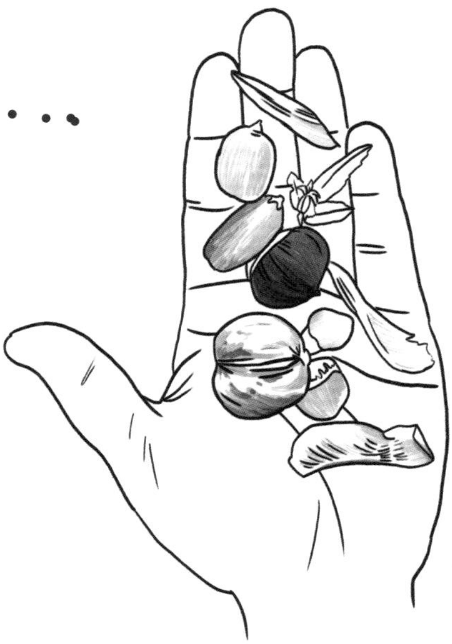

Kompost oder die wundersame Geschichte von selbstheilender Erde

Wem sollte ich nur die Entwicklung unserer Kompostabteilung anvertrauen? Letztlich stand ich hier vor der gleichen Frage wie bei der Baumschule. Mir war klar geworden, dass wir unsere Expertise in Sachen Kompost dringend ausbauen mussten. Auch wenn das bedeutete, quasi bei null zu beginnen. Nun hatte ich in meinem jungen Team weder einen ausgewiesenen Kompostfachmann noch eine Kompostfachfrau. Aber da meiner Ansicht nach Diplome nicht die Grundvoraussetzung dafür sind, einen Job richtig gut zu machen, entschloss ich mich, bei meinen Kollegen sehr genau hinzuhören. Vielleicht würde ich erkennen, wer für das Thema Kompost eine gewisse Begeisterung empfindet. Und der Tag kam.

Es war Winter, und wir waren gerade dabei, unseren dritten Agroforst zu pflanzen – das Saatsystem. Mit zum Team um Renke und Rosi gehörte damals auch Laurenz, ein junger Kerl, der einerseits wegen seiner Herzlichkeit auffiel und andererseits mit seiner totalen Hingabe an die Arbeit. Wenn er arbeitet, dann hart und zupackend. Wenn er sich für etwas interessiert, dann mit Haut und Haaren. Er war ein Jahr lang auf dem amerikanischen Kontinent in Permakulturprojekten unterwegs und verdingte sich danach im Urban-Gardening-Kosmos Berlins. Dort wurde ihm klar, dass die Zukunft nicht der Stadt gehört, sondern dem Land. Er entschied sich für ein Studium des Ökolandbaus an der Fachhochschule Eberswalde, sein Notendurchschnitt war jedoch um

3.3 LAURENZ

0,1 Notenpunkt zu schlecht – und so landete Laurenz durch Zufall als Praktikant bei uns. An jenem Tag auf dem schneebedeckten Feld kündigte er uns plötzlich an, dass er jetzt gleich einen von unseren Äpfeln essen würde, dazu eine Birne und eine Mispel. *„Aha, und?“* Er erzählte weiter, dass er deren Bestandteile durch seinen Verdauungstrakt laufen lassen würde, um später die Kerne – und darum ging es ihm in erster Linie – mitsamt der Nährstoffe in ein Loch im Agroforststreifen hinein auszuscheiden. *„Laurenz, warum in Gottes Namen?!“* Ernst Götsch hatte wohl mal behauptet, dass man noch nach Jahren sehen würde, welcher Mensch welchen Baum – Verzeihung – *„gekackt“* hat. Damit meinte er, dass die Mikroorganismen im Darm die Kerne nicht nur stratifizieren,

Wir haben uns nicht für eine Art der Kompostierung entschieden, sondern probieren die Vielfalt aus. Hier einer unserer Johnson/Su-Komposter

also zum Keimen anregen, sondern ihnen einen ganz individuellen Charakter mitgeben. So wie es seit Jahrtausenden in den Symbiosen zwischen Flora und Fauna passiert. Ein Tier wird angelockt von einer Frucht, frisst sie, veredelt sie in seinem Gedärm und beeinflusst damit die nächste Generation dieser Sorte. Laurenz war davon so angetan, dass er diese Legende gerne mal im Selbsttest an Ort und Stelle verifizieren wollte. Er würde ja auch viel Kombucha trinken und wahrscheinlich ein sehr gesundes Darmbiom haben, sodass es sich bestimmt lohnen würde. Laurenz erzählte von seinem Plan mit solchem Enthusiasmus, dass es bei mir sofort klick machte: *„Benni, das ist er doch, das ist dein Mann für die Mikroorganismen, das ist dein Mann für den Kompost!“*

Laurenz wartete acht Stunden, setzte sich am nächsten Morgen hinter einen mobilen Bretterverschlag auf einem der Agroforststreifen und tat, was er angekündigt hatte. Er nennt es *„Baumgeburt“*. Dann gab er ein wenig Mulch darüber und markierte die Stelle. Wir sind inzwischen zwei Jahre weiter, und tatsächlich zeigen sich dort die strammen Triebe von ein paar Bäumchen.

Die Erkenntnis, dass Kompost gerade für uns höchste Relevanz haben würde, hatte ich einige Monate zuvor Elaine Ingham zu verdanken. Sie ist eine Koryphäe auf dem Gebiet, und ihre Überzeugungskraft wirkte auf mich sogar übers Internet, wahrscheinlich auch, weil sie sie mit einer unbändigen Freude transportiert. Ich war während meiner Recherchephase auf die Amerikanerin gestoßen. Durch sie habe ich erst verstanden, dass der Boden ein so unglaubliches Ökosystem in sich birgt und dass dieses Ökosystem genauso funktioniert wie die Ökosysteme oberhalb des Bodens, nämlich indem einzelne Komponenten wie Bakterien, Pilze und Wurzeln zusammenarbeiten und erst in dieser vielfältigen Gemeinschaft dafür sorgen, dass ihr Biotop gesund bleibt. Über Ingham ist mir auch klar geworden, dass durch die standardisierte und vereinfachte Art und Weise, wie wir unser Land bewirtschaften – indem wir Monokulturen anpflanzen und abernten, ständig den Boden pflügen und wenden, chemische Produkte ausbringen – die Biodiversität abnimmt und es im Boden derart lebensfeindlich wird, dass manche Arten – vor allem die Pilze – dort gar nicht mehr existieren.

Schließlich realisierte ich, dass die Kompostierung einer der wenigen Schlüssel ist, um die verloren gegangene Mikrobiologie wieder aufzubauen – vielleicht noch zusammen mit dem Graswachstum und den Kühen, um die es im Folgekapitel gehen wird. Elaine Ingham sagt, dass das am besten mit Kompost-Tee funktioniert, einem kaltgebrauten Auszug aus Kompostmasse, der deren gesamte biologische Vielfalt enthält. Im Internet kursieren beeindruckende Videos von Landwirten und Gärtnern, die

Einmal gut angelegt, machen die Wirbelstromkomposter die Kompostarbeit von selbst. Hier drei von ihnen mit davor abgeladenem Grünschnitt

Laurenz bei der Arbeit mit den Wirbelstromkompostern. In deren Zentrum ist jeweils ein Rohr eingesetzt, durch das das entstehende Kohlendioxid in einen Hohlraum unter dem Kompost abfallen kann

allein mit Kompost-Tee ein gigantisches Pflanzenwachstum initiieren konnten. In ihrem legendären Compost Tea Brewing Manual, einem Handbuch zur Herstellung von Kompost-Tees, stellt Ingham die Gretchenfrage: Wo soll denn, bitte schön, das Leben herkommen, wenn der Boden bereits tot ist? Wenn er durch falsche Bearbeitung, anorganische Düngemittel sowie Pestizide, Herbizide und Fungizide keine aktiven Organismen mehr in sich trägt? „*Irgendetwas*", sagt sie, „*muss Bakterien, Pilze, Protozoen, Nematoden oder Gliederfüßler von einem Ort zum anderen transportieren. Aber wenn auch die Transportmittel wie Vögel, Schlangen und Spinnen tot sind, wie können dann die Mikroben einen entfernten Ort erreichen? Wo gibt es in den chemisch belasteten landwirtschaftlichen Tälern der modernen Technologie überhaupt eine Quelle gesunden Bodens, von der aus sich die Besiedlung ausbreiten kann? Der Wind kann nicht transportieren, was nicht mehr da ist. Deshalb müssen wir selbst die gesamte Vielfalt wiederherstellen. Solange das nicht geschieht, werden die Menschen gezwungen sein, giftige Chemikalien zur Pflanzenzucht einzusetzen. Wie können wir also das, was geschädigt wurde, wiederherstellen? Die Antwort lautet: Kompost – oder auch Kompost-Tee.*" Wir in Madlitz haben uns für die Herstellung verschiedener Komposte entschieden und für ein Kompost-Extrakt, das etwas anders hergestellt wird als Inghams Kompost-Tee.

Doch zuerst: Was ist unter Kompostierung überhaupt zu verstehen? Einfach ausgedrückt, imitiert ein Komposthaufen die Natur in ihrer Kunst, Boden zu bilden. Aus organischen „*Abfällen*" entsteht in einem vom Menschen gesteuerten und beschleunigten Prozess von Humifizierung und Mineralisierung im Idealfall eine humusreiche Erde, in der es nur so von Leben wimmelt. Es gibt keine größere genetische Vielfalt als in einem Komposthaufen, sagte mir mal ein Experte.

In Deutschland fallen pro Jahr etwa 13,6 Millionen Tonnen biologisch abbaubarer Abfälle an. Dafür gibt es bundesweit zwar Tausende offizieller Kompostierungs- und Vergärungsanlagen, aber sehr viel Biomasse wird auch in subventionierten Kraftwerken verbrannt. 2020 kritisierte die Deutsche Umwelthilfe, dass diese Verbrennung als bislang größtes Segment der ökologischen Energiewende – die thermische Verwertung sogenannter *Energiepflanzen* und *Energiehölzer* liegt hierzulande weit vor Wind- und Solarkraft! – eigentlich höchst unökologisch sei und Biomasse doch eher kompostiert werden müsse. 2019 erklärte das Thünen-Institut, dass „*Einträge von organischer Substanz*" ein entscheidender Faktor für die Humusvorräte seien, da nur 10 bis 20 Prozent der nach den Ernten auf

und im Boden verbleibenden Pflanzenreste (wie Wurzelreste, Stoppeln und Stroh) längerfristig als Humus im Boden stabilisiert werden könnten. Eine organische Düngung, insbesondere mit Stallmist und Kompost, sei in der Lage, „*wesentlich zum Aufbau von Humus*“ beizutragen, und zwar in der Größenordnung von 2 bis 22 Tonnen mehr Kohlenstoff pro Hektar im Vergleich zu Ackerböden ohne organische Düngung.

Komposteinsatz schafft im Boden also klima- und artenfreundliche Humusverbindungen. Er schont und schützt Klima und Biodiversität aber auch, indem er die energie- und ressourcenintensiv hergestellten Kunstdünger zurückdrängt. Auf der Website des niedersächsischen Umweltministeriums wird sogar das Versprechen abgegeben: „*Kompost kann chemische Düngemittel fast überall ersetzen. Dadurch werden Umweltschäden vermieden, die bei der Herstellung, der Anwendung und der Entsorgung künstlicher Düngemittel entstehen können.*“

Das klingt alles äußerst vielversprechend, doch wir mussten uns hier in Madlitz erst einmal die Frage stellen, wie wir Kompost überhaupt in optimaler Form würden herstellen können. Wir hatten ja nichts. Los ging es mit dem zweiten Götsch-Workshop, den wir veranstalteten und an dem auch ein junger Mann namens Juan teilnahm. Juan blieb und bat um ein Praktikum, das er nutzen wollte, um uns ein paar Johnson/Su-Bioreaktoren zu bauen. Das sind recht populäre Komposter, entwickelt von einem Forscher-Ehepaar aus den USA, in denen mittels zahlreicher Sauerstoffkanäle Biomasse zersetzt und dabei eine große Vielfalt von Mikroorganismen und vor allem Pilzen aufgebaut wird. Die Liste der Vorteile ist lang: Die Bioreaktoren bestehen aus kostengünstigen Materialien und können leicht nachgebaut werden; sie reduzieren den Arbeitsaufwand, indem sie beispielsweise das Wenden des Komposts verzichtbar machen; sie können eine größere Bandbreite an Kompost produzieren, jeweils nährstoffreich und mit niedrigem Salzgehalt; sie sind durch die Mikrobiologie in der Lage, viel Kohlenstoff zu binden und Wasser besser zurückzuhalten, um am Ende den Ernteertrag zu erhöhen.

Nach seinen drei Monaten Praktikum konnte ich das Kompostprojekt jedoch nicht in bezahlter Form fortsetzen, und so vermittelte ich Juan an Michael Hetzer von der Firma Elobau, mit dem ich bereits über die Idee gesprochen hatte, eine Art Thermomix für Kompost zu bauen, ein Gerät, das ein Landwirt nur mit Biomasse befüllen muss und das ihm danach jede Arbeit und jede Sorge abnimmt. Wir hatten mit den ersten Johnson/Su-Kompostern die Erfahrung gemacht, dass es gar nicht so einfach ist, das Milieu darin zu regulieren, Temperatur, Feuchtigkeit und Sauerstoffgehalt immer auf dem richtigen Level zu halten. Wird der Kompost mal zu trocken, bricht alles zusammen, man hat Monate verloren und muss von Neuem beginnen. Außerdem hatten sich Ratten von unten hineingefressen und sich sämtliche Regenwürmer einverleibt. Wäre es nicht toll, wenn man eine Technik hätte, die solche Probleme erst gar nicht aufkommen lässt? Das Ding wurde in Madlitz geboren, im Allgäu entwickelt, und wir haben nun bei uns einen Prototyp stehen. Aber dieses Projekt half uns natürlich nicht, in der gebotenen Geschwindigkeit unserem Ziel näher zu kommen, mit ständig frischer Komposterde unsere Böden wieder aufzubauen.

Es war die Lücke, die Juan hinterlassen hatte, die mich motivierte, in dem Bereich weiter Gas zu geben. Dann folgte, genau im

WIE WIR KOMPOST-EXTRAKT HERSTELLEN

ARBEITS SCHRITTE

1. **Ab in den Beutel!** Aus dem frischen Kompost holen wir uns ein Kilo heraus und geben es in einen Beutel mit einer sehr feinen Maschenbreite von nur 400 Mikrometern – preiswert zu kaufen unter der Bezeichnung Kompost-Teebeutel.

2. **Kneten und wringen** Den Beutel schließen und in einen Eimer mit Wasser eintauchen. Der Inhalt des Beutels muss sich komplett vollsaugen, um dann fünf Minuten lang zärtlich ausmassiert und am Ende ausgewrungen zu werden.

3. **Ab in die Gießkanne** Den fertigen Kompost-Extrakt in die Kanne geben und am selben Tag nutzen – am allerbesten während der Pflanzung oder Neuansaat. So werden die Organismen aus dem Kompost, in das Mikrobiom im Boden integriert und nicht vom bestehenden Mikrobiom konsumiert.

Der andere Weg Alternativ kann der Kompost auch im Wasser mit den Händen zerrieben und gegebenenfalls durch ein Sieb gefiltert werden.

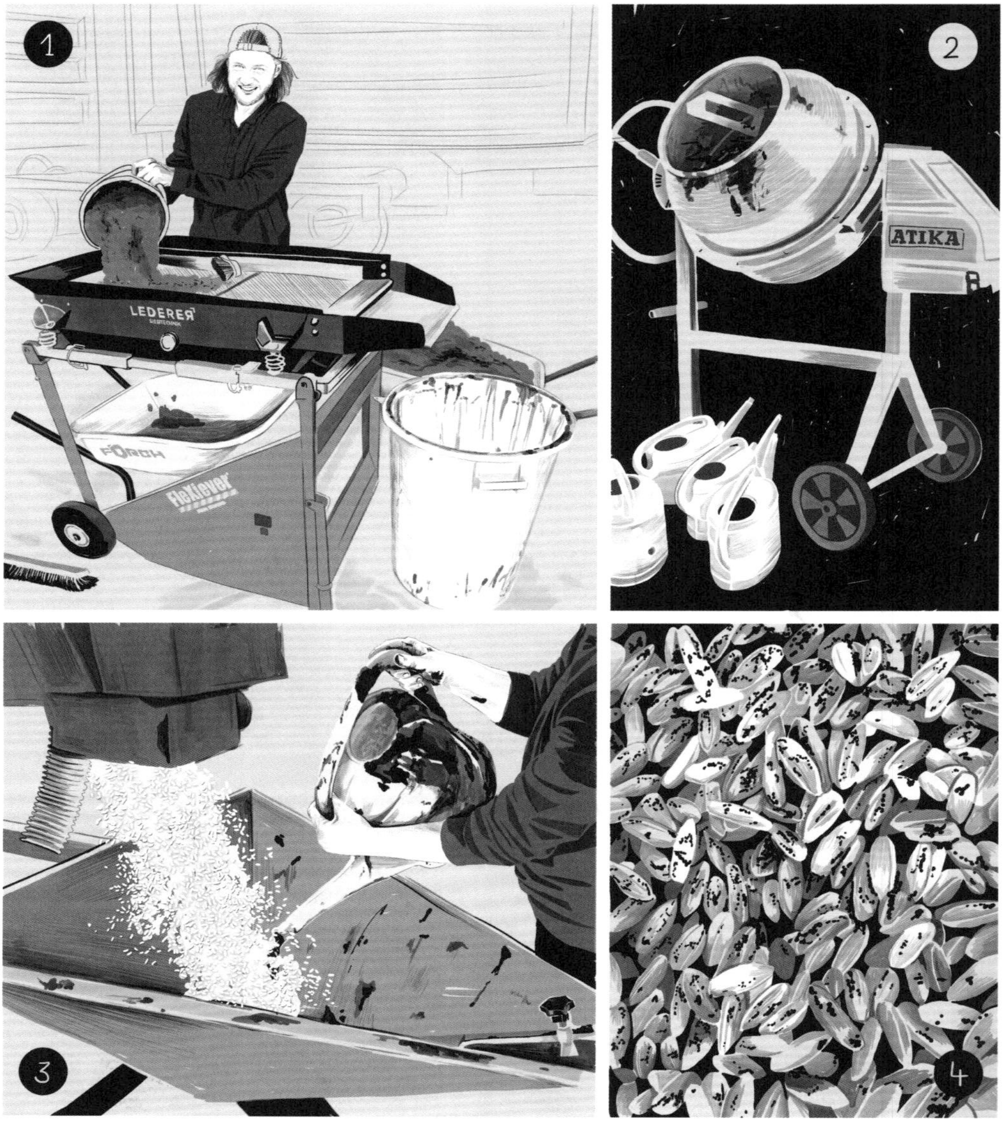

richtigen Moment, jene Episode auf dem Feld mit Laurenz, und plötzlich hatte ich einen eigenen Kompostmeister, der sich heute offiziell *„Manager für Nährstoffkreisläufe und Mikroorganismen"* nennt. Es war wiederum ein Wink des Schicksals, dass ich in dieser Zeit einen ganz besonderen Menschen kennenlernte, von dem Laurenz unglaublich viel würde lernen können – den Berliner Stephan Lehmann. Er wurde mir von Jan-Gisbert Schultze, mit dem zusammen ich den Verein Soil Alliance mit Leben füllte, vorgestellt. Lehmann ist Umweltforscher. Er arbeitet ehrenamtlich für die Interessengemeinschaft gesunder Boden e.V. und leitet heute für das Bauunternehmen Rösl den Bereich Natur- und Umweltschutz. Er hat einige großartige Erfolge bei der Wiederbelebung von Böden und Gewässern vorzuweisen. So hatte er mit seinem Team von der Stiftung Naturschutz Berlin für das Johannische Sozialwerk e.V. und das Projekt „Gesunder Park im St.-Michaels-Heim" 2017 den Naturschutzpreis für Institutionen ver-

WIE WIR SAATGUT BEIZEN

__ 1. **Kompost sieben** Die Siebmaschine holt alle groben Teile aus dem Kompost, die größer sind als drei Millimeter. Die feinen Teile des Komposts fallen in die darunter stehende Schubkarre. Ein bis vier Kilo werden benötigt, um Saatmaterial zu beizen bzw. zu impfen, das, je nach Kompost und Saatgut, für einen Hektar reicht.

__ 2. **Beizmischung herstellen** Der gesiebte Kompost wandert in einen klassischen Betonmischer. Darin wird er mit Mikroroganismenfutter gemischt – eine Mixtur aus Rohrzuckermelasse, Molke oder Milch, Huminstoffen und Wasser. Diese wird so lange vermischt, bis ein sehr flüssiger Schlamm entsteht. Futter nur dazu geben, wenn das Saatgut umgehend in die Erde kommt.

__ 3. **Getreide beizen** Nachdem der Schlamm in Gießkannen gefüllt worden ist, wird er nun gleichmäßig mit dem Saatgut vermischt. In diesem Fall gießen wir den Schlamm in die Getreideschnecke. Das Ganze kann auch mit der Hand in einem Eimer passieren oder in dem Betonmischer. Innerhalb weniger Stunden hat das Saatgut die Feuchtigkeit aufgenommen

__ 4. **Fertiges Saatgut** Ist das Saatgut trocken, kann es rausgehen! Das Getreide trägt nun die Biologie des Kompostes in und um sich und wandert mit ihm zusammen auf unsere Flächen. Wir können der neuen Pflanzengeneration nun einen optimalen Start garantieren, weil sie genau die richtigen Symbiosepartner dabei hat.

liehen bekommen. Er spricht mit einer unglaublichen Demut und Ehrfurcht von der Schöpfung, und wenn er davon erzählt, tut er das ruhig und bedacht, und er wählt jedes Wort so, als hüte er ein Geheimnis. Mir war immer klar, dass Lehmann etwas weiß, was andere nicht wissen, dass er jemand ist, dessen Vertrauen man sich erarbeiten muss, bevor er sein Wissen teilt. Wenn er mir vertraut, nimmt er vielleicht auch Laurenz an. Inzwischen sind die beiden gut befreundet.

„Humus hat eine Tiefe wie das Universum“, sagt Stephan Lehmann. *„So wie das Universum an allen Prozessen beteiligt ist, steckt auch im Boden alles, was die Schöpfung braucht. Gesunde Erde ist eine Voraussetzung für gesundes Wasser und gesunde Luft, für gesunde Pflanzen, Tiere und Menschen. Wir müssen uns also bloß um den Boden kümmern. Und das ist leicht und einfach, jeder kann es tun, und niemand kann es uns verbieten.“* Das ist seine zentrale Botschaft. Ich liebe vor allem die Formulierung, dass wir uns bloß um den Boden kümmern müssen. Ja, ich spüre instinktiv, dass dieser Mann recht hat. Der Boden ist der Schlüssel zu allem!

Über etwa 20 Jahre hinweg hat Lehmann mit verschiedenen Kompostierungsverfahren experimentiert. Seine Helden, an denen er sich orientierte, sind der Begründer der Ökolandwirtschaft, Sir Albert Howard *(Mein landwirtschaftliches Testament)*, und die Professorin für Pflanzenverwendung und Vegetationstechnik Dr. Helga Roszinski. Zwei fast vergessene Visionäre, deren Botschaften durch Leute wie Lehmann und inzwischen auch Laurenz in die Zukunft getragen werden. Aus Lehmanns Experimenten sind seine sogenannten Wirbelstromkomposter hervorgegangen. Sie werden neben den Johnson/Su-Exemplaren ebenfalls bei uns erprobt. Laurenz erklärt deren detaillierten Aufbau in diesem Kapitel. *„Eigentlich geht es dabei gar nicht um den Kompost“*, irritiert Stephan Lehmann gern. *„Es geht um ein artenreiches Bodenmikrobiom – um Symbiosen, die wir vermehren und gezielt auf Umweltverhältnisse anpassen.“* Was meint er damit?

Auf die Mikroben kommt es beim Bodenaufbau an. Sie konstituieren am Ende die Humusschicht. In seinen etwa hüfthohen Kompostern werden unter freiem Himmel verschiedene Mikrobengruppen trainiert. Man kann sie sich wie Studienklassen vorstellen, die sich spezialisieren wollen. So bietet der eine Kompost den Milchsäurebakterien und Hefen das beste Milieu; in dem anderen fühlen sich die humusbildenden und schadstoffabbauenden Bakterien am wohlsten; im nächsten dominieren die Pilze; ein paar Meter weiter steht einer mit Prokaryoten. Die Prokaryoten sind die frühesten nachgewiesenen zellulären Lebewesen der Evolutionsgeschichte, also bestimmte Einzeller, die einen besonders huminstoffhaltigen Kompost erzeugen und, was noch viel wichtiger ist, in der Lage sind, Methan abzubauen; und obenauf werden immer die Fotosynthesebakterien geschult. Wenn diese Komposte nach einem Trainingsjahr fertig sind, fängt Lehmann erst richtig an, mit ihnen zu arbeiten. Der finale Wirbelstromkomposter wird aufgesetzt mit einem Best-of aller Studienklassen, die sich dann wiederum das Gelernte gegenseitig beibringen. So können wir am Ende auf ein unglaublich diverses Gesamtmikrobiom zurückgreifen, Lebensgemeinschaften, die auf unseren Äckern schon vor Jahrzehnten zerstört wurden, die wir jetzt aber wieder unseren malträtierten Böden anbieten können – als Kompost oder als Essenz.

Ein Kilo von diesem Kompost reicht aus, um Kompost-Essenz für einen Hektar Land herzustellen. Wir bringen diese Essenz nicht aus, sondern beizen damit unser Saatgut, das auf dieser Fläche wachsen wird. Zusätzlich nutzen wir sie, um unseren jungen Agroforststreifen einen Kick-Start mitzugeben, und auch bei der Fermentierung des Mists spielt die Kompost-Essenz eine wichtige Rolle. Laurenz macht das alles äußerst gewissenhaft. Er hat sich sein ganzes Wissen über das Studium der alten Bücher der Pioniere angeeignet und besuchte mehrere Workshops und Kurse und vor allem erprobte er es in der Praxis. Zugleich haben wir überlegt, auf welche Stoffströme wir zurückgreifen können, welche Reste anfallen. Was ist mit dem Heu, was ist mit dem Stroh, was ist mit dem Pferdemist? Wir erhalten auch von anderen Biohöfen 2000 Tonnen Rinder- und 500 Tonnen Geflügelmist, die bislang in großen Haufen auf unserem Mistplatz landeten und vor sich hin stanken, um irgendwann ungleichmäßig und in unterschiedlich großen Brocken – also ineffektiv – auf den Äckern zu landen. Ich hielt daher auch nach neuer Technik Ausschau und kaufte einen Kompostwender, denn neben der Fermentation kann auch das regelmäßige Wenden und die damit einhergehende Belüftung dafür sorgen, dass die Fäulnisprozesse aufhören – und Fäulnis ist der Feind eines jeden Bodens! Der Kompostwender und das Kompostwunder Laurenz, ja, damit konnte ich den offiziellen Startschuss geben.

Willst du uns von deiner Erfahrung erzählen, Laurenz?

Ehrlich gesagt, hast du mich ja erst einmal ins kalte Wasser geworfen. Vorher habe ich Renke in den Agroforstsystemen begleitet, und auf einmal hatte ich auf einem neuen Gebiet riesige Verantwortung. Ich konnte mich aber ziemlich schnell berappeln und habe angefangen, meinen Bereich aufzubauen. Juans Hinterlassenschaft waren die vier Bioreaktoren. Genau als sie fertig waren,

Überall genug Sauerstoff: Typisch für die Johnson/Su-Bioreaktoren sind die vertikal angelegten Lüftungsrohre

Laurenz bei der Kontrolle eines Lehmann-Komposters. Abhängig vom gewünschten Milieu geben wir auf die oberste Schicht eine diverse Zwischenfruchtmischung – oder decken sie mit Jute ab (r.)

wurde ich eingestellt, und ich musste mit Bedauern feststellen, dass alle Komposte nichts geworden waren. Die Gründe hast du eben erwähnt. Ich musste also von Neuem beginnen. Ich machte diesen Workshop bei Stephan Lehmann, der noch mal einen ganz anderen Ansatz entwickelt hatte. Ich habe mich voll reingeworfen und im Anschluss mehrere von seinen Kompostern aufgesetzt und begonnen, mit dem Kompost-Extrakt aus Lehmanns persönlicher Produktion unser Saatgut zu beimpfen. Gleichzeitig lernte ich, wie man mit dem Kompostwender umgeht, und so konnten wir auch damit beginnen, mit dem Kompostextrakt aus unseren Kleinkomposten den ganzen Mist zu fermentieren.

Was ist aus deiner Sicht das Besondere an Lehmanns Kompost-Extrakt?

Extrakt können wir bei uns auch selbst gewinnen, und wie das geht, das zeige ich ja auch in diesem Kapitel. Lehmanns Version ist insofern besonders, als sein Extrakt stabilisiert und damit haltbarer ist. Sein Extrakt vermag es, Tomaten oder Roggen auf einem Sandhaufen wachsen zu lassen. Ich weiß bisher noch nicht, wie es funktioniert, aber es

funktioniert. Das habe ich bei ihm in Leipzig erlebt, und es ist das Eindrucksvollste, was ich bisher gesehen habe.

Passieren solche Wunder auch bei uns?
Jeden Tag, Benni! Vor allem da, wo der ganze Mist abgeladen wird. Bei Anlieferung ist er von sehr schlechter Qualität und stinkt, weil er ohne irgendeine Belüftung einfach auf einem großen Haufen liegt. Dadurch entstehen Fäulnisprozesse, die auch Nährstoffverluste und Treibhausgasemissionen zur Folge haben. Fäulnis ist gerade für kaputte Böden ein Riesenproblem. Sie vernichtet den wenigen Humus. Mit unserem Extrakt fermentieren wir, bringen also Mikroorganismen hinein und ändern damit die Biologie hin zu einer aufbauenden Mikrobiologie. Die nützlichen Mikroorganismen übernehmen dann die Führung, die anderen verschwinden und werden abgetötet. Dadurch wird ein Prozess in Gang gesetzt, über den die Fäulnis verschwindet und die Nährstoffe gebunden bleiben. Am Ende können wir unsere Böden mit gesundem und nährstoffreichem Mist füttern. Dieser Mist ist so ausgereift und riecht so gut, dass man sein Gesicht hineinstecken will. Es ist magisch, zu sehen, wie aus stinkender Scheiße pures Gold wird.

Die Aufbereitung der bisher fehlenden Mikrobiologie ist aber keine Garantie dafür, dass der Boden sofort davon profitiert.
Genau. Der Klimawandel kann in dieser frühen Bodenbildungsphase ziemlich viel zerstören. Ich kann so viele Mikroorganismen reinbringen, wie ich will: Wenn die Rahmenbedingungen nicht stimmen und im Sommer über Wochen die Sonne auf den nackten Boden knallt, dann hast du wieder alles verloren. Deshalb wollen wir unsere Äcker ja ständig grün halten und in Zukunft jede einzelne Überfahrt bei der Bearbeitung nutzen, um die Mikrobiologie zurück in den Boden zu bringen. Auf diese Weise können wir die gewöhnliche Aufbaudauer von Boden von sieben Jahren auf etwa drei Jahre verkürzen.

Wir arbeiten also daran, die Bodenentwicklungszeit während der Umstellung von der alten zur regenerativen Landwirtschaft annähernd zu halbieren. Um dabei alle Potenziale auszuschöpfen, setzen wir nicht nur auf Stephan Lehmann oder auf Johnson/Su, sondern probieren viele Ansätze aus. So züchtet Laurenz in einer alten Badewanne einen Kompost heran, in dem eine Armada unterschiedlichster Regenwürmer ihr Werk tut. Wo immer er in seinem kleinen Kompostnetzwerk auch unterwegs ist, bringt er sich Regenwürmer mit und setzt sie bei sich in die Wanne. Der am weitesten gereiste Wurm kommt aus Österreich, und, keine Sorge, die verschiedenen Kollegen verstehen sich. Im Team sind sie sogar umso stärker. „Je diverser die Regenwurmpopulation", sagt

Der *Kompostwurm* ist in Europa am weitesten verbreitet und horizontal in der obersten Bodenschicht unterwegs

Der *Gemeine Regenwurm* kann über 30 Zentimeter lang werden. Er arbeitet bis in einer Tiefe von drei Metern

Laurenz, „desto diverser die Mikroben, die im Boden aktiv sind."

Von Zeit zu Zeit greift er in seine Badewanne und packt einige der Würmer in seine anderen Komposter, damit sie dort weiterarbeiten. Wie fast alles im Boden wird auch der Regenwurm radikal unterschätzt. Seine zahlreichen Ökosystemdienstleistungen sind kaum bezifferbar. Er gräbt, durchlüftet, düngt, kompostiert, transportiert und verbreitet Mikroorganismen. Doch in überbeanspruchten Böden gibt es fast keine Würmer mehr. Hauptsächlich aus drei Gründen: Sie finden an der Oberfläche kein organisches Material mehr zum Fressen; die Bodenbearbeitung zerstört regelmäßig ihre Gänge; und mit der Pflugsohle entsteht eine Verdichtungsschicht, durch die sie es kaum mehr hindurch schaffen. Wir setzen uns hier in Madlitz also auch für die Arbeitsbedingungen der Regenwürmer ein!

Parallel dazu probiert Laurenz einiges aus dem Korean Natural Farming aus. Er experimentiert mit Rinderknochen, die er in Essig einlegt, um Kalzium zu gewinnen. Dann wieder nutzt er Abfälle von Fischen, um sie mit Zucker zu fermentieren. So kann man einen sehr hochwertigen Stickstoffdünger herstellen, der voller Aminosäuren ist. Gleichzeitig, und das klingt erst einmal paradox, probiert Laurenz aus, wie wir natürlichen Dünger produzieren können, der ganz ohne tierische Biomasse auskommt – ohne Mist, ohne Knochen, ohne Gräten. Auch dabei orientiert er sich an der alten Tradition des Korean Natural Farming, das im Kern auf lokale Mikroorganismen und die Nährstoffe aus einheimischen Beikräutern setzt, um dieses naturgegebene Potenzial zu maximieren.

Sowohl Laurenz als auch mir sind Leute suspekt, die von sich behaupten, ihr Prinzip sei das beste und jeder müsse es haben. Wir glauben prinzipiell niemandem mit Alleinstellungsanspruch. Ich bin es gewohnt, dass fünf Mal am Tag jemand anruft, um mir ein Wundermittel anzudrehen – den perfekten Dünger hierfür, das perfekte Präparat dafür. „Herr Bösel, haben Sie gerade mal drei Minuten …?" Diese Verkäufermenschen regen mich besonders auf. Nein, Alleinstellungsansprüche erheben auch wir nicht. Wir beachten in erster Linie die Botschaften, die Gesetze, die Kreisläufe und die Komplexität der Natur, und dann schauen wir, was sich in diesem Sinne anbietet, und probieren es aus. Beim Kompost ist das eine schwierige Angelegenheit, denn manche Erfolge zeigen sich erst nach einiger Zeit. Wenn man aber jedes Jahr pflügt, wird man nur erkennen, was sich nach einem Jahr möglicherweise nicht getan hat, und nicht das, was sich nach drei Jahren möglicherweise getan haben könnte. Natürlich wird man damit als Mensch auf die Probe gestellt. Laurenz und ich sind von Natur aus ungeduldig, und am liebsten wollen wir zügig Erfolge vorzeigen. Auch um den Skeptikern die Hand zu reichen. Ich erinnere mich gut, wie Laurenz zu mir sagte: „Benni, ich bin heilfroh, dass du hinter mir stehst und daran glaubst. Es gibt Landwirte, die missgünstig und schadenfroh darauf warten, dass ich mit meinen Versuchen scheitere, weil es schon vielen vor uns so gegangen ist. Ich muss und werde durchhalten!“ Wir sind davon überzeugt, dass diese unterschiedlichsten Arten der Kompostierung und ihre Anwendungen zu den wichtigsten Schlüsseln für den Abbau der systemischen Abhängigkeiten von Landwirtinnen und Landwirten gehören, da sie uns ermöglichen, die eigenen Probleme zu lösen, anstatt teure Wundermittelchen zu kaufen. Und das Beste: Wir kratzen gerade erst an den Möglichkeiten, die uns eine intelligente Kompostierung ermöglicht!

Trotz all der Zuversicht: Irrwege, Fehler und Stürze gehören zu unserem Konzept. Zumindest in dieser Phase. Wir müssen Schlüsse daraus ziehen, um dann den idealen Weg zu finden. Dass das nicht immer von jetzt auf gleich geht, symbolisiert für mich ein grandioses Kunstprojekt zum Thema Kompost, das im Zentrum der Documenta13 stand und in einer Kompost-Deklaration mündete. Elf Jahre ist das her, wenn dieses Buch herauskommt. Elf Jahre. Aber was hat sich seitdem getan, wo doch alles Wichtige in dieser Deklaration gestanden hat? Mir scheint, dass die Politik noch weit langsamer arbeitet als die Organismen im Boden.

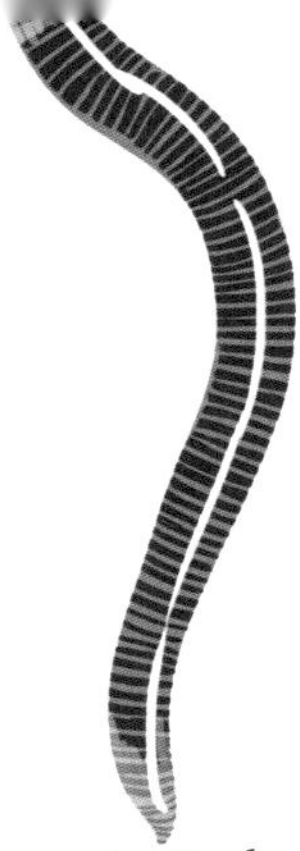

Über der Deklaration, initiiert von der US-Künstlerin Claire Pentecost und dem Kasseler Ökolandbauprofessor Jürgen Heß, steht die Headline „Kompost für die Bodenfruchtbarkeit – Wurzelwerk einer überlebensfähigen Gesellschaft“, gefolgt von dem klugen Satz: „Leitend für diese Erklärung ist das Wissen, dass die sorgfältige Kreislaufwirtschaft organischer Substanz, insbesondere die Kompostierung, eine Schlüsselrolle für die Bodenfruchtbarkeit besitzt.“ Das dreiseitige Dokument beinhaltet auch einen Forderungskatalog, von dem ich nur den letzten Punkt zitieren

Den *Riesen-Rotwurm* findet man in tiefer Waldstreu und in Gartenböden, die reich an organischen Stoffen sind

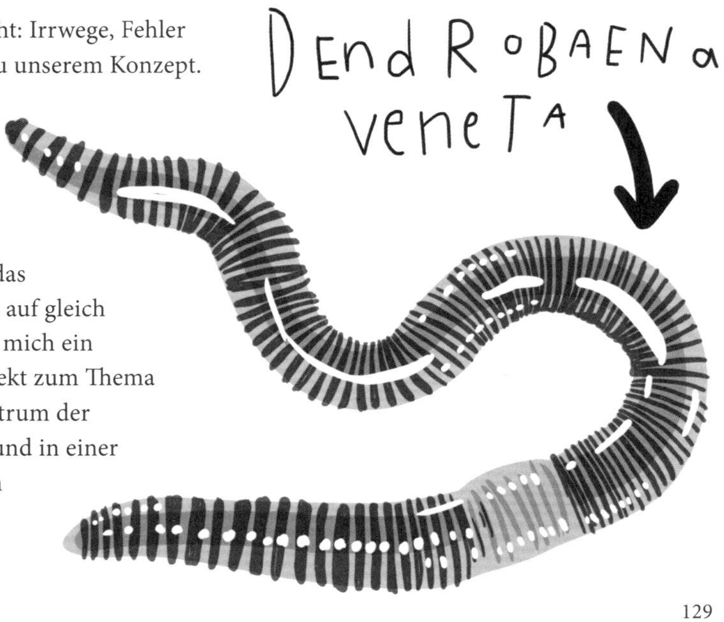

möchte: „Kompost ist ein lebendiges System. Seine Erzeugung und Nutzung erfordern, die Komplexität dieses Systems zu respektieren und weiter zu erforschen. Es ist unsere Aufgabe, eine nachhaltige Lebensmittelerzeugung mit wachsender Bodenfruchtbarkeit sicherzustellen, indem wir funktionierende Agrarökosysteme entwickeln bzw. wiederherstellen, erhalten und nutzen. Forschungsergebnisse, praktische Erfahrungen sowie soziale, ökologische und gesellschaftliche Zielsetzungen müssen in einem Dialog auf Augenhöhe genutzt werden, um eine optimale und nachhaltige Erzeugung und Nutzung von Kompost in der Landwirtschaft, in Gärten und in der kommunalen Kreislaufwirtschaft zu entwickeln und umzusetzen."

Als das geschrieben wurde, war ich noch kein Landwirt. Aber die Deklaration hat nichts von ihrer Dringlichkeit verloren, ich könnte das Papier heute noch genauso unterschreiben. Exakt in diesem Geiste sind wir in unserem Kompostbereich unterwegs. Claire Pentecost hatte 2012 auf der Documenta einen ganzen Raum mit dem Thema Kompost bespielt. Sie ließ über die Dauer der Ausstellungszeit Essensreste aus der ganzen Welt verrotten. Das war schon mal nicht schlecht. Zentrales Ausstellungsstück waren jedoch gestapelte Barren aus gepresster Erde, unverkennbar an Goldbarren erinnernd. Botschaft: Die Währung der Zukunft ist der Boden! Geben wir ihm den Wert, den er verdient!

Das Tolle daran ist, dass wir diese Währung selber herstellen können. Um Gold zu finden, müssen wir weit reisen, lange suchen, der Erde schließlich etwas entreißen, um am Ende festzustellen, dass man Gold nicht essen kann. Um Boden zu veredeln, braucht es nichts weiter als organische Küchen- und Grünabfälle, einen Garten oder einen Balkon. Das ist nicht nur etwas für die Profis aus der Landwirtschaft. Alle können das. Im Kasten mit den Tipps & Tricks gibt Laurenz deshalb seine persönlichen Empfehlungen für die Eigenproduktion von Kompost.

Buch TIPPS

kompost

Gärtnern mit Mikroben
Jeff Lowenfeld und Wayne Lewis beschreiben, wie man das natürliche Nahrungsnetzwerk im Boden stärkt, anstatt es zu zerstören. Ein gutes Buch zum Einstieg. Hier werden die Grundlagen des Kompostierens und die einzelnen Organismengruppen schön erklärt.

Das Leben im Boden – Das Edaphone
Raoul H. Francé und seine Frau Annie beschrieben vor 100 Jahren als Erste den Boden als lebendiges Ökosystem. Der neu aufgelegte Doppelband ihrer zentralen Schriften zeigt u.a. die naturkundlichen Grundlagen für eine ökologische Bodenbearbeitung auf.

Humussphäre
Bodenforscher Herwig Pommeresche enthüllt das bisherige Verständnismodell, Pflanzen könnten Nährstoffe nur in gelöster Form aufnehmen, als unzureichend – und erweitert es durch ökologische Facetten. Ideal, um die wahre Identität von Humus kennenzulernen.

KOMPOST-TRICKS

von Laurenz von Glahn

1

Der Mix macht's Sollten Sie vorhaben, einen Hauskompost anzulegen, tun Sie das mit möglichst diversem Material. Dabei gilt: Kohlenstoffhaltiges Material wie Laub oder Grünschnitt ist Pilzfutter, stickstoffhaltiges Material wie Obst- und Gemüsereste ist Bakterienfutter. Der Haufen sollte wechselnd in nicht zu dicken Schichten aufgebaut werden. Fügen Sie immer eine mineralische Komponente hinzu wie etwas Mutterboden, lehmhaltige Erde oder Bentonite. Das fördert die Bildung von stabilen Ton-Humus-Komplexen. Kalk in kleinen Mengen hilft auch dabei.

2

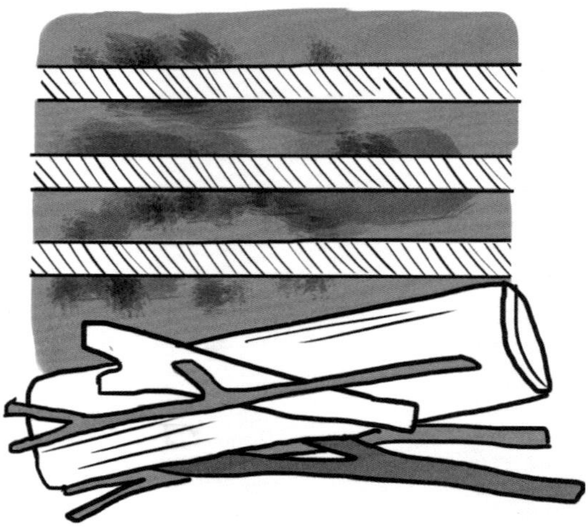

3

Lokale Mikroorganismen nutzen Als mikrobielle Animpfung des neuen Komposts kann gesunder Waldboden oder guter, reifer Kompost bzw. ein Extrakt davon verwendet werden. Sie impfen am effektivsten, wenn Sie die Substanzen gleichmäßig im Kompost verteilen. Die Mikroorganismen vermehren sich dann von selbst. Es kann außerdem eine Handvoll Erde aus Ihrem Garten eingebracht werden. Dies konditioniert die Mikroben im Kompost schon mal auf ihren zukünftigen Arbeitsplatz. Sie fördern damit gezielt standortangepasste Mikroorganismen, die auf Ihrem Boden gut klarkommen.

Mikroben müssen atmen können Verwenden Sie als unterste Schicht sperrige Äste, eine Holzpalette oder Stroh als ganzen Quaderballen. Diese Vorkehrung sorgt dafür, dass das Kohlendioxid, welches beim Zersetzungsprozess entsteht und nach unten sackt, entweichen kann und so die Mikroben immer genug Sauerstoff haben. Frischluftzufuhr ist dann besonders gut gegeben, wenn Sie alle 30 bis 60 Zentimeter horizontale Lüftungskanäle platzieren. Das machen Sie am besten mit gerolltem verzinktem Hühnerdraht.

Die rotierende Rinderherde oder Mitarbeiter auf vier Beinen

Mit jedem majestätischen Schritt, den das erste mahagonifarbene Salers-Rind aus dem Anhänger machte, wurde meine monatelange Unsicherheit zurückgedrängt. Wir verdienten unser Geld bislang mit Ackerbau, und jetzt hatte ich mal eben eine Herde gekauft. Meine eigene Entscheidung und die möglichen Konsequenzen flößten mir einen ungeheuren Respekt ein. Als aber an jenem Morgen des 1. Mai 2019 die ersten zehn Tiere auf den taubenetzten Wiesen standen und dahinter die Sonne aufging, war es für mich eindeutig: Ja, diese Tiere gehörten genau hierher. Ihnen schien es zu gefallen, sie nahmen Tempo auf. Schon das Geräusch der Hufe und der vibrierende Boden, diese Energie, jetzt veränderte sich alles. Ich hatte wirklich starkes Herzklopfen. Hoffentlich würden die Zäune standhalten, die wir vorbereitet hatten. Ich konnte die Kühe natürlich noch nicht lesen, konnte ihr Verhalten noch nicht wirklich deuten. Wie auch. Ich hatte mit Kühen vorher nicht gearbeitet, und auch die Infrastruktur mit Zäunen und Tränken hatten wir gerade erst installiert. Ich wusste oder vielmehr spürte, dass dieser Schritt der richtige war, aber mir war auch klar, dass wir alle damit wachsen, vor allem hineinwachsen mussten.

Bevor ich auf die äußerst kluge Mechanik komme, bei dem die Rinder die Rolle von perfekten Mitarbeitern einnehmen, muss ich erklären, aus welcher Unwucht heraus ich darauf stieß. Wir sind als landwirtschaftlicher Betrieb immer auf das Zurück-

BIRGER
DANEL

führen der Nährstoffe angewiesen, die wir durch die Ernte des Getreides vom Feld abführen. Diese Nährstoffe kamen in der Zeit vor den Rindern allein über sogenannte Futter-Mist-Kooperationen von externen Zulieferern. Wir produzierten das Futter, und im Tausch erhielten wir Geflügel- und Rindermist. Das ist üblich, war aber in unserem Fall wahnsinnig ineffektiv. Der Mist wird – natürlich mit Treibstoffeinsatz – von irgendwoher angefahren. Dann liegt er bei uns auf der Mistplatte und entwickelt – wie im Kompostkapitel bereits beschrieben – Fäulnisprozesse. Die ungleichmäßige Ausbringung des Mists aufs Feld ist nicht optimal, und man hat dort außerdem Wirkverluste durch Auswaschung oder Verdunstung. Das entsprach für mich nie einer guten Nährstoffversorgung für den Boden. Der andere Makel: Wir waren mit den Kooperationen immer in einer Abhängigkeit. Die Nährstoffkreisläufe konnten wir nie selbst schließen. Mit den Tieren im eigenen Betrieb würde das jetzt langfristig möglich werden. Nicht zu vergessen: Die Rinder würden auch unser ökonomisches Risiko minimieren. Wir würden mit ihnen ein weiteres Produkt im Angebot haben, das anders auf die klimatischen Veränderungen reagiert als beispielsweise das Getreide. Würde uns ein weiterer Dürresommer mal wieder ein besonders schlechtes Jahr bescheren, könnte man

Die Salers sind die stärksten und schönsten Bodyguards der Welt

über die Tiere Liquiditätsengpässe schließen. Dieses Motiv stand bei der Anschaffung allerdings ganz hintenan. Die Rinder wurden in erster Linie angeschafft in ihrer Funktion als Nährstoffkreislaufschließer – als Mittel zum Zweck. Ich hatte einsehen müssen, dass es ohne Tiere einfach nicht geht. Gerade bei unseren Böden. Wir wollen ja Humus aufbauen. Dafür brauchen wir Nährstoffe und gleichzeitig eine Bodenbedeckung mit ganzjährigem ober- und unterirdischem Pflanzenwachstum.

Weil beides mit klassischer Stallhaltung nicht zu gewährleisten ist, landete ich bei der Rotationsweide, international oft auch Mob Grazing genannt. Im Grunde genommen liegt auch darin wieder der Versuch, sich an der Natur zu orientieren, sie zu imitieren, zu überlegen, wie Tierherden, wären sie ungestört, auf ein Ökosystem einwirken würden. Blicken wir in die Wildnis, in die Steppen und die Savannen – und diese Wildnis hatten wir hier in Europa ja auch für die längste Zeit –, dann stehen Herdentiere wie Büffel oder Antilopen aufgrund des Prädatorendrucks, also der ständigen Gefahr durch Fressfeinde wie Löwen oder Geparden, eng zusammen. Steht ein Tier im Abseits, ist es dem Tode geweiht. Neben der Gruppe bietet noch ein zweiter Faktor Sicherheit: die Bewegung. Würde die Herde immer an einem Fleck stehen, würde sie immer mehr Raubtiere anziehen. Deshalb bewegt sie sich in dieser Schutz bietenden Gemeinschaft ständig durch die Landschaft und belastet damit die Vegetation eines Orts immer nur für einen kurzen Moment. Dabei wertet sie nicht nur mit ihrem Dung den Boden auf – auch durch das Niedertrampeln der Gräser erhält er Schutz vor Sonneneinstrahlung sowie Biomasse, die von den Mikroorganismen verarbeitet werden kann.

Dieses seit Jahrmillionen in der Natur erprobte Zusammenspiel versucht man, über das Weidemanagement des Mob Grazing nachzuahmen. Man stellt seine Rinderherde auf eine kleine bewachsene Ackerparzelle, dort frisst sie, dort trampelt sie herum, dort hinterlässt sie ihre Exkremente, um schon nach einigen Stunden auf die nächste Parzelle weitergeführt zu werden. Etwa zwei bis drei Monate lang – abhängig von Jahreszeit, Niederschlag und Futterangebot – kommen die Tiere nicht mehr auf die angefressene Fläche zurück, sodass sich die Natur dort erholen und weiteres Fotosynthesepotenzial ausschöpfen kann. Dieses Potenzial setzt sie in Biomasse – vor allem: Wurzelmasse! – um. Das führt zu Bodenaufbau. Lebendige Wurzeln sind der Hauptfaktor für ein aktives Bodenleben. Abgestorbene Wurzelmasse ist die Hauptquelle für Kohlenstoff im Boden und somit für Bodenaufbau. Birger Paulsen, der Mann, der die Herde nach anderthalb Jahren übernahm und mit mir das neue Rotationssystem auf die Beine stellte, erklärt dieses

Prinzip ganz schön: *„Wir integrieren Tiere in ein Ackerbausystem. So wie wir die Bäume zurück auf den Acker holen, so holen wir auch wieder die Rinder auf den Acker. Wir schaffen große Systeme von Nährstoff- und Energiekreisläufen. Das ist das große Ding, das wir machen.“*

Das Prinzip, das dieses *„große Ding“* mit aufbaut, wird im Englischen neben Mob Grazing auch Holistic Plant Grazing genannt. Allan Savory aus Südafrika prägte die Begriffe, im zweiten Kapitel hatte ich ihn als genialen Erfinder dieses Prinzips kurz erwähnt. Auch den Franzosen André Voisin sollte man nicht unerwähnt lassen, der schon in den 1950er-Jahren mit seinem Buch *Productivité de l'herbe* (Die Produktivität der Weide) eine Wegmarke setzte. Birger nutzt für *„das große Ding“* gern einen deutschen Ausdruck: Kurzumtriebsweide, den ich mag, denn er kombiniert sehr gut die drei Aspekte von FRESSEN, ZEIT und BEWEGUNG.

Wie beim Agroforst spielt dabei die Beobachtung eine große Rolle. Wir müssen genau hinschauen, um den optimalen Einsatz des Rinds im Ökosystem zu organisieren und zu fördern. Welche Pflanzen bieten wir Tieren und Boden an? Wie werden die Pflanzen verdaut und die Nährstoffe durch die Verdauung aufbereitet? Wie kriegen wir die Dynamik rein? Und wann ist der ideale Moment gekommen, die Rinder weiterzuschicken?

Birger, der in Eberswalde einen Bachelor in International Forestecosystem Management gemacht hatte und in der Schweiz in verschiedenen Weidebetrieben angestellt war, bekam nach ein paar Monaten einen Kollegen an seine Seite, der sich in halb Europa autodidaktisch weitergebildet hatte: Danel aus dem Baskenland. Danel sagt, dass man eigentlich immer in einem offenen Fragemodus unterwegs sein muss, um die Symbiosen zwischen Pflanzen und Tieren zu verstehen. *„Erst dann können wir den Kreislauf wieder mit unserem Einfluss bestmöglich in Gang bringen. Denn wir lassen Natur nicht einfach Natur sein. Wir haben Ziele, und die wollen wir harmonisch erreichen. Unser mächtigster Eingriff ist, dass wir den mobilen Zaun versetzen. Damit organisieren wir quasi den Verdauungsrhythmus der Rinder und die Erholungszeiten der Pflanzen. Ein Tier ist bei uns kein Stück Fleisch, das wir irgendwann essen wollen. Ein Tier ist eine Arbeitskraft. Gerade sind sie draußen am Schaffen. Jedes Rind hat eine Aufgabe. Sie sind Mähwerke, sie sind Walzen, sie sind Kompostierer. Ich muss also aufpassen, wie ich sie füttere, welche Pflanzen auf der Fläche sein und welches Reifestadium sie haben sollten. Das alles hat Einfluss auf den Dünger, den die Kuh dann gibt. Das sollte kein Durchfall sein, sollte aber auch nicht zu trocken sein, weil die Mikroorganismen im Kot ja weiter in den Boden getragen werden sollen.“* Es ist offensichtlich ein sehr komplexes System, das Danel und Birger da mit viel Sensibilität für Tier und Natur am Laufen halten.

Eine zusätzliche Herausforderung ist, dass unsere Rinder ganzjährig draußen sind. Es gibt keinen Stall. Neben den Tränken und Kratzmöglichkeiten, die aufgrund der Rotation in jeder Parzelle stehen müssen, braucht es also Bereiche, die im Sommer Schatten und im Winter Schutz spenden. Und das bei einer wachsenden Herde. Wir haben mit zehn Salers-Rindern begonnen. Ich bekam sie von Mario Fischer, einem befreundeten Landwirt aus der Nähe, mit dem ich mich vorher hatte austauschen können. Von den zehn waren neun Färsen, unsere Kühe:

Angus bei Sonnenaufgang: Es gibt kaum etwas Schöneres, als mit den Tieren in einen neuen Tag zu starten

also geschlechtsreife Rinder vor der ersten Kalbung, und eine 14-jährige Oma, die ich mitgekauft hatte, um einen ruhigen Fixpunkt zu haben, an dem sich die anderen orientieren können. Zwei Wochen später kamen noch elf gedeckte Angus-Rinder mit Kälbern im Bauch aus einem polnischen Betrieb hinzu, ergänzt durch unseren ersten Angus-Bullen Bruno, der aus dem Spreewald zu uns stieß. Zu den Salers-Kälbern, für die Bruno gesorgt hatte, gesellten sich die Angus-Kälber. Die Herde entwickelte sich also in mehreren Etappen. Im Frühjahr 2020 haben wir noch mal 30 Angus hinzugekauft. Seither kommt jeder Nachwuchs nur noch aus eigener Nachzucht. Ich hatte mich für die beiden Rassen – die französischen Salers und die schottischen Angus – entschieden, weil sie robust sind, sich auch ohne Kraftfutter gut entwickeln und Fleisch ansetzen und schließlich als leichtkalbig gelten, also ohne menschliche Hilfestellung gebären können. Die Salers beeindruckten mich zudem mit ihren wunderschönen Hörnern, und ich hörte davon, dass sie bei Bedrohung der Herde – beispielsweise

DIE HOHE KUNST DES WEIDENS

STANDWEIDE

UMTRIEBSWEIDE

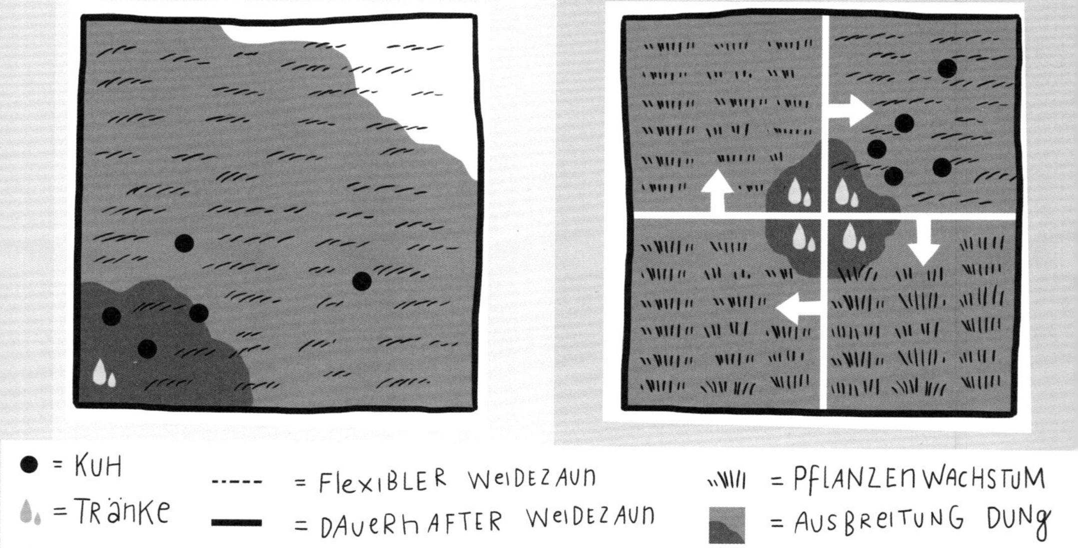

Die Standweide ist sehr verbreitet. Das ganze Jahr bleiben die Tiere auf der gleichen Fläche und fressen die Pflanzen bereits, wenn sie gerade wieder aufwachsen. Die Pflanzen haben dadurch keine Ruhezeit, bilden nur kleine und flache Wurzeln, wachsen häufig nicht hoch. Die Tiere können frei wählen, was sie fressen, widmen sich häufig ihren Leibspeisen und lassen oft andere Pflanzen stehen. Nur wenige Grasarten können diese Art der Weide auf Dauer vertragen. Während der Ruhephasen halten sich die Tiere oft an einer Stelle auf, etwa an der Wasserstelle, und lassen dort sehr viele Kuhfladen, die dort zur Überdüngung führen können. Der Arbeitsaufwand bei einer Standweide hält sich in Grenzen, da die überschaubare Infrastruktur immer an einer Stelle bleibt.

In diesem System wird die Weide in mehrere Koppeln unterteilt. Sie sind noch relativ groß und dienen den Tieren je nach Größe nacheinander – jeweils für drei Tage bis mehrere Wochen – als Futterflächen. Alle anderen Flächen werden in dieser Zeit in Ruhe gelassen. Das Gras kann dort hoch aufwachsen und mehr Wurzeln bilden. Bei der Umtriebsbeweidung stehen die Tiere etwas enger und sind für einen kürzeren Zeitraum auf der Fläche als bei der Standweide. Es werden weniger Pflanzen zurückgelassen, die Kuhfladen besser verteilt, da sich die Tiere in Ruhephasen nicht nur in einer Ecke der Weide aufhalten. Die Wasserversorgung und der Aufbau von Kratzmöglichkeiten sind allerdings komplizierter, da sie häufiger bewegt werden müssen.

durch Wölfe – die Position der Bodyguards übernehmen. Der Plan ist, mittelfristig auf etwa 300 Tiere zu kommen, die dann über etwa 550 Hektar Acker rotieren – im Sommer zum Humusaufbau auf mehrjährigem Ackerfutter und im Winter auf den Untersaaten und Zwischenfrüchten, wo wir im Sommer die Hauptfrüchte geerntet haben. Im Winter sparen wir also Futterkosten und sind mit einer Doppelnutzung der bodenaufbauenden Untersaaten und Zwischenfrüchte sehr effizient.

Die klassische Wiese, auf der die Kühe stehen, ist für mich Sinnbild dafür, dass auch in diesem Bereich die Landwirtschaft irgendwann einmal falsch abgebogen ist, denn sie steht für die Entkoppelung von Tier- und Ackerwirtschaft, zwei Bereichen, die eigentlich voneinander profitieren – sofern sie an den Standort und das Betriebs- und Haltungssystem angepasst sind. Hierbei ist eines besonders wichtig zu verstehen: Wenn wir über die Ernte dem Boden Nährstoffe entziehen, müssen diese wieder zurückgeführt werden. Dafür gibt es vereinfacht gesagt zwei Wege. Der eine ist der der Natur: Hier bauen wir Untersaaten, Zwischenfrüchte oder Kleegras an und bringen Kompost oder Dung zurück auf die Flächen. Der andere ist der Weg der Synthetik: Dabei werden die Nährstoffe über künstlich hergestellten Dünger auf die Flächen gebracht. Wenn dieser Dünger falsch oder zu intensiv ausgebracht wird, greift er das hochsensible Bodenleben an. Das sorgt dafür, dass wichtige Arten des Ökosystems Boden verschwinden und der Boden langfristig krank wird. Die Pflanzen, die auf diesem Boden wachsen, sind dadurch weniger widerstandsfähig gegen Schädlinge oder Krankheiten, und so muss auf diesem synthetischen Weg als Nächstes

Adaptive Kurzumtriebsweide

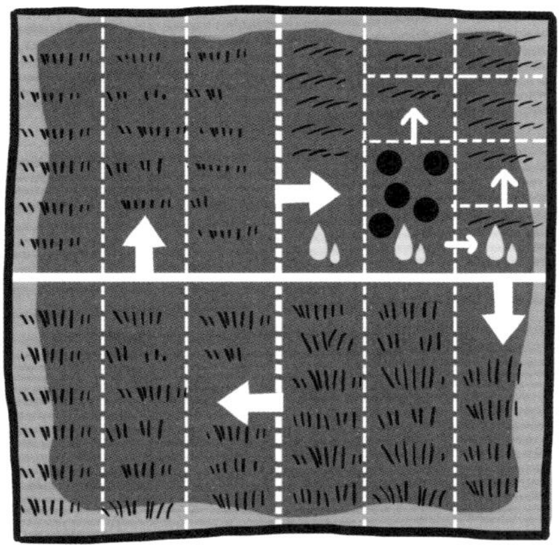

Die Koppeln werden noch einmal in Streifen unterteilt. Hierbei ziehen die Tiere alle ein bis zwei Tage weiter. Beim Weiden werden die Pflanzen nur einmal gefressen, der Wiederaustrieb, der nach ein bis zwei Tagen hervorkommt, wird in Ruhe gelassen. Das zahlt auf Wachstum und Wurzelbildung ein und kommt dem Boden zugute. Muss der Boden geschützt werden oder gibt es unerwünschte Pflanzen, die zu alt sind oder weniger gern gefressen werden, können die ein bis zwei länglichen Tagesrationen in noch kleinere Flächen unterteilt werden. Dort stehen die Tiere dann nur für wenige Stunden sehr dicht, trampeln dabei überschüssige Pflanzen nieder, die dem Boden als Schutz und Futter dienen. Dieses Umtreiben mehrmals am Tag nennt man Mob Grazing. Die Tiere bewegen sich sehr gleichmäßig über die Fläche und lassen die Kuhfladen überall. Es muss jedoch immer Wasser nachgetragen werden, der Arbeitsaufwand steigt.

BODENAUFBAU – EINE FRAGE DER

STANDWEIDE

UMTRIEBSWEIDE

Auf der Standweide bleiben die Wurzeln klein und gehen nicht tief in den Boden. Die Ruhezeiten liegen annähernd bei null. Die Pflanze hat keine Zeit, ihre Wurzel auszubauen, bevor sie gefressen wird. Weniger Wurzeln bedeuten weniger Biomasse und Kohlenstoff im Boden, dadurch wird das Bodenleben weniger ernährt, Wasser kann schlechter einsickern.

Auf der Umtriebsweide entstehen Ruhezeiten von mehreren Wochen, in denen die Weidepflanzen ihre Wurzel ausbauen und in die Tiefe bringen können. Dadurch wird deutlich mehr und auch tiefer Biomasse und Kohlenstoff in den Boden gebracht und das Bodenleben aktiviert. Über die alten Wurzelkanäle kann Wasser schneller und tiefer in den Boden eindringen.

ZEIT

Adaptive Kurzumtriebsweide

Die Ruhezeiten der Weidepflanzen und deren Effekte auf den Boden werden durch die sehr kurze und konzentrierte Beweidungsdauer maximiert. Durch die hohen Pflanzen entsteht außerdem mehr Struktur in der Landschaft, die vielen Tieren ein Habitat bietet. Die humosen Bodenschichten mit all ihren Organismen gewinnen an Tiefe.

auf Herbizide, Fungizide und Insektizide zurückgegriffen werden. Die greifen wiederum das Mikrobiom des Bodens an, und die natürlichen Kreisläufe werden weiter geschädigt. Hierbei ist mir auch wichtig zu sagen, dass die *„konventionelle"* Landwirtschaft nicht per se schlecht mit den Böden umgeht. Es kommt vielmehr auf das Betriebssystem und die jeweilige Anwendung chemisch-synthetischer Mittel an. Greift beispielsweise ein Landwirt einmal in drei Jahren zu einem Herbizid, können Boden und Ökosystem durchaus damit umgehen. Nur in der konstant gleichbleibenden, sich wiederholenden Anwendung von Chemie und der Verhinderung der natürlichen Kreisläufe und damit der Schutzfunktionen des Bodens liegt das Problem!

Aber zurück zur Rolle der Kuh. *„It's the how, not the cow!"* Dieser Slogan wurde in den USA geprägt. Und genauso ist es. Wir versuchen mit unserem Haltungssystem nicht nur dem Mitgeschöpf gerecht zu werden, wir möchten uns insbesondere die Arbeit für Bodenaufbau und Biodiversität, die so nur eine Kuh leisten kann, zunutze machen. Dazu im starken Kontrast stehen natürlich die klassischen Mastanlagen, in denen die Kühe ausschließlich Kraftfutter – oft aus dem Ausland importiert – zu fressen bekommen. Nicht nur hat die Produktion des Futters im Ausland erhebliche ökologische Konsequenzen, auch die Nährstoffe, die wir für solche Haltungsarten importieren, sorgen hier vor Ort für unverhältnismäßig große Nährstoffüberhänge, die wiederum Boden und Wasser belasten. Zudem ist diese Haltungsform nach der Bewertung der ökologischen und sozialen Kosten mehr als ineffektiv. Diese Entwicklung begann vor etwa 110 Jahren in den USA, als Urbanisierung und der Erste

Weltkrieg Druck auf die Landwirtschaft ausübten, sich zu verändern, effizienter und intensiver zu werden, um mit Billigfleisch die neuen Bedürfnisse zu bedienen. Dieser Trend setzte sich ungebrochen fort, erfasste andere Kontinente, forderte im Sinne ständiger Expansion immer mehr Tiere, immer größere Ställe, immer engere Verhältnisse, begleitet von immer mehr Antibiotikaeinsatz, um die in der Enge sich leicht verbreitenden Krankheiten zu beherrschen. Dies ist ein Irrweg. Er führt zu extremem Tierleid und extremer Belastung von Klima und Umwelt. Heute leben und sterben 99 Prozent der Nutztiere in den USA in der sogenannten Massentierhaltung, in Deutschland sind es 97 Prozent, weltweit liegt die Quote bei 90 Prozent.

Auf diesem Irrweg wurde das Tier zum Teil, wurden Mitgeschöpfe zu Zuliefererbetrieben. Das hat auch dazu geführt, dass das Rind in harte Konkurrenz mit Schweinen und Geflügel gesetzt und die Frage gestellt wurde, mit wem wohl mehr Profit zu machen ist. Das Problem ist nur, dass es sich beim Rind um einen Wiederkäuer handelt und der sich vollkommen anders ernährt als Tiere, die keine Wiederkäuer sind und sehr schnell mit Kraftfutter satt und fett gemacht werden können. Das hat dem Rind den Ruf eingebracht, ein schlechter Futterverwerter zu sein. Die deutsche Tierärztin und Agrarwissenschaftlerin Anita Idel hat viel Aufmerksamkeit bekommen, als sie die Kuh öffentlich in Schutz nahm. Sie kritisierte einen falschen Wachstumsbegriff und bemängelte, dass kaum darüber geredet wird, dass Kühen eigentlich etwas ganz Falsches zu fressen gegeben wird. Kühe brauchen Grünzeug und Gräser und Untersaaten, Zwischenfrüchte, Heu und Stroh, am besten angepasst an den regionalen Kontext. Dann sind sie, was sie sein können. Dann geben sie, was wir von ihnen brauchen. Für Kraftfutter sind sie nicht gemacht. Noch dazu stellt man sie damit in direkte Nahrungskonkurrenz mit uns Menschen. Wie weit haben wir uns nur von der Natur entfernt? Unseren Rindern in Madlitz versuchen wir eine artgerechte Nahrung anzubieten. Das ganze Jahr über bedienen sie sich ausschließlich an Gräsern, Kräutern und Leguminosen.

Idel nimmt die Wiederkäuer aber noch wegen eines zweiten Vorwurfs in Schutz, und ich erwähne das, weil ich diesen Vorwurf ebenfalls für unerträglich halte. Von ihr stammt der schöne Satz, dass die Kuh kein Klimakiller ist. Warum ist sie das nicht? Wir sind durch die Klimakrise in ein Narrativ hineingerutscht, in dem wir die Kohlendioxid- und Methanausstöße eines natürlichen Lebewesens gleichsetzen mit dem Extrahieren von fossilen Energieträgern und deren Verbrennung in einem Motor. Das ist natürlich ein fundamental falscher Ansatz. Und ich glaube, es ist ein gewollter Ansatz. Denn er erlaubt es, von dem ursächlichen Problem wegzuschauen auf eines, das eigentlich kein Problem sein würde, wenn wir es nur richtig händeln und maßhalten würden. Für mich ist das eine von außen initiierte Scheindiskussion, die so nicht stattfinden darf. In wessen Interesse wird sie geführt? Wer genau hat etwas davon, dass Kühe und Rinder diskreditiert werden? Man muss nicht weit denken, um darauf zu kommen, dass die Industrie – mit Produkten von Mineraldünger bis zu sogenanntem Pflanzenschutz – ein Interesse daran haben könnte, die Kuh und übrigens auch den Kompost zur Diskussion zu stellen, um davon abzulenken, dass die Herstellung der eigenen Produkte in hohem Maße auf der Verbrennung fossiler Energieträger beruht. Wird man nicht stutzig, wenn einerseits die Kuh als Methanmonster verurteilt wird, man andererseits jedoch erfährt, dass das Lachgas, das in großen Mengen bei der Produktion synthetischer Stickstoffdüngemittel entsteht, eine 296-fach höhere Klimawirksamkeit hat als Kohlendioxid? Wieso führen wir eigentlich neben der Kohlendioxid- und Methan-Debatte keine Lachgas-Debatte?

Birger, wie lautet dein Plädoyer für unsere Rinder?

Die Kuh ist – abhängig von Haltungsform und Weidemanagement – definitiv kein Klimakiller. Das Gegenteil ist der Fall. Die fruchtbaren Böden sind weltweit mit dem großflächigen Herumziehen der großen Herden entstanden. Indem die Weidetiere die Pflanzen abgefressen haben, wurde das Wurzelwachstum in hohem Maße angeregt und damit in großen Mengen Kohlenstoff im Boden gebunden. Das ist der entscheidende Impuls aus der Tierwelt! So konnte Humus verbaut werden! Diese Wechselwirkung zwischen Gräsern und großen Weidetieren hat die Böden, die wir heute nutzen und die wir zu Recht „Kornkammern der Welt" nennen, erst aufgebaut. Diesen Effekt wollen wir in Madlitz nutzen.

Du sprichst die Wurzelmasse an. Das ist, glaube ich, wichtig zu verstehen: Es geht beim Mob Grazing nicht nur um die maximale Futtermasse …

… sondern auch um die maximale Wurzelmasse, ja. Die Wurzeln dienen als Ressource für den Boden und damit auch für die Folgekulturen auf dem Acker. Wir müssen mit der Rinderherde die Gräser so beschneiden, dass wir den Zyklus der Graspflanze immer so treffen, dass sie maximal Wurzeln bilden kann. Wenn ich sie immer nur zehn Zentimeter hoch werden lasse und dann die Kühe drüberjage, hat die Pflanze kaum Energie,

Birger auf einer hochstehenden Weide und der Kodiak, die wir anstelle schwerer Maschinen nutzen

um Wurzeln zu bilden. Wird sie andererseits zu alt, geht ihr die Energie aus. Es muss also immer so ein mittleres Stadium gegeben sein.

Wie trefft ihr denn den idealen Zeitpunkt?

Danel und ich beobachten, natürlich pokern wir auch, und wir folgen unserer Intuition. Es ist unmöglich, das immer gleiche Schema zu haben. Man muss sich letztlich am Wetter orientieren, weil das das Pflanzenwachstum beeinflusst. Wir müssen beweglich bleiben und unsere Eingriffe situationsbedingt anpassen. Daher nenne ich das Ganze auch gern „adaptive" Kurzumtriebsweide. Es gibt unglaublich viele Faktoren, die dazugehören. Um diese Komplexität einzufangen, haben Leute daraus einen Managementansatz gemacht. Wir haben Dürre, wir haben Regen, wir haben die Tiere, wir haben etwa zehn verschiedene Pflanzenarten, die jeweils anders wachsen, einen anderen Zenit haben, anders Energie bringen. Wir haben allein bei uns unterschiedliche Bodenverhältnisse, welche mit mehr Sand, welche mit mehr Lehm. Wir haben unterschiedliche Jahreszeiten mit unterschiedlichen Temperaturen. Das alles müssen wir wahrnehmen und daraufhin eine Entscheidung treffen. So funktioniert die regenerative Landwirtschaft. Das sind krasse Managemententscheidungen, die sich auf das ganze Jahr auswirken. Und die sind ganz individuell. Deshalb können wir auch nicht sagen, dass die Weidepflanzen immer eine Ruhezeit von zwei Monaten bekommen. Wir streben zwar zwei bis drei Monate an – in dieser Zeit kann die Pflanze Fotosynthese betreiben und Wurzelmasse bilden –, aber wir gehen bei unseren Entscheidungen nicht nach dem Kalender, sondern nach der Beobachtung der Pflanzen. Denn wir wollen beides: Kraft für die Tiere und Kraft für die Wurzeln.

Birger ist der Meinung, dass sich viele Landwirte aus einer einseitigen Managementwahrnehmung heraus zu sehr aufs Tier fokussiert haben. Beim Tier könne man schnell sehen, dass es fett wird, und man wähnt sich aufgrund dieser Beobachtung auf dem richtigen Weg. Aber was im Boden passiert, das sehe man nicht direkt und unmittelbar. Da hat er natürlich recht. Für den Boden brauche ich ein viel feineres Gespür. Ich muss auch mal graben und reinschauen, muss die Wurzeln betrachten, und manche Prozesse erkenne ich vielleicht auch erst nach einiger Zeit. Für fünf Jahre haben wir die Felder angelegt, über die die Rinderherde rotiert, danach werden

die Gräser

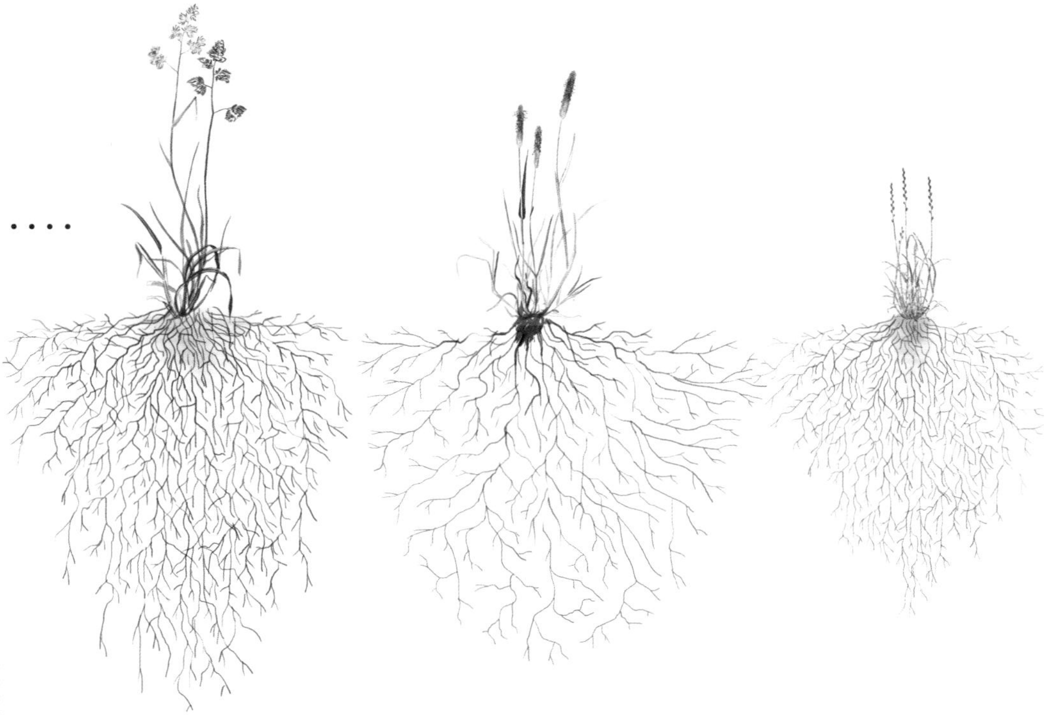

Knäuelgras (Dactylis glomerata, Höhe bis 1,20 m, Tiefe bis 1,50 m)
Sowohl oberhalb als auch unterhalb des Erdbodens ein sehr massenwüchsiges Gras, das auf eine hohe Futterwertzahl kommt. Als Obergras wächst es über anderen Pflanzen und bildet sogenannte Horste. Knäuelgras hat eigentlich alles, was man für unsere Zwecke braucht: Es ist konkurrenzstark, trockenresistent, wurzelt tief, verträgt Verbiss – und kann am Ende seiner Tage gut als Mulchmaterial verwendet werden.

Wiesenlieschgras (Phleum pratense, Höhe bis 1,20 m, Tiefe bis 1,20 m)
Das etwas sensiblere Obergras bildet ebenfalls Horste und produziert viel Biomasse für die Rinder. Aufgrund der langsamen Jugendentwicklung und empfindlichen Reaktion auf Beweidung benötigt es ausreichend Ruhezeit. Daher muss es klug mit anderen Arten kombiniert und beim Weidemanagement besonders berücksichtigt werden. Wiesenlieschgras kann auch nur begrenzt mit Trockenheit umgehen.

Deutsches Weidelgras (Lolium perenne, Höhe bis 80 cm, Tiefe bis 1 m)
Wegen seiner hohen Qualität und Verträglichkeit gegen Tritt und Verbiss gilt es in Europa als eines der wichtigsten Futtergräser auf Weiden und ist sehr beliebt bei den Rindern. Mit seinen Wurzelausläufern wächst es unter den Obergräsern und schließt die Lücken zwischen den Horsten. Damit trägt es zu Mehrschichtigkeit und Dichte des Bestandes bei. Es benötigt viel Wasser, setzt allerdings auch die Nährstoffe aus dem Dung der Rinder optimal in Biomasse um.

DIE Leguminosen

(Die Hülsenfrüchtler)

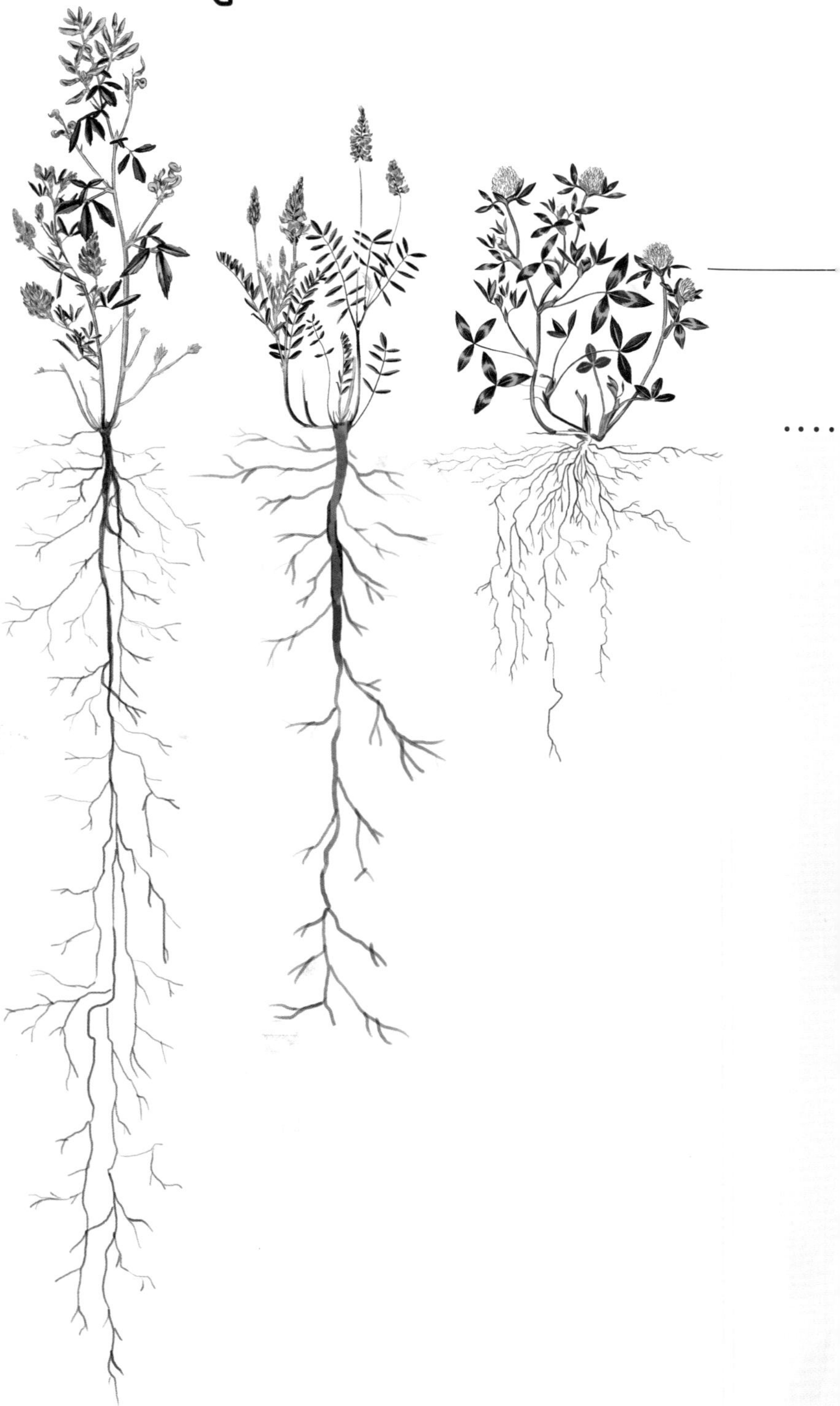

Luzerne (Medicago sativa, Höhe bis 1,20 m, Tiefe bis 5 m)
Als „Königin der Futterpflanzen" verspricht sie den Rindern extrem viel Eiweiß und bringt im sonnenreichen und trockenen Klima die höchsten Nährstofferträge – solange der Wasserbedarf befriedigt wird. Das gewährleistet die extrem lange Pfahlwurzel. Insofern ist sie in Trockenzeiten eine starke Versicherung. Bei einer Beweidung muss ihre Ruhezeit berücksichtigt werden.

Esparsette (Onobrychis viciifolia, Höhe bis 80 cm, Tiefe bis 4 m)
Die sogenannte Futter-Esparsette hat den Ruf des Bodenverbesserers und bietet unseren Rindern einen hohen Eiweiß- und Vitamingehalt und nebenbei den Insekten viel Nektar. Sie hat die Sonne gern und kommt mit nährstoffarmen Böden klar. Ähnlich der Luzerne erschließt sie mit bis zu vier Meter langen Wurzeln tiefe Bodenschichten und kann sich so an Trockenheit anpassen. Mit ihrem Tanningehalt hat sie positive Effekte auf die Verdauung der Rinder – und wirkt gegen Parasiten.

Rotklee (Trifolium pratense, Höhe bis 40 cm, Tiefe bis 2 m)
Auch Wiesenklee genannt, bildet er im Boden ein kräftiges Rhizom aus, das bis zu zwei Meter tief wurzeln und Nährstoffe aus unteren Schichten erreichen kann. Durch die eigene Stickstoffproduktion reichert sich dieser im Boden an. Im Rotklee finden unsere Rinder große Mengen an Proteinen. Rotklee wächst halbhoch in der mittleren Schicht und kann nach Trockenperioden schnell weiterwachsen.

die Flächen wieder für den Getreideanbau genutzt. In den fünf Jahren des Mob Grazing wachsen dort Weidepflanzen, die im Ökosystem unterschiedliche Funktionen übernehmen. Vielfalt ist dabei am effektivsten. Verschiedene Wuchshöhen und Wurzelsysteme bedeuten mehr Oberfläche für Fotosynthese und eine bessere Erschließung des Bodens. Wir säen Gräser, Leguminosen und Kräuter.

DIE GRÄSER sind jedes Jahr aufs Neue unsere Biomasseproduzenten. Oberirdisch werden sie mit ihrer Blattmasse von den Tieren genutzt, unterirdisch sind sie mit ihrer Wurzelmasse Teil des Bodenlebens und dort die effektivsten Kohlenstofflieferanten. Wir säen beispielsweise das kräftige Knaulgras, das sensible Wiesenlieschgras oder das deutsche Weidelgras, das im Gegensatz zu den beiden anderen eher flach über den Boden kriecht.

DIE LEGUMINOSEN haben die Aufgabe, verdichtete Bodenschichten aufzubrechen sowie Stickstoff aus der Luft in der Erde zu fixieren. Die Luzerne mit ihren sehr tiefen Wurzeln ist dabei die Hauptpflanze. Wir säen auch Rotklee und Weißklee, die eher niedrig wachsen, und die Esparsette mit ihren Pfahlwurzeln, ein rosa blühendes Wunderwerk, das bis zu 90 Zentimeter hoch wachsen kann und vier Meter in die Tiefe reicht.

DIE KRÄUTER sind dazu bestimmt, Mineralien aufzuschließen, außerdem können sie für die Tiere eine medizinische Wirkung haben. Wir haben viel Spitzwegerich in der Mischung, die Futterzichorie, eine trockenresistente Wegwarte mit Pfahlwurzel, oder auch die Pimpinelle, ein einst weitverbreiteter und inzwischen fast vergessener Doldenblüter, der viel Vitamin C enthält und entzündungshemmend wirkt.

Je mehr Struktur wir auf den Feldern haben, desto mehr sorgen auch Folgearten für mehr Diversität. In hohem Gras leben mehr Insekten, mit mehr Insekten kommen auch die Vögel wieder. Im Gras leben Mäuse, und wenn die Rinder einen Teil des schützenden Grases gefressen haben, wittern plötzlich die Greifvögel ihre Gelegen-

die Kräuter

heit und stürzen sich auf die Mäuse. Das beobachten wir da draußen die ganze Zeit. Seit die Herde da ist, ist es viel lebendiger geworden. Die Tiere haben einen unglaublichen Einfluss aufs Ökosystem. Die Herde hat viel Dynamik hineingebracht. Hier ist viel mehr los als auf einem normalen Acker. Ganze Kaskaden von Biodiversität sind wie von Zauberhand neu entstanden.

Ich begebe mich oft dort hinein. Auch dann, wenn ich eigentlich gar nichts zu tun habe auf dem Acker. Natürlich übernehme ich für die Rinder manche Pflichten und versetze die mobilen Zäune, wenn die Kollegen mal im Urlaub sind. Aber ich gehe auch mitten in die Herde, wenn ich stressige Gespräche hatte. Dann stelle ich mich zwischen die Kühe und höre ihnen beim Grasen zu. Das ist die beste Meditation überhaupt! Oder ich nehme ein Telefonat, von dem ich weiß, dass es etwas fordernder, anspruchsvoller sein wird, aus der Herde heraus entgegen. Das macht mich gleich souveräner!

Trotz dieser Nähe haben die Tiere von mir keine Namen bekommen. Bruno hieß schon vorher Bruno. Zora und Greg entsprangen allein der Inspiration von Birger und Danel. Und der Name Ferdinand rührt von einer Abstimmung her, zu der ich über meinen Instagram-Kanal aufgerufen hatte. Vielleicht hat meine emotionale Distanz damit zu tun, dass ich persönlich für den Tod unserer Rinder verantwortlich bin. Das klingt nach all der heilen Welt, die wir versuchen, in Madlitz wieder auferstehen zu lassen, nach einem Bruch. Aber so sehe ich es nicht. Der sogenannte Weideschuss, den ich alle paar Wochen aus vier Metern Entfernung abgebe, ist eine für das Tier stressfreie Art des Sterbens mitten auf der Weide im Kreise seiner Artgenossen. Es ist eine Fortführung dessen, wofür wir uns in unserer täglichen Arbeit einsetzen – Achtung und Respekt vor dem Mitgeschöpf. Ich bin der Erste, der dieses Mitgeschöpf als Kalb im Arm hat und ihm eine Ohrenmarke setzt, und ich bin später derjenige, der es tötet. Für mich, der schon als Kind mit auf die Jagd gegangen ist, war das immer ein Teil des Lebens. Ja, so ein Weideschuss ist ein bewegender Moment, aber er gehört dazu, er ist natürlich. Ich kann mich am Leben des Tieres erfreuen, ich kann mich aber auch an einem guten Produkt erfreuen, wenn ich es genieße oder Freunde und Kunden teilhaben lasse an dem schönen Leben, das das Tier bei uns hatte. Denn das merkt man dem Fleisch an. Und ich esse es auch mit großer Dankbarkeit, habe ich doch hautnah miterlebt, welch wertvolle Arbeit die Tiere auf unseren Äckern verrichten und wie viel Herzblut wir selber jeden Tag in die Arbeit mit den Tieren investieren.

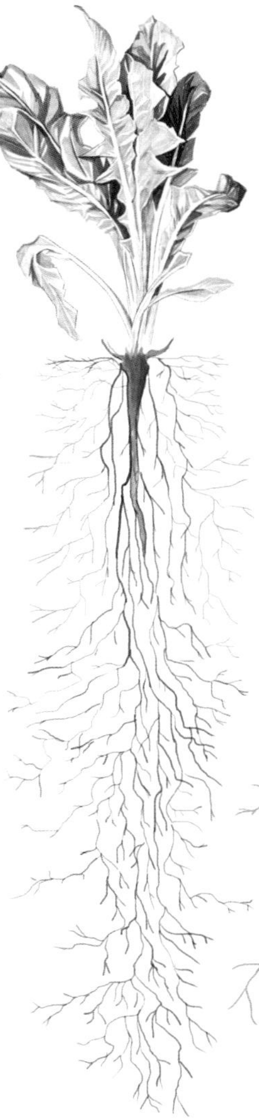

Spitzwegerich (Plantago lanceolata, Höhe bis 60 cm, Tiefe bis 30 cm)
Er gilt als König des Wegesrandes, weil er so viel kann. Seine Inhaltsstoffe haben ihn zu einer beliebten Heilpflanze gemacht, die auch unseren Rindern zugutekommt. Außerdem ist er bei Insekten äußerst beliebt. Spitzwegerich wächst das ganze Jahr über und blüht zwischen Mai und September weiß. Er kommt auch auf extremeren Standorten zurecht, sogar auf sehr verdichteten Böden.

Zichorie (Cichorium intybus, Höhe bis 1,5 m, Tiefe bis 1 m)
Auch unter dem Namen Wegwarte bekannt, bildet sie eine lange, spindelförmige Pfahlwurzel aus und kann daher gut mit Trockenheit umgehen. Die sonnenliebende Pflanze schiebt sich gern über ihre Nachbarn und hat keine Probleme mit Konkurrenz. Beweidung verträgt sie gut. Mit viel Biomasse und besonderen, auch entzündungshemmenden Inhaltsstoffen ist sie wertvolles Futter. Wir Menschen nutzen die Wegwarte in Form von Zichorienkaffee oder Chicorée-Salat.

Pimpernelle (Sanguisorba minor, Höhe bis 60 cm, Tiefe bis 2,5 m)
Sie wird auch Kleiner Wiesenknopf genannt und bringt noch mehr Vielfalt auf die Weide. Die sonnenliebende und robuste Staude wächst wie alle genannten Kräuter mehrjährig, ist wintergrün und kommt mit nährstoffarmen und trockenen Standorten zurecht – nur sollte sie nicht zu oft verbissen werden. Bei Trockenheit ist die Pimpernelle ebenfalls recht ausdauernd. Früher oft auch als Heilkraut genutzt, enthält sie viele Vitamine, Mineral- und Gerbstoffe.

Ich habe Birger mal gefragt, was sein persönlicher Aha-Moment in der Arbeit mit den Tieren war. Und er antwortete mit einer Frage: „*Wo in der Natur liegt der einzige Ort, an dem das ganze Jahr über hinsichtlich Temperatur und Feuchtigkeit perfekte Konditionen herrschen, um Biomasse zu zersetzen?*“ Dieser Ort ist das Verdauungssystem der Wiederkäuer. Selbst wenn wir draußen minus 20 Grad haben oder plus 40 Grad, zersetzen da drinnen Mikroorganismen in den vier verschiedenen Mägen in genialster Weise Grünzeug. Das verstanden zu haben war für Birger wegweisend. Denn mit diesem Verständnis betrachtet man einen Kuhfladen mit ganz anderen Augen. Das Produkt dieses künstlich nicht nachbaubaren Zersetzungsprozesses ist für den Boden ein mit Diversität gefüllter Booster. Kuhfladen sind bereits beim Austritt aus dem Rind Oasen der Artenvielfalt und ziehen – kaum auf dem Boden – weitere Arten an, vor allem Insekten und Vögel. Diese bedienen sich an den Resten der verwerteten Pflanzen, deren Nährstoffe noch zu 90 Prozent im Kot enthalten sind. Von unten kommen Würmer und ziehen die Nährstoffe in den Boden. Zudem beginnen Pilze, sich zwischen Boden und Kuhfladen zu bilden. Das alles würde mit Dung aus klassischen Haltungsformen weniger funktionieren. Kuhfladen aus der industrialisierten Massenhaltung sind quasi tot. Unsere Kuhfladen dagegen beinhalten weder Pestizide, noch stecken Medikamenten-Cocktails in ihnen. Sie sprühen vor Vitalität, bieten Habitate und sind wichtige Bindeglieder zwischen gleich mehreren Nährstoffkreisläufen.

Ein gesunder Kuhfladen ist daran zu erkennen, dass er nicht zu fest und nicht zu flüssig ist. Idealerweise hält sich darin die Wellenstruktur

DARUM IST FLEISCH AUS DEM LABOR KEINE LÖSUNG!

Der Forschung ist es gelungen, verzehrbares Fleisch aus Zellkulturen herzustellen. Es gilt vielen als potenziell nachhaltige Alternative zur „Massentierhaltung“. Wir müssen die Art und Weise drastisch verändern, wie wir Tiere halten. Sie müssen raus auf die Wiesen und Felder und als Mitgeschöpfe behandelt werden. Das ist klar. Wir müssen im globalen Norden auch unseren Fleisch- und Milchproduktverzehr reduzieren. Das ist auch richtig. Wo wir aber vorsichtig sein sollten, ist, in einem synthetischen Ersatzprodukt die Lösung zu sehen. Derzeit wird ein Marketing-Narrativ aufgebaut, dass die Welt mit dem Verkauf dieser Produkte zu retten sei. Gleichzeitig werden die Grundlagen intakter Ökosysteme – unsere Tiere – schlechtgeredet. Wir sollten in dieser Debatte aber nicht vergessen: Es geht beim sogenannten Cultured Meat um die Patentierung von Nahrung. Das hat erst mal nichts mit Weltrettung zu tun, sondern ist ein investorengetriebenes Geschäftsmodell. Ein Blick hinter die Kulissen zeigt, dass viele der großen Landwirtschafts- und Ernährungskonzerne diese Investoren sind. Dieser Versuch, über Technologie ein künstliches, vermarktbares Produkt an die Stelle der natürlichen Kreislauflösung zu setzen, sollte also mit einer gewissen Grundskepsis betrachtet werden. Was könnten wir mit den Milliarden an Euros im Sinne des Umbaus hin zu sinnstiftender Tierhaltung verändern? Die Technologie von „Cultured Meat“ mag durchaus interessante Potenziale haben. Jedoch bräuchten wir dafür einen ethischen Rahmen, wonach diese Technologie etwa Open-Source zur Verfügung gestellt wird und nachhaltig ökologische und soziale Herausforderungen adressiert werden würden.

Buch TIPPS

Holistic Management Handbook
Allan Savorys Lebenswerk! Er erklärt nicht nur die Herkunft seines ganzheitlichen Weidemanagements, sondern gibt konkrete Anleitungen für die Verzahnung von Land, Weidetieren und Finanzen. Das Mantra: planen, überwachen, kontrollieren, neu planen!

Aus toten Böden wird fruchtbare Erde
Der US-Farmer Gabe Brown erzählt, wie ihm die Rettung seines Hofs mithilfe regenerativer Landwirtschaft gelungen ist. Eine große Rolle dabei spielten seine Rinder, die er für den Aufbau des Bodens einsetzte. Vorbildhaft!

Die Kuh ist kein Klima-Killer!
Natürlich sind die Methanausstöße der Massentierhaltung nicht gut fürs Klima. Aber das Problem ist die Massentierhaltung, nicht das Vieh an sich! Es könnte sogar zugunsten des Klimas wirken. Anita Idels Buch rückt das zurecht. Eine Ehrenrettung für alle Wiederkäuer!

Alltags TRICKS

von Birger Paulsen

1 **Kuhfladen entdecken** Wer konnte nicht schon einmal fasziniert dabei zuschauen, wie es auf der Rückseite der Kuh munter herausquillt. Was sich dann auf der Wiese ausbreitet, ist jedoch weit faszinierender. Inmitten des Dungs tummeln sich nach einer Weile Tausende von Insekten, ganz zu schweigen von den Milliarden Organismen. Nehmen Sie sich die Zeit und schauen Sie dem Gewimmel zu! Genießen Sie es, denn das Schauspiel in freier Wildbahn ist selten geworden – Stallhaltung und Medikamente im Futter sind die Gründe dafür. Falls der Hof in der Nähe sein sollte, fragen Sie doch mal, ob Sie einen Kuhfladen mitnehmen dürfen. Damit können Sie Ihren Kompost oder Kompost-Tee impfen. Idealerweise vermehren sich die Mikroorganismen und helfen dem Boden Ihres Gartens auf die Beine.

2 **Kontakt mit Kühen** Als Querfeldeinwanderer kann man schon mal plötzlich vor einer Kuh stehen. Was tun? Der Verlauf dieser Begegnung hängt sehr von Temperament und Instinkten des Tiers ab. Daher: Auch wenn Sie tierlieb sind, gehen Sie nicht einfach so auf fremde Kühe zu! Sind die Kühe hinterm Zaun und kommen sie zutraulich zu Ihnen, mögen sie es sehr, gekratzt zu werden. Ist man etwas mutiger, lässt man sich mal die Hand ablecken. Die Zunge fühlt sich krass an! Bei scheuen Tieren hinterm Zaun können Sie einen Trick anwenden, indem Sie sich leicht abwenden oder hinknien, eventuell trauen sich die Kühe dann zu Ihnen. Direktes Anschauen baut jedenfalls Druck auf, und generell gilt: Bewegen Sie sich immer langsam.

3 **Herkunft checken!** Qualitätsvolle, nachhaltige Ernährung setzt meist eigene Recherchen voraus. Besonders dann, wenn einem Faktoren wichtig sind, die nicht per Siegel ausgezeichnet werden – wie eine Weidehaltung, die den Bodenaufbau in Betracht zieht. Der beste Weg, dies herauszufinden, ist daher die klassische Kommunikation mit dem Landwirt. Hat man ihn (oder sie) ermittelt, gilt es, die richtigen Fragen zu stellen. **Zuerst:** Werden die Rinder auf der Weide gehalten? **Dann:** Ist die Weide nur Auslauffläche oder fressen sie dort lebendige Pflanzen, die ihnen als hauptsächliche Nahrungsquelle dienen? **Zuletzt:** Stehen die Rinder nur herum oder wechseln sie die Flächen? Dreimal ein Ja wäre schon mal viel wert. Wunderbar wäre es natürlich, wenn die Landwirtin sofort mit der Information um die Ecke käme, das Prinzip des Mob Grazing anzuwenden und ein Poster von Allan Savory überm Bett hängen zu haben.

Der Marktgarten oder neue Zugänge zum Boden

Je mehr ich zu den Möglichkeiten des Bodenaufbaus recherchierte, zu den Varianten regenerativer und multifunktionaler Landwirtschaft, zu der Vielzahl alternativer Anbaumethoden, desto mehr wurde mir bewusst, in welch spektakulären Kosmos ich da eigentlich eingetaucht war. Er ist unglaublich divers, vielschichtig, kreativ, überraschend, unendlich reich an Optionen, die ich auch für Madlitz würde ausprobieren können, die aber unmöglich allein zu stemmen wären. Daher kam in mir recht früh der Gedanke auf, nicht immer alles selbst machen zu müssen, sondern über andere Wege Projekte auf dem eigenen Land entstehen zu lassen. Projekte, die zwar zu uns passen, aber von anderen Menschen, Pionieren, Gründern vorangetrieben würden. Mit ihnen könnte man kooperieren. Sie könnten unseren Weg um neue Facetten bereichern. Zugleich wusste ich, dass ein wichtiger Baustein für die Renaissance der Landwirtschaft der Zugang zu Flächen ist, andererseits genau dieser Zugang hierzulande blockiert ist und ein riesiges Hemmnis darstellt. Viele junge Leute brennen darauf, etwas außerhalb der urbanen Räume aufzubauen, holen sich aber auf der Suche nach Land blutige Nasen. Warum also nicht jemandem ein paar Hektar per Pacht zur Verfügung stellen und so eine weitere Vision ermöglichen mit der Hoffnung auf eine Symbiose, die uns beiden nutzt?

Auf viele solcher Leute traf ich im November 2018 in Kiel. Dorthin gelockt wurde ich von einer Tagung mit dem langen Titel *„Biointensive Landwirtschaft, Marketgardening und Microfarming“*, für die sich Jean-Martin Fortier, einer der Vorreiter

AnNE & Deacon

des Market Gardening, angekündigt hatte. Nach seinem wirklich sehr gut besuchten Vortrag in einem der Uni-Hörsäle gab es sogenannte Postleitzahlentreffs in mehreren kleinen Räumen. Teilnehmer aus derselben Region sollten sich so treffen und vernetzen können. Der Raum mit meiner Postleitzahl war ziemlich gefüllt, und reihum begannen die anderen zu erzählen, was sie so machen und warum sie hier sind. Die meisten hatten vor, einen Marktgarten anzulegen – ich erkläre gleich genauer, was das ist –, um Gemüse anzubauen und es im Direktvertrieb unter die Leute zu bringen. Nachdem fast alle ihre Ambitionen dargelegt und berichtet hatten, auf der Suche nach dem notwendigen Land zu sein, um endlich loslegen zu können, war ich an der Reihe. Und dann stand ich da und sagte: *„Ich bin Benedikt aus Ostbrandenburg und leite einen Betrieb mit 3000 Hektar.“* Autsch. Der saß. Ich schaute in die Runde und sah äußerst skeptische Blicke, symbolisierte ich mit meinem Großbetrieb wohl das, was viele als das Kernproblem ansahen. *„Und“*, schob ich hinterher, *„ich suche nach Kooperationsmöglichkeiten und nach Menschen, die Lust haben, etwas Neues mit mir aufzubauen.“* Die Vorstellungsrunde ging weiter, und ich versuchte einigermaßen cool zu bleiben, die Rolle als Außenseiter war mir nicht fremd. Ich hätte mich aber sicher noch deutlich wohler gefühlt, hätte ich in diesem Augenblick schon gewusst, dass ich dort mit Anne Kaulfuß und Deacon Dunlop zwei der tollsten Menschen überhaupt treffen sollte. Sie kamen im Anschluss direkt auf mich zu. Auch sie erinnern sich noch recht gut an diese erste Begegnung. *„Wir dachten, dort wären nur Leute wie wir, aber dann saß da eben auch Benedikt, der erzählte, dass er ein bisschen Land hätte und motivierte Leute sucht, weil er vorhat, bei sich so einen Mikrokosmos aufzubauen“*, sagt Anne, die da bereits zusammen mit ihrem Lebensgefährten über ein Jahr lang vergeblich rund um Berlin nach kleineren Ackerflächen gesucht hatte, um mit einem Marktgarten durchzustarten.

Bevor die Geschichte mit den beiden weitergeht, erst einmal die Antwort auf die Frage, was Market Gardening überhaupt ist: Es ist der totale Gegenentwurf zur intensiven, chemiegestützten, großflächigen Landwirtschaft mit schwerem Gerät. Market Gardening ist der Humus aufbauende und den Boden schonende Anbau vor allem von Gemüse auf kleinen Flächen. Der Anbau geht mit der arbeitsintensiven händischen Zuwendung zu den vielfältig gesetzten Pflanzen einher, der sich auch deshalb lohnt, weil er sehr effizient auf engem Raum ganzjährige Ernten bringt. Am Ende steht oft die Direktvermarktung dieser Ernten an den Kunden, ohne Zwischen- oder Großhändler.

Market Gardening

Viel zu ernten: Anne inmitten eines Basilikumbeets des (noch) klassischen Marktgartens

Die heutigen Lichtgestalten des weltweit wachsenden Market-Gardening-Trends sind der schon erwähnte Jean-Martin Fortier, ein Kanadier von Mitte 40 mit mehreren Farmprojekten in Quebec, sowie der US-Amerikaner Eliot Coleman, der, inzwischen Mitte 80, im Bundesstaat Maine seit über 50 Jahren Biogemüse anbaut. Beide haben mit ihren Büchern die alternative Landnutzungsform des Market Gardening ungeheuer inspiriert. Coleman setzte 1989 mit The New Organic Grower ein Zeichen, 2017 brachte sein Bewunderer Fortier *The Market Gardener* heraus. Zudem sind beide sehr unterhaltsame Redner. Von Fortier blieb mir der schöne Aphorismus im Kopf, die „Massenproduktion“ ersetzen zu wollen mit der *„Produktion durch die Massen“*. Und wenn Coleman spricht, erinnern mich seine Ausführungen irgendwie an Madlitz: *„Wir haben nur anderthalb Hektar Gemüseanbau. Der Boden, mit dem wir anfingen, war so wenig vielversprechend, dass ich einen guten Teil meines Lebens gebraucht habe, um diese anderthalb Hektar so weit zu bringen, dass ich sie bewirtschaften konnte. Aber letztes Jahr haben wir mit den Produkten, die auf dieser Fläche wuchsen, 165.000 Dollar gemacht“*, sagte er dem Portal Eco Farming Daily. *„Wenn Ihnen also jemand sagt, dass Bio die Welt nicht ernähren kann, dann hat er nicht aufgepasst. Wir ernten dreifach, sogar auf einigen unserer Außenfelder. In den Gewächshäusern erzielen wir sechs Ernten im Jahr. Nach der Ernte entfernen wir die Rückstände, bringen mehr Kompost auf und setzen noch am selben Nachmittag neue Pflanzen ein. Wir halten alles in Bewegung.“*

Doch auch Fortier und Coleman haben das Rad nicht neu erfunden. Coleman etwa hat sich auf mehreren Reisen in Europa inspirieren lassen, zumal unser Kontinent als Heimat des Market Gardening gilt – auch wenn vieles verloren gegangen ist. Bereits im Mittelalter siedelten sich kleine Landwirtschaften rund um die wachsenden Städte an, um die täglichen Bedürfnisse der Einwohner zu bedienen. Vor allem von Frankreich, Belgien und den Niederlanden her breitete sich diese natur- und menschennahe Form von Anbau und Verkauf aus. In der heutigen Zeit, wo Flächen Gold wert sind und nicht selten zu großen Strukturen gehören, ist die Rückkehr zu der alten Tradition schwierig.

Umso mehr war mir daran gelegen, Anne und Deacon recht schnell nach unserer ersten Begegnung wiederzusehen. Vorher hatten sie mir mitgeteilt, was genau sie suchten, und als sie wenige Tage später in Madlitz auftauchten, konnte ich ihnen direkt ein paar Stücke Land zeigen, die meiner Ansicht nach infrage kommen würden. Ein Marktgarten hat zwar eine gewisse Geometrie, aber darin ist er weit flexibler als eine großflächige Landnutzung, wo mit Maschinen gepflügt, gesät und geerntet wird. Die Flächen, die ich ausgesucht hatte, waren also solche, die aufgrund verschiedener natürlicher Elemente so ungünstig geschnitten waren, dass wir mit den Traktoren nur mehr Verdichtung des Bodens anrichteten und ihm eigentlich nie gerecht werden konnten. Ich zeigte Anne und Deacon ein paar von diesen Orten, merkte aber sehr schnell, dass ich etwas zu kurz gedacht hatte. Denn was die beiden zusätzlich brauchten, waren nahe gelegene Strom- und Wasseranschlüsse, und die waren im Doppel nirgendwo gegeben. „*Gut*", sagte ich, „*dann habe ich jetzt nur noch eine Stelle für euch.*" Und die war es. „*Wir sind drei Stunden mit dir*

rumgefahren", erinnert sich Anne, *„und wir dachten schon, dass es wieder umsonst sein würde. Aber beim letzten Stopp fühlten wir sofort: Das ist es!*" Wir hielten an einer Fläche am Rande des Ortsausgangs, auf der wir bisher Getreide angebaut hatten. Vorgelagert, direkt an der Straße, ein stark lädiertes Haus aus Vorkriegszeiten, aber immerhin könnte man hier einen Stromanschluss hinlegen. Auf dem Grundstück befand sich auch ein alter Brunnen, der noch intakt war und an den die beiden ihr Bewässerungssystem würden anschließen können. Und nicht zuletzt war da dieser Wink des Schicksals, den sie in einem der Zimmer des verlassenen Hauses bekamen. Wir waren aus reiner Neugier hineingegangen. Auf einer der Wände im ersten Stock klebte vom Boden bis zur Decke eine uralte Fototapete, die einen Traumstrand bei Sonnenuntergang zeigte – und die beiden wollten ihr Projekt Ackerpulco nennen. This was it!

Trotz aller Sympathie für die beiden, trotz aller Wärme und Herzlichkeit und der Begeisterung, die sie ausstrahlten, hatte ich großen Respekt vor dieser Entscheidung, weil sie mit nicht unwesentlichen Risiken einhergeht. Madlitz ist meine Heimat und die meiner Familie, aber eben auch die Heimat der weiteren 300 Einwohnerinnen und Einwohner. Wenn ich neue Menschen zu uns bringe, dann leben sie mit uns, dann gehören sie dazu, auch wenn sie ihren eigenen Betrieb führen, das muss also menschlich komplett passen. Daher ließ ich noch ein knappes Jahr ins Land gehen, in dem wir uns immer wieder trafen und gegenseitig die neuesten Erfahrungen und Ideen berichteten. Ich wollte einfach – so gut es geht – verstehen, ob sie es wirklich ernst meinten. Nicht zuletzt die hervorragenden Apfeltaschen, die sie mir immer wieder mitbrachten, ließen meine Zweifel und Sorgen schrumpfen. Zu schön war auch damals schon die Vorstellung, wie solch ein Market Garden aussehen würde und wie geil es wäre, „eigenes" Gemüse aus Madlitz essen zu können. Als ich meine Entscheidung getroffen hatte, bat ich meinen Vater sowie Thomas, einen unserer Landwirte, auch noch einmal ins Gespräch zu gehen mit den Ackerpulcos. Ich kannte die Herren als harte Brocken, aber danach waren sie geradezu sanftmütig.

Im verlassenen Haus auf ihrem Pachtgrundstück stießen die zwei von Ackerpulco auf diese Wandtapete. Endlich Urlaub!

Anne und Deacon sind studierte Biologen, arbeiteten damals aber in der Berliner Veranstaltungsbranche und absolvierten zur Zeit unseres Kennenlernens bei einem anderen Betrieb eine Art Dauerpraktikum, um sich alle Handgriffe anzueignen. Sie bildeten sich weiter, lasen viel, gingen zu Vorträgen. Ende September 2019 konnte ich ihnen feierlich den Schlüssel zum Gelände überreichen – ein gutes Stück Arbeit lag nun vor ihnen. Was sie da quasi aus dem Boden stampften, ist übrigens ein veganer Marktgarten, das heißt, sie nutzen keine tierischen Zusätze, beispielsweise um zu düngen. Ich fand das immer spannend: ein noch mal komplett anderer Ansatz, um die eigenen Kreisläufe zu schließen! Wenn ich mich daran erinnere, wie sie auf dieser Fläche angefangen haben, kann ich nur eingestehen, dass ich mir das niemals hätte vorstellen können. Sie arbeiten härter als alle, die ich kenne, abgesehen vielleicht von meiner Mutter. Gerade haben wir den Pachtvertrag und damit unsere Zusammenarbeit verlängert. Das Treffen dazu – natürlich mit Apfeltasche – war eines der Highlights meines Jahres. Es ist unglaublich, was man alles mit großartigen Menschen auf so vielen Ebenen aufbauen und erreichen kann. Aber jetzt reicht's erst mal. Jetzt seid ihr dran!

Und ab damit in die Biokiste: Anne und Deacon mit frisch geerntetem Grünkohl

Wie seid ihr eigentlich darauf gekommen, mit dem Market Gardening ein völlig neues Business und damit auch ein völlig neues Leben beginnen zu wollen?

Anne: *Wir hatten bereits einen klitzekleinen Schrebergarten in Berlin und überlegten, wie wir selbstversorgermäßig das Maximum dort herausholen könnten. Im Netz sind wir dann über einen Vortrag von Jean-Martin Fortier gestolpert, in dem er das Konzept des Marktgartens erklärte. Das war wie so ein Lichtstrahl, der durch die Wolkendecke bricht. Ein Moment der Entdeckung, der Erkenntnis. Seit wir das gesehen hatten, stand fest: Das wollen wir machen! Fortiers Buch war zu Beginn unsere Blaupause, aber uns war auch schnell klar, dass wir mit deutlich weniger Input experimentieren wollen. Marktgärten, die aktuell ja sehr populär sind, sind sehr inputlastig. Da wird zum Düngen teils tonnenweise Kompost bestellt. Andere pflanzen ihr Gemüse in durchlöcherte Plastikbahnen, um kein Unkraut aufkommen zu lassen. Wir sind aber angetreten, unsere Fruchtbarkeit, unsere Nährstoffe einzig über die Fläche selbst zu erzeugen, indem wir viel mit Untersaaten, Gründüngung, Mulch und eigenem Kompost arbeiten.*

Deacon: *Wir sagen nicht, dass es schlecht ist, von außen Kompost heranzukarren. Manche Böden sind so verarmt, dass man das erst mal machen muss, sonst würden die Pflanzen im ersten Jahr gar nicht*

überleben. Aber leider ist die Qualität von zugekauftem Kompost oft sehr schlecht – Stichwort Mikroplastik! – und somit definitiv keine Bereicherung für den Boden. Wir haben das Glück, dass Laurenz für uns gerade eine Charge Spezialkompost aufgesetzt hat, der hoffentlich im nächsten Jahr unser Bodenleben zusätzlich anspornt.

Anne: *Ja, wie bei dir, Benedikt, ist auch bei uns der zentrale Aspekt der Bodenaufbau. Würden wir uns nicht um den Boden kümmern, würde unser Konzept nicht aufgehen. Die Pflanzen müssen ja durch irgendjemanden versorgt werden. Entweder du hast Junkie-Pflanzen, die über Düngemittel künstlich ernährt werden, aber eigentlich keine Verbindung mehr zum Boden haben, der für sie nur noch eine Art Halteorgan ist. Oder du hast Pflanzen wie in unserem Fall, die gar nichts kriegen. Wir setzen darauf, dass die Bodenbiologie die Rolle der Pflanzenernährung übernimmt. Heute Morgen haben wir in einem uralten Buch über Kompost, das uns Laurenz ausgeliehen hat, gelesen. Die Autorin stellt da einen interessanten Vergleich an. Sie sagt, dass man den Pflanzen mit Stickstoffdünger immer nur ein Gericht anbieten würde, während der Kompost wie ein Restaurant ist, aus dem sich die Pflanzen das auswählen können, was sie gerade möchten oder brauchen.*

Im vergangenen Winter seid ihr noch ein weiteres Stück von der standardisierten Fortier-Blaupause abgerückt. Ihr habt euch transformiert.

Anne: *Ja, das stimmt. Der Standard beim Market Gardening sieht ja so aus: Alle Beete haben eine Arbeitsbreite von 75 Zentimetern, und mehrere Beete bilden zusammen einen Pflanzblock, auch Plot genannt. Bei uns sind es pro Plot 16 Beete mit einer einheitlichen Länge von 30 Metern. Wir haben im ersten Jahr mit fünf Plots angefangen, jetzt sind wir bei zehn. Die Idee war, dass wir eine Oberfamilie in einem Plot wachsen lassen, zum Beispiel Kohl, um dann diesen ganzen Plot gemäß der Fruchtfolge im nächsten Jahr eins weiterrücken zu können. Das klingt ganz praktisch, aber wir müssen natürlich immer wieder an den Boden ran, was nicht gut ist. In der Marktgärtnerei bricht man jedes Jahr den Boden auf, fällt zurück auf eine ganz frühe bakterielle Sukzessionsstufe und fängt im Boden quasi bei null an. Wir haben uns gefragt, wie wir davon wegkommen können. Und da habt ihr uns sehr inspiriert. Wir sind dabei, den ganzen Marktgarten in ein syntropisches System umzubauen. Wir wollen mehrjährige Reihen im Wechsel mit einjährigen Reihen haben. Die Kulturen aller Reihen sollen die syntropischen*

Im klassischen Marktgarten wird in jedem Beet meist nur eine Kultur gepflanzt. Das macht Anbau und Ernte sehr effizient, kann aber die Nachteile einer Monokultur mit sich bringen – wie geringere biologische Diversität im Boden oder höhere Anfälligkeit für Schädlinge. Im syntropischen Marktgarten hingegen wachsen verschiedene Pflanzengemeinschaften neben- und miteinander. Aufgrund verschiedener Erntezeitpunkte durchwurzeln sie den Boden kontinuierlich und fördern damit eine Vielzahl von Bodenorganismen, die ihrerseits die Pflanzen versorgen.

Höhenabstufungen in sich tragen und zu unterschiedlichen Zeiten reif werden. Wie genau man im Sinne der Syntropie Gemüse pflanzen muss, um in unseren gemäßigten Breiten gestaffelt ernten zu können, darüber gibt es nur sehr wenig Informationen. Daran experimentieren wir. Wir kennen aber die Gemüsepflanzen, ihren Platzbedarf, ihre Geschwindigkeit, und machen jetzt in der ersten Saison Testkombinationen. Wir wollen auf jeden Fall diverser sein und damit auch resilienter. Denn, machen wir uns nichts vor, ein ganzes Beet mit Kohl ist auch nur eine Monokultur. Da freuen sich zwar die vielen Kohlweißlinge, aber wir wollen mehr Diversität hineinbringen. Außerdem hoffen wir, dass sich dadurch auch mikroklimatisch etwas verändert, dass in Herbst und Winter der Wind nicht mehr so reinknallt oder es im Sommer mehr Schatten gibt. Dafür werden auch pro Plot zwei Baumstreifen sorgen, mit denen wir in Zukunft planen. Die Bodenbearbeitung wollen wir auf das allernötigste Minimum herunterschrauben, um die Mikrobiologie zu fördern und gleichzeitig unsere eigenen körperlichen Ressourcen pfleglicher zu behandeln.

Deacon: *Du hast uns wirklich sehr inspiriert. Ohne dich gäbe es uns nicht. Ich empfinde Ackerpulco als kleines, aber passendes Puzzlestück in dem Mikrokosmos, den du gerade aufbaust. Es ist ein Wahnsinn, was wir alle in der kurzen Zeit geschafft haben. Wir befruchten uns gegenseitig. Ich glaube auch, es ist ein bisschen Sport, den du mit uns treibst. Du machst immer ein bisschen mehr, und dann denken wir, okay, dann müssen wir auch noch ein paar Schritte weitergehen. Wir spornen uns gegenseitig an.*

Oh ja, ihr seid so was von wichtig für uns! Das ist so schwierig zu beschreiben, wenn ein Projekt oder eine Zusammenarbeit so viel mehr ist als irgendwelche Zahlen. Das Herzblut und die Freude, die ihr in die Produktion der schönsten Lebensmittel steckt, die Art und Weise, wie wir gemeinsam unter dem Wetter leiden, aber alle nicht aufgeben und gute Laune bewahren, das Schmieden von Ideen für die Zukunft, die Veränderung der eigenen Ansätze durch die Verbundenheit und Zusammenarbeit – das ist schon wirklich etwas Besonderes!

Für eine Handvoll Bohnen: Der Vegan-Garten liefert die Proteine in Form von Hülsenfrüchten

Das Gemüse von Ackerpulco wird über Gemüsekisten vermarktet. 2022 waren es etwa 70 Stück, die – per Abonnement – etwa 150 Menschen von Ende April bis Anfang November jede Woche mit Gemüse aus der aktuellen Ernte versorgen. Das Frühjahr bringt zwangsläufig weniger Auswahl, dafür mehr Blattgrün, dann ist die Kiste leichter. Im Herbst ist sie dagegen zum Bersten gefüllt und superschwer, weil noch drei Kürbisse mit drinliegen. Über das Jahr hinweg ist das

So wird das Beet gemacht

Marktgärtner verwenden verschiedene Techniken zur Beetvorbereitung: Ein Gründünger fördert das Bodenleben über den Winter und verhindert Erosion. Den Boden lockert man am besten im bewachsenen Beet zum Beispiel mit der Grabegabel. Möchte man ganz ohne Bodenbearbeitung arbeiten (no till), kann man den Gründünger flach mähen und dann entweder dick mit Kompost mulchen (1. Weg v.o.) oder mit einer Plane abdecken, um die Zersetzung zu fördern (2. Weg v.o.). Wählt man jedoch den Weg der leichten Bodenbearbeitung, kann man den Gründünger mit der Radhacke unterschneiden (3. Weg, Mitte) oder mit dem Einachser sehr flach fräsen (4. Weg v.o.). Alternativ kann man Timing und Gründünger auch so wählen, dass es möglich ist, die Gründüngerpflanzen an der Basis umzuknicken (= crimpen, 5. Weg v.o.) und so eine Mulchschicht zu erzeugen, in die man direkt pflanzen und säen kann.

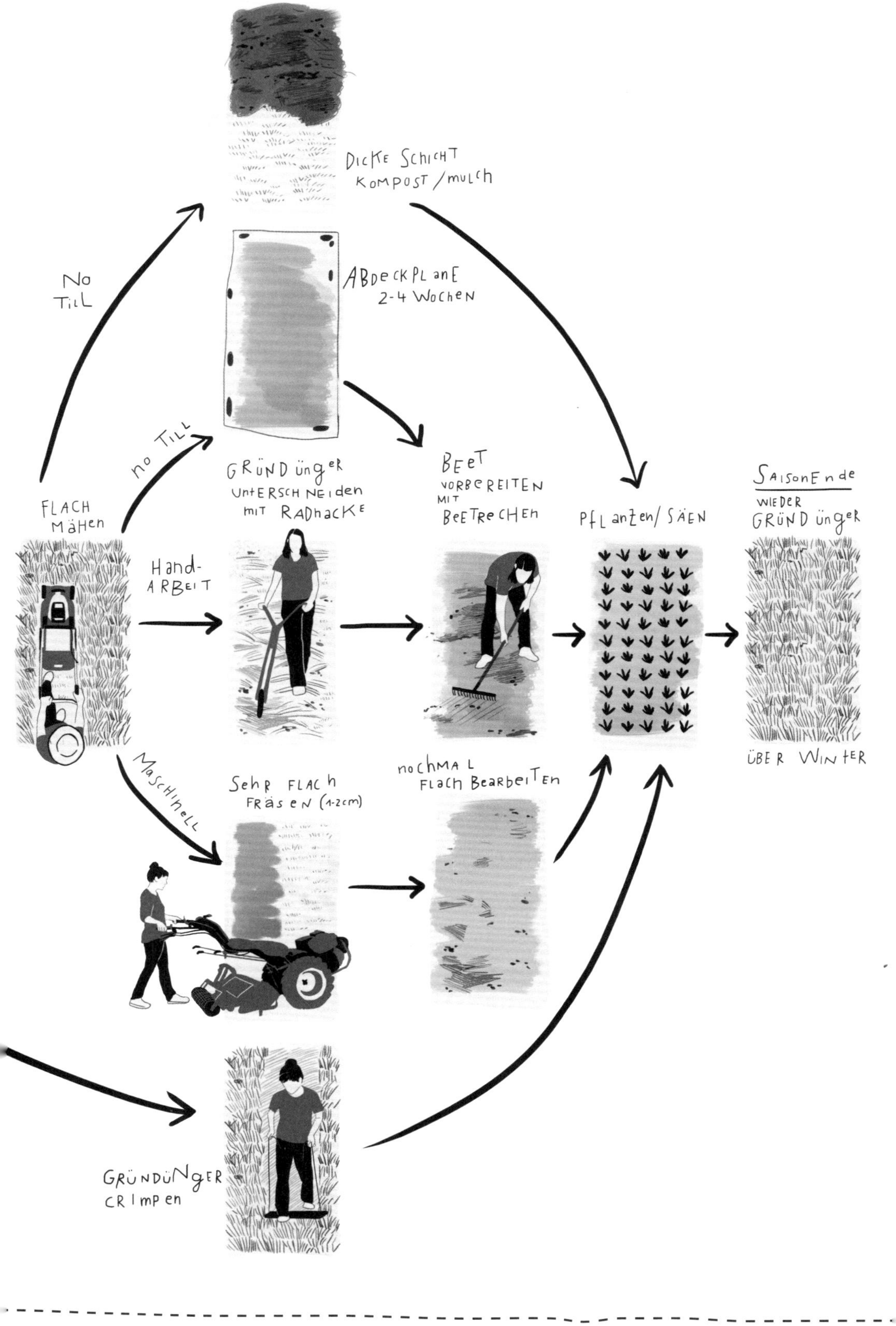
DICKE SCHICHT KOMPOST / MULCH
ABDECKPLANE 2-4 WOCHEN
NO TILL
NO TILL
FLACH MÄHEN
GRÜNDÜNGER UNTERSCHNEIDEN MIT RADHACKE
HAND-ARBEIT
BEET VORBEREITEN MIT BEETRECHEN
PFLANZEN/SÄEN
SAISONENDE
WIEDER GRÜNDÜNGER
ÜBER WINTER
MASCHINELL
SEHR FLACH FRÄSEN (1-2cm)
NOCHMAL FLACH BEARBEITEN
GRÜNDÜNGER CRIMPEN

eine absolut faire Geschichte. Ich könnte mir sogar vorstellen, dass der Wert der Kiste noch höher ist als das, was man vorher bezahlt hatte. Man darf auch nicht vergessen, welche Qualität man bekommt: Ackerpulco ist biozertifiziert, kommt aber aufgrund der Mission Bodenaufbau komplett ohne künstliche Düngemittel oder biologische Insektizide aus, und die Kunden wissen ganz genau, woher ihr Gemüse kommt.
Die Kisten werden nicht vor die Tür geliefert, sondern zu zentralen Abholpunkten in Berlin, wo sie von den treuen Unterstützern abgeholt werden können. Ein solches Abo-Modell gibt Anne und Deacon Planungssicherheit, und der Betrag deckt ihren Aufwand über das Jahr hinweg. Die beiden sind für mich aber auch Vorbilder für eine an die Situation der Erde angepasste Lebensführung. Sie sind sehr kreativ darin, mit wenig auszukommen, vieles selber herzustellen und zu reparieren, nahezu keinen Müll zu produzieren. Sie leben hier in Madlitz sehr reduziert, ohne das Gefühl zu haben, auf etwas zu verzichten. Sie selbst nennen es Minimalismus, und

sie lieben als gelernte Großstadtmenschen inzwischen den Rhythmus der Natur, mit der sie Seite an Seite leben. Auf dem Grundstück, das der Gartenfläche vorgelagert ist, haben sie sich eine Art Tiny House zusammengebaut. Im Kern besteht es aus einem Mobilheim holländischer Produktion, das sie über eine Kleinanzeige entdeckt hatten. Es ist schlicht, aber unglaublich gemütlich und hat alles, was man braucht. Und draußen zieht kein Wachhund seine Runden, sondern ein Wachschaf, genauer gesagt ein Bock namens Bibo. Ihn hatten wir dort vor längerer Zeit mal zum Gräserfressen eingesetzt. Während sich seine Kolleginnen wieder einfangen ließen, weigerte sich Bibo schlichtweg, das Areal wieder zu verlassen. Vermutlich ahnte er damals schon, dass die goldenen Zeiten erst noch kommen sollten.

Neben den Abokisten haben sich Anne und Deacon auch noch andere Wege gesucht, um ihr Gemüse unter die Leute zu bringen. Sie sind Teil einer sogenannten Marktschwärmerei. Über ein Internetportal einigt man sich mit den Abnehmern aus der Region auf die Ware, die bezahlen von der Couch aus, und dann trifft man sich mit ihnen an einem verkehrsgünstigen Ort zur Übergabe. Anne und Deacon müssen immer ein bisschen mehr anbauen, um sicherzuge-

Bo

Bock Bibo und Katze Kiri sind auch mit am Start

hen, dass ihre Abokisten voll werden. Diese Überproduktion können sie dann gut für die Marktschwärmerei nutzen.

Schließlich haben sie auch noch einen Deal mit der *„Plattform 2020 für gute Lebensmittel"*, einem digitalen Marktplatz, der regionale Erzeuger mit Vertretern der Gastronomie und Spitzengastronomie in Berlin zusammenbringt. Über diese Plattform lernten Anne und Deacon den Chefkoch Jonas des Restaurants Merold in Neukölln kennen, den sie mit Klassikern, aber auch Besonderheiten aus ihren Beeten beliefern wie Chilis oder Physalis. Auch Gut & Bösel kooperiert mit dem Merold – darum wird es im Folgekapitel gehen.

Das, was Anne und Deacon der Gesellschaft anbieten, lässt mich immer wieder über unseren Umgang mit der Nahrung nachdenken. Wenn wir ehrlich sind, macht sich eine große Mehrheit weiterhin nicht viele Gedanken über die Lebensmittel, mit denen sie sich und ihre Kinder jeden Tag versorgt. Ernährung hat aber riesige Effekte auf Gesundheit und Wohlbefinden, und das ist wirklich keine neue Erkenntnis. Wer sich gut ernährt, braucht nicht zum Arzt, heißt es. Für diese Haltung steht – genau wie wir – Ackerpulco mit seinem Gemüse. Investierten wir in einen gesunden Boden und damit in gesunde Pflanzen, die am Ende bei uns auf dem Teller landen und in den Schalen unserer Babys, dann ist das doch der größte Wert, den man sich überhaupt vorstellen kann.

Buch TIPPS

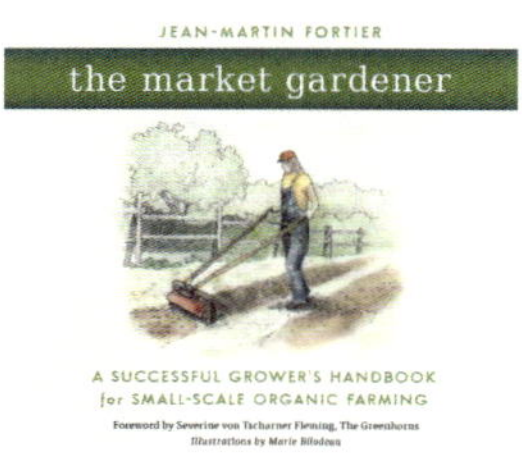

The Market Gardener
Jean-Martin Fortier bietet einen detaillierten und umfassenden Einblick ins Market Gardening und die Methoden, mit geringem technischen Aufwand hohe Erträge zu erzielen. Er liefert Hinweise zu den Geräten und zur ganzjährigen Anbauplanung.

Die Biogarten-Bibel
Eliot Colemans Buch gilt als das Grundlagenwerk für giftfreie, alternative Landwirtschaft. Er zeigt, wie auf wenig Raum ein unabhängiges Betriebssystem mit Gemüseanbau und Haltung von Schafen oder Hühnern geschaffen werden kann.

Will Bonsall's Essential Guide to Radical, Self-Reliant Gardening
Bonsall ist seit 1971 ein Pionier des veganen Anbaus und teilt hier viele Tipps und Tricks auf sehr humorvolle Weise. Es ist kein klassisches Gartenbuch, sondern vielmehr eine Anleitung für ein gutes Leben, in dem sich alles um den Garten dreht.

Alltags TRICKS

von Anne Kaulfuß und Deacon Dunlop

1

Unkräuter und Schädlinge existieren nur im Kopf In der Natur gibt es weder Unkräuter noch Schädlinge, beides sind menschengemachte Konzepte. Beikräuter, so nennen wir sie, signalisieren als Zeigerpflanzen den Zustand des Bodens. Brennnesseln und Melde etwa zeigen einen Nährstoffüberschuss an, den sie in den oberirdischen Pflanzenteilen binden. Ackerschachtelhalm und Disteln zeigen Verdichtungen an, die sie mit ihrem Wurzelnetzwerk versuchen aufzubrechen. Das Beikraut sollte dort, wo es nicht unmittelbar stört, stehen bleiben. Überall da, wo Beikraut nicht erwünscht ist, behebt man zunächst die angezeigte Störung, also zum Beispiel bereits überdüngten Boden nicht noch mehr düngen und verdichtete Bereiche mit der Grabegabel lockern.

2

Laub ist eine der kostbarsten Ressourcen Es macht uns traurig, wenn jeden Herbst tonnenweise Laub wie Müll in Plastiksäcken am Straßenrand entsorgt wird. Dabei hat Laub einen vielseitigen Nutzen für jeden noch so kleinen Garten. Es zersetzt sich über den Winter von ganz allein und setzt dabei kostbare Nährstoffe frei. Mit dem liegen gebliebenen Laub kümmert sich die Natur also um ihren eigenen Nährstoffhaushalt. Laub kann kompostiert werden oder als Mulch die Beete das ganze Jahr über schützen. Stundenlanges Rechen oder ohrenbetäubende und energieintensive Laubbläser wären eigentlich überflüssig. Ganz nebenbei ist ein Laubhaufen auch ein sehr beliebter Überwinterungsplatz für viele Tiere, wie Igel und Insekten, die in keinem Garten fehlen sollten.

3

Wildblumen für die Artenvielfalt Regionale Wildblumenmischungen sind nicht nur wunderschön, sondern unverzichtbarer Lebensraum für unzählige Insekten. Wildblumen im Beet oder Balkonkasten bieten vielen stark bedrohten Arten wie den Wildbienen ein willkommenes Buffet. Das Saatgut kauft man am besten bei lokalen Wildblumen-Vermehrern, die wissen, welche Arten für welchen Standort geeignet sind. Lokalität und Angepasstheit sind wichtig. Nur so kann die dort heimische Flora und Fauna maximal gefördert werden. Auf lehmigem Boden wachsen ganz andere Pflanzen gut als auf einem sandigen. An einem feuchten, schattigen Platz wachsen andere Wildblumen als in einer trockenen, sonnigen Ecke. Generell gilt: Je diverser die Mischung, desto besser!

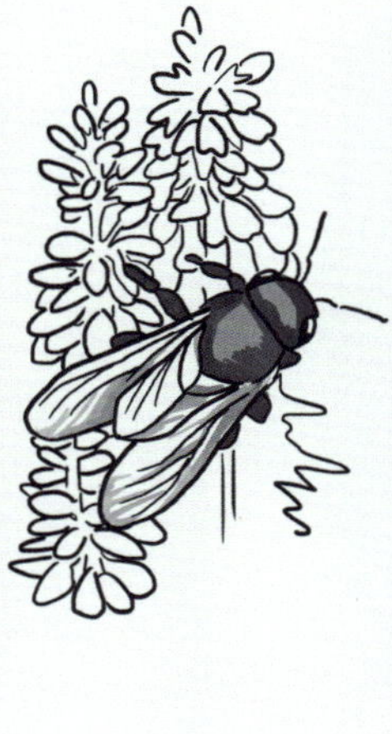

Vom Acker zum Teller oder die neue Nähe zur Nahrung

Wenn wir uns im Supermarkt auf die Suche nach Mehl machen, stehen wir irgendwann vor diesem Regal mit den neutral gehaltenen Papierverpackungen, auf die seltsame Kennziffern gedruckt sind – Type 405, Type 630, Type 997 oder Type 1150. Klar, irgendwann hat man begriffen, dass die Nummern den Ausmahlungsgrad des jeweiligen Korns angeben. Je feiner gemahlen, desto weniger Mineralstoffgehalt, je gröber, desto mehr. Aus dem 405er-Weizenmehl macht man eher feinen Kuchen, aus dem 997er-Roggenmehl eher zünftiges Mischbrot. Aber was erfahren wir sonst über das Mehl, das wir kaufen und zu Hause verbacken? Nicht viel. Ist das nicht seltsam: Während landwirtschaftliche Produkte wie Fleisch inzwischen weit sensibler konsumiert werden als noch vor ein paar Jahren und immer mehr Menschen sich dafür interessieren, auf welcher Weide „ihr" Rind gestanden hat oder wo „ihre" regionalen Tomaten wachsen, wissen wir über eines der am weitesten verbreiteten Lebensmittel fast gar nichts.

2021 wurden in Deutschland 21 Millionen Tonnen Winterweizen geerntet, im Erntejahr 2020/2021 hierzulande pro Kopf allein 70 Kilogramm Weizenmehl verbraucht. Das sind gigantische Mengen, und auch bei uns in Madlitz stellt der Verkauf von Getreide den Hauptumsatz dar. Bislang verkaufen wir unser Getreide – Weizen, Dinkel, Roggen, Hafer – an den Bio-Großhandel, wo es dann – je nach Qualität – in den Einzelhandel, an Großbäckereien oder

Lea

ins Tierfutter geht. Für die Käuferinnen und Käufer gibt es außer dem Biosiegel keine erkennbare Besonderheit. Das vom Madlitzer Acker stammende Mehl steht anonym neben anderen ebenso anonymen Mehlen. Das Kommodifizieren von landwirtschaftlichen Produkten, also das Handeln von anonymen austauschbaren Produkten, ist eines der großen Probleme des heutigen Ernährungssystems. Das muss sich ändern. Beim Bemessen der Qualität von Getreide werden unter anderem unterschiedliche Backeigenschaften getestet. Die heute fast ausschließlich industrialisierte Brot- und Brötchenherstellung benötigt für die standardisierte und mechanische Teigverarbeitung immer die exakt gleichen Werte. Wenn dein Getreide etwa aufgrund des Wetters in jenem Anbaujahr andere Backeigenschaften aufzeigt, wird es als minderwertig eingestuft. Das bedeutet, du bekommst einen geringeren Preis, und das Getreide geht ins Tierfutter. Dabei ist es gar nicht minderwertig, sondern entspricht nur nicht der Industrienorm. Es deswegen an Tiere zu verfüttern ist mehr als schade, denn jede Bäckerin und jeder Bäcker, die ihr Handwerk verstehen, könnten daraus die besten Brote machen. In der Welt des Getreides gibt es fast so viel zu entdecken wie im Boden!

Ich habe das Glück, in meinem Team eine Frau zu wissen, die sich für Getreide begeistern kann, sogar behauptet, schon immer *„von Mehl geträumt"* zu haben, und die mir schon beim Bewerbungsgespräch vorschlug, doch am besten in eine eigene Mühle zu investieren. Diese Frau heißt Lea Ligat, und ihre Idee war durchaus sinnvoll, denn in Deutschland haben wir seit Jahren ein Mühlensterben zu beklagen. Hätten wir eine eigene, könnten wir uns auch in diesem Bereich unabhängig machen. Aber die Investition wäre – zumindest jetzt – noch zu groß. Trotzdem ist mit Lea – sie leitet unter anderem unser Produktmarketing – neuer Schwung in die Vermarktung gekommen. Sie hat wie keine andere verstanden, wie wichtig es ist, auch die tagtäglichen Produkte, die uns absolut selbstverständlich geworden sind, aus der Anonymität herauszuholen, ihnen ein Gesicht zu geben und damit unsere Art Landwirtschaft populär zu machen.

Um dieses Kunststück bei so einem Massenprodukt wie Getreide bzw. Mehl hinzubekommen, braucht man Partner. Unser Partner bei dem Versuch, Weizen- und Dinkelmehl zusammen mit einer Geschichte in die Supermärkte zu bekommen, heißt Followfood. Von unseren Freunden von Followfood hatte ich ja bereits zu Beginn des Buchs geschwärmt. Sie sind Unterstützer der ersten Stunde und haben nun mit uns eine Mehl-Serie in die Regale gebracht. Dafür kauften sie uns 2022 erst einmal einen kleinen Teil der Getreideernte ab, die auf unserer allerersten Agroforstfläche gewachsen war – 25 Tonnen Weizen und 20 Tonnen Dinkel, eine Menge, die auf zwei Lastwagen passt. Wir kümmerten uns um den Transport; den Rest, inklusive der schwierigen Suche nach einer passenden Mühle, erledigte Followfood. Für die Folgesaison konnten wir schon größere Maßstäbe vereinbaren.

Das Besondere ist nun, dass auf der Verpackung unseres Mehls keine trostlosen Zahlenangaben von Ausmahlungsstufen zu lesen sind, sondern groß gedruckte, eingängige Slogans. *„Back dir eine bessere Welt"* oder *„Sein Anbau ährt die Natur"* steht da etwa über der Abbildung von ein paar Weizen- oder Dinkelähren. Im Kleingedruckten wird unter anderem über die Herkunft

Eine unserer großen Ackerflächen während der Roggenernte. Noch haben sie die Weitläufigkeit klassischer Landwirtschaft

des Getreides aufgeklärt, über die Mühle und über den Begriff der regenerativen Landwirtschaft. Unser Mehl kostet zwar ein paar Cent mehr als andere Biomehle, aber wir wollten ganz bewusst kein superteures und hippes Spezialprodukt schaffen, welches wieder nur neue Hürden schafft, sondern eines, das direkt in die Masse geht. Eine Mehlpackung als trojanisches Pferd für unsere Botschaft sozusagen! Wie schon erwähnt, hängen die Backeigenschaften von Mehlen immer extrem stark vom Anbaujahr ab. War es zu trocken oder zu feucht? War das Getreide mit ausreichend Nährstoffen versorgt? Auf welcher Art von Boden ist es gewachsen? Welche Sorte von Dinkel oder Weizen war es? Welche Kulturen wuchsen in den Baumstreifen daneben? Sollte diese Besonderheit nicht eigentlich ein Qualitätsmerkmal sein? Würden wir bei Mehl nur so denken wie bei Wein! *„Uh, das Dinkelmehl aus Madlitz, sortenrein, Jahrgang 2021/22. Schmeckt besonders kraftvoll und nussig, war ja auch dieser extrem heiße Sommer!“*

Das Beispiel Mehl steht exemplarisch dafür, dass gerade Produkte, die vielfältig verarbeitet und häufig verzehrt werden, die idealen Transporteure von Inhalten sein können. Das Schöne ist, dass wir uns als Betrieb, der multifunktionale Landwirtschaft und Forschung betreibt, Gedanken machen müssen darüber, wie Produkte vermarktet werden können, und vor allem, wie wir wieder mehr Wertschöpfung für Landwirtinnen und Landwirte im ländlichen Raum aufbauen können. Das ist eine große Herausforderung, aber auch eine große Chance: Wir haben eben mit unseren Produkten die Möglichkeit, Geschichten zu erzählen und Menschen wieder zurück zur Natur und zur Landwirtschaft zu bringen. Dafür braucht man natürlich Abnehmer, Verarbeiter und Vertriebspartner.

Ich möchte von einem zweiten Beispiel berichten, das zeigt, wie kreativ wir bei der Suche sein müssen. Mitten durch unsere Sommerweide führt ein alter Feldweg, der rechts und links von wunderschönen Apfelbäumen gesäumt wird. Es sind genau 110 Stück, die mein Stiefgroßvater Finckenstein hier vor etwa 30 Jahren pflanzen

Lea inmitten eines Blühstreifens, dessen Diversität eine Vielzahl von Insekten anlockt

ließ. In manchen Jahren haben wir eine magere bis gar keine Ernte, beispielsweise wenn es Spätfrost gegeben hat, in anderen Jahren tragen die Bäume jedoch große Mengen. Wie in jenem Sommer 2021, als Lea bei uns anfing. Wir ernteten über zwei Tonnen und hatten uns vorgenommen, diese zu Apfelsaft zu verarbeiten. Also organisierten wir uns eine mobile Mostquetsche – und merkten relativ schnell, dass irgendetwas nicht stimmte. Der Saft verwandelte sich nämlich in eine zähe Substanz: Apfeldicksaft. Der Grund: Wir hatten das Obst zwei Wochen zu früh in die Quetsche geworfen und standen nun vor einem Problem, denn der Dicksaft war natürlich nicht so einfach vermarktbar, wie es der Apfelsaft gewesen wäre. Prompt bekam Lea ihren ersten Auftrag: *„Das ist doch viel zu schade, um es wegzuschütten. Überleg dir mal was!“* Aber, ich gebe zu, es gibt Leichteres, als einen Abnehmer für 2000 Liter Apfeldicksaft zu finden!

Eines Tages schauten der mit uns befreundete Restaurantchef Jonas Merold und sein Mitarbeiter Paul auf unserem Hof vorbei, und plötzlich fiel Lea ein: *„Wir haben hier diesen Dicksaft, und ich weiß nicht, was wir damit machen sollen. Ihr vielleicht?“* Die beiden nahmen etwas davon mit nach Berlin, Paul fügte dort bestimmte Enzyme, sogenannte Pektinasen, hinzu, die den Dicksaft wieder dünn machten, und fermentierte ihn, um danach Gin daraus zu brennen. Lea war fasziniert von der Idee, unseren Dicksaft in eine Spirituose zu verwandeln, sie hielt das für eine wahnsinnige Aufwertung. Da aber Jonas in seinem Restaurant Merold mit der großen Menge überfordert gewesen wäre, machte sich Lea auf die Suche nach Spezialisten mit einer entsprechenden Infrastruktur. Sie stieß auf eine Brennerei im Breisgau, und der Austausch mit den Experten führte dazu, dass aus dem Gin schließlich ein Calvados wurde, ein im Holzfass gereifter Apfelschnaps. Wenn das keine Karriere für einen Apfel ist!

Nichttrinkern sei eine weitere Geschichte erzählt. Im Unterbau unserer Agroforstsysteme wachsen Kräuter. Sie haben in den syntropisch angelegten Ökosystemen eine Funktion als Biomasseproduzenten, Wachstumsimpulsgeber, Diversitätsaufbauer und Bodenfütterer und müssen ab und zu gestutzt werden. Darunter ist auch der Estragon. Als wir neulich vor ein paar Kilogramm dieses sehr aromatischen und buschig wachsenden Krauts standen, war es wiederum Jonas, der es uns abnahm. Er machte knallgrünes Estragon-Öl daraus, mit dem er nun die Gerichte in seinem Restaurant verfeinert.

Für mich ebenso großartige Geschichtenerzähler sind unsere Rinder. Ihr Fleisch ist nicht nur Teil einer Mahlzeit, die besonders gut schmeckt, es berichtet auch von dem gesamten Kosmos, den wir in Madlitz geschaffen haben. Es erzählt von dem erfüllten Leben, das die Rinder hier gehabt haben, von artgerechter Haltung inmitten der Natur, von Liebe, Achtung und Wertschätzung für das Mitgeschöpf, aber auch von Nährstoffkreisläufen, Bodenaufbau und Pflanzenwachstum. Und es ist nicht nur das Fleisch dieser Rinder, das diese Geschichten erzählt. Im Sinne des From-Nose-To-Tail-Prinzips möchten wir, dass alle Teile des Rinds verwertet werden. Dazu gehört die Haut, aus der Lederprodukte gefertigt werden, genauso wie die Achillessehnen, die in bestimmten Restaurants als Spezialität auf den Tisch kommen. Jedes Teil vom Tier erhält so eine besondere Wertschätzung.

JONAS

Restaurantchef und Kooperationspartner Jonas Merold. Er legt auch Lauch auf den Grill. Manchmal steckt das Besondere in der Einfachheit

Doch unsere Nahrung kann nicht sprechen. Es liegt an uns – und letztlich an jeder Köchin, jedem Koch, ob professionell oder privat –, dass diese Geschichten weitererzählt werden. Wer kocht, sollte gleichzeitig Botschafter sein – Botschafter des guten Geschmacks, der Gesundheit, der Nachhaltigkeit, des Bodens, im Grunde sogar Botschafter von Werten. Wir wissen heute, dass die Landwirtschaft der entscheidende Schlüssel ist, uns selbst und die Umwelt gesund zu halten. Jeder kann dazu ein Stück beitragen: über das Einkaufen, das Kochen, das Einladen von Freunden und das Sprechen darüber am Tisch. Mit dieser Art von kulinarischer Kommunikation stellen wir wieder Nähe her zwischen Menschen und ihrer Nahrung. Das ist extrem wichtig, denn diese Nähe ist mit der auf Masse, Schnelligkeit und Bequemlichkeit ausgelegten Nahrungsmittelherstellung in drastischer Weise verloren gegangen. Eine Nähe, die unseren Großeltern und Urgroßeltern noch intuitiv gesagt hat, was gesund ist und was nicht, was welche Nährstoffe und welche Nährstoffdichte hat und in welchen Lebenslagen dies hilft.

Die Nährstoffdichte – darauf möchte ich in besonderem Maße eingehen – entscheidet maßgeblich über unser Wohlbefinden. Die Pflanzenzüchtung der vergangenen Jahrzehnte war immer darauf ausgerichtet, so viel Masse wie möglich zu produzieren. Nie ging es um Nährstoffdichte, also Gesundheitsaspekte, oder gar um den Geschmack. Das hat dazu geführt, dass die Nährstoffdichte unserer Nahrung – seit vielen Jahren nachgewiesen von zahlreichen Studien – zum Teil drastisch zurückgegangen ist, was zu einer Art *„heimlichem Verhungern"* geführt hat. Essen wir industriell verarbeitete Nahrung, werden wir zwar satt, aber uns fehlt ein Großteil an Mikronährstoffen, Antioxidantien, sekundären Pflanzenstoffen. Aber wer weiß das schon? Ich wusste es selbst bis vor wenigen Jahren nicht. Wir müssen wieder lernen, Produkte vom Boden her zu denken, sie über die gesamte Wertschöpfungskette zu begleiten – um dann darüber zu sprechen.

Mich brachte Dan Barber auf diese Spur. 2018 bekam ich sein Buch *The Third Plate* in die Hände. Der US-amerikanische Starkoch mit zwei Restaurants in Manhattan und in Pocantico Hills im Staat New York wirbt darin für eine Neukonzeption unserer Ernährungsgewohnheiten. Der First Plate, der erste Teller also, repräsentiert für ihn die Zeit, in der sich die Hauptmahlzeit um ein großes Stück Fleisch herum aufbaute. Der Second Plate steht zwar für eine Fortentwicklung, vorangetrieben von der Farm-to-Table-Bewegung, die Nahrungsmittel aus der Region bevorzugt, das grundsätzliche Arrangement auf dem Teller jedoch beibehält. Heißt: ein wenig nachhaltiger, aber immer noch mit gravierenden Folgen für Boden und Nährstoffdichte. Der sogenannte dritte Teller integriert den Boden als Nährstoff- und Geschmacksbeschleuniger in das Ernährungskonzept, wovon Pflanzen wie Menschen gesundheitlich profitieren. *„Als Verbraucher müssen wir anfangen, Fragen über die Art und Weise zu stellen, in der unsere Lebensmittel angebaut werden, die darüber hinausgehen, woher sie kommen und ob Chemikalien verwendet wurden oder nicht"*, erklärte Barber in einem Gespräch mit dem New York City Food Policy Center, bereits zwei Jahre bevor ich ihn entdeckte, und darin forderte er auch die Verbraucher auf, Fragen zu stellen: *„Wie wird mit der langfristigen Gesundheit des Bodens umgegangen? Welche Art von Vielfalt gibt es auf dem Hof – nicht nur was Sorten angeht, sondern welche Fruchtfolgen? In der Regel führen solche Nachfragen zu einem besseren Verständnis für die Praktiken des Landwirts und den Geschmack der Lebensmittel. Ich hatte das Glück, einige hervorragende Landwirte kennenzulernen. Ihre Methoden unterscheiden sich, aber sie alle sind entschlossen, mit der Natur und nicht gegen sie zu arbeiten und die Dinge aus einer biologischen Perspektive zu betrachten. Dafür sind Köche und Esser nicht ausgebildet, aber wir sollten es sein."*

Barber und das Stone Barns Center for Food & Agriculture, ein gemeinnütziger Bauernhof und Bildungszentrum – etwa 45 Autominuten nördlich von Manhattan gelegen –, waren immer eine Art Leuchtturm für mich.

Vom Feld aufs

FEUER

So können unsere Ernten kulinarisch inszeniert werden

Über den Sommer 2022 hinweg veranstalteten wir eine Pop-up-Reihe zusammen mit dem Restaurant Merold. An verschiedenen Ecken des Hofes stellten wir unsere lange Tafel und den Grill auf – im Agroforst, auf der Weide, im Wald und im Marktgarten von Ackerpulco. Die Nahrung wanderte direkt vom Feld aufs Feuer. Die drei Gerichte auf dieser und den folgenden Seiten stehen stellvertretend für die Art und Weise, wie Jonas und sein Team Gastronomie vom Acker aus denken und unsere multifunktionale Landwirtschaft auf die Teller bringen:

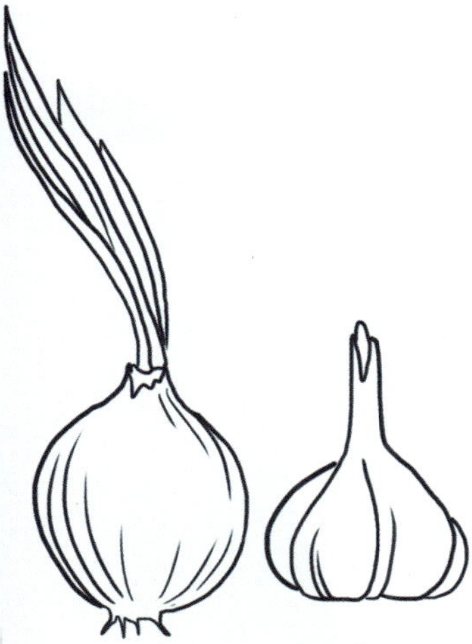

Schwarzes Knoblauch-Zwiebel-Püree

Wild Thing im Wald

Ein herzhafter Sommerteller, der einen Geschmack von der Vielseitigkeit des Waldes gibt und zeigt: Wildfleisch geht nicht nur deftig und im Winter! Hier kommen Reh und Brombeeren zusammen, ganz so wie in einem natürlichen, spätsommerlichen Mischwald auch. Verfeinert wurde das Gericht mit Garum, einer fermentierten Soße, die schon die Römer als Würze für ihre Gerichte einsetzten. In diesem Fall ist sie à la Merold auf Wild-Basis kreiert.

Hier werden verschiedene Anbauverfahren getestet, die Ergebnisse mit anderen Interessierten geteilt, die Produkte in den angeschlossenen Restaurants zubereitet. Barbers Großmutter hatte den 130 Hektar großen Hof gekauft und ihn mithilfe der Rockefeller-Familie zu einem innovativen und kreativen Lernort gemacht, an dem transparente ganzjährige Landwirtschaft praktiziert wird. Interessierte Menschen können dort mit den in die Natur integrierten Methoden und ihren Landwirten in Verbindung treten, um dann idealerweise mit einem neuen Bewusstsein für eine nachhaltige Lebensmittelkultur wieder nach Hause zu fahren und ihr eigenes Ernährungsverhalten entsprechend anzupassen. Sehr ähnlich wollen wir Madlitz auch gestalten: als einen Ort, wo unabhängige Forschung für regenerative, multifunktionale Landnutzung betrieben wird. Wo aber auch Menschen zusammenkommen, um all das erleben zu können und durch eigene Erfahrung zu lernen, was Boden für sie und ihr Leben bedeutet. Barber erkannte schon früh: *„Wir hauen Geld raus für den Blick nach oben in die Tiefen des Alls und investieren nichts in den Blick nach unten zum Boden.“* Das beobachte und bedauere ich auch.

Für mich ist Jonas Merold – Tim-Raue-Schüler und Starkoch – mit gerade mal Ende 20, mein deutscher Dan! Jonas und sein Team, von der Hauptstadtpresse hochgelobt, bringen einiges von dem auf die Teller, was unseren Äckern und Forsten entspringt – und konnten unter anderem ihre Wildbratwurst bereits zu einem Klassiker machen. Wir lernten Jonas über Die Gemeinschaft kennen, ein seit 2017 wachsendes Netzwerk von Gastronomen, Köchen, Landwirten, Lebensmittelherstellern, Handwerkern und Händlern. Sie alle arbeiten regenerativ, ressourcenschonend, achtsam, fair, das Handwerk wertschätzend und den Nachwuchs fördernd. Darüber hinaus treten sie ein für ein besseres Lebensmittelsystem, in dem Essen wieder den Respekt erhält, den es verdient. Der Verein hatte im Zuge seines integrierten Bildungsansatzes bei uns einen Hofbesuch organisiert, und plötzlich stand Jonas vor mir.

Madlitzer Menüs: Mit unseren Erntedankfesten bedanken wir uns regelmäßig bei unseren Verpächtern und Partnern. Auch Gäste aus dem Dorf sind mit dabei. Oben rechts: Pop-up auf der Rinderweide

Vielleicht wird der gebürtige Oberpfälzer eines Tages sogar eine Dependance in Madlitz eröffnen. Wer weiß. Lea kannte Jonas schon über ihre vorherige Arbeit in Berlin, wo sie vier Jahre lang die Bildungs- und Kommunikationsarbeit für die Markthalle Neun geleitet hat. Vorher hatte sie an der Universität der Gastronomischen Wissenschaften im italienischen Pollenzo studiert.

Lea, wie war das mit Jonas?

Ich habe während meiner Zeit in Berlin nicht nur ihn, sondern viele Menschen aus der gesamten Wertschöpfungskette kennenlernen können – von der Produzentin über den Verarbeiter bis hin zum Restaurantchef. Dadurch konnte ich hautnah erleben, wie viele interessante Geschichten hinter Lebensmitteln stehen. Die Erfahrung dieser Diversität an Menschen und Produkten verringert ganz automatisch die Distanz und die Reserviertheit gegenüber der Landwirtschaft.

Du hast dir mit Jonas direkt etwas einfallen lassen …

Jonas musste im Sommer 2022 in seinem Restaurant umbauen und überlegte, seine Küche solange auszulagern. Aus dieser Notlage entwickelten wir die Idee, bei uns eine Art Pop-up-Restaurant aufs Land zu stellen – über vier Wochenenden hinweg. 30 Plätze konnten pro Abend reserviert werden. Wir waren mit der gedeckten Tafel bei uns im Agroforst, auf der Rinderweide, im Wald und im Marktgarten von Ackerpulco. Es war extrem spannend zu beobachten, wie anders die Leute etwas genießen, das genau neben ihnen gewachsen ist. Mich hat auch bewegt, welchen Stolz unsere Mitarbeiter empfanden, als sie endlich mal von ihren eigenen Produkten kosteten.

Offenbar gelingt es mit dem Aufheben dieser Distanz zwischen Hersteller und Konsument, wieder Wertschätzung und Freude an den Tisch zu bekommen. Aber so einfach ist es ja nicht immer. Was glaubst du, warum manche Menschen beim Thema Ernährung so sensibel sind, insbesondere wenn man ihnen mit Alternativen kommt?

Lebensmittel sind ein unglaublich emotionales Thema, weil wir sie jeden Tag konsumieren, wir ganz individuell damit verbunden sind und weil sich Erinnerungen an Geschmack seit der Kindheit bilden – und die damit einhergehenden Gefühle. Es ist oft schwierig, da etwas zu kritisieren – insbesondere auf moralischer Ebene. Bei der persönlichen Entscheidung, was ich esse, geht es zudem viel um den Freiheitsgedanken, sich nicht etwas vorschreiben zu lassen. Und sehr viele Menschen können sich schlicht gewisse Lebensmittel nicht leisten. Auch hier muss sich auf politischer Ebene etwas ändern. Gutes Essen muss zugänglich für jeden Menschen sein und sich gleichzeitig für alle entlang der Wertschöpfungskette rechnen. Ich habe in meiner bisherigen beruflichen Welt jedenfalls gemerkt, dass es nicht funktioniert, das Bewusstsein von Menschen über einen moralischen Appell zu ändern.

Selbst dann nicht, wenn man den Leuten klarmacht, dass sie sich und ihrem Körper keinen Gefallen tun?

Ja, selbst mit dem Gesundheitsfaktor ist es oft problematisch. Was hier fehlt, ist aber auch eine Bildungsgrundlage, die in der Schule

Eis vom Feld

Kandierte Tannennadeln

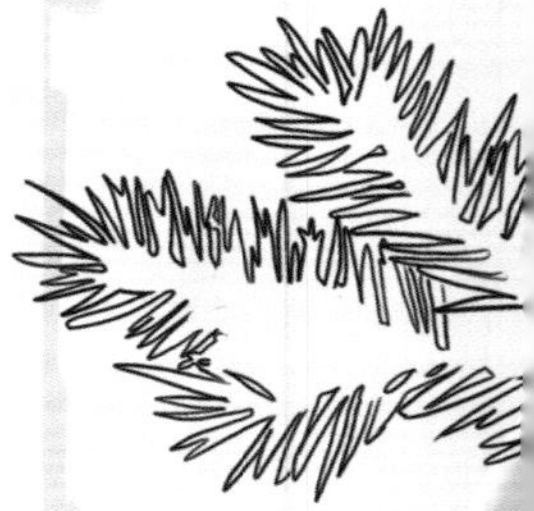

Ein Sorbet im Kornfeld

Ein Nachtisch, der schmeckt wie ein Sommerspaziergang durch das von der Sonne gewärmte Kornfeld neben dem duftenden Nadelwald. Unser Brandenburger Roggen wurde mithilfe von Koji und Paul Kaufmann zu japanischer Amazake fermentiert – einem süßen Getränk, traditionell aus Reis. Gleichzeitig mit dem Roggen waren die Blaubeeren aus unserer Baumschule reif. Sie wurden wie eine Spreewaldgurke lacto-fermentiert, die Nadeln von unserer Brandenburger Küstentanne in Wasser eingelegt und für den karamelligen Crunch gebrannt wie Mandeln.

Blaubeeren

Küstentannen-
Sorbet
Roggen-
Amazake

Agroforst auf die Hand

Für unser Pop-up auf der Sommerweide hat Jonas sich vom Agroforst inspirieren lassen – von unseren Rindern, die zwischen den Baumstreifen weiden, wo Kartoffeln im Mulch wachsen und der Sanddorn orangefarbene Früchte trägt. Die Leber vom Ochsen hat er mit Zwiebeln und Majoran angebraten, in einen Kartoffeltaco gehüllt und mit frisch gepflückten Sanddornbeeren abgerundet.

Vom Feld aufs Feuer

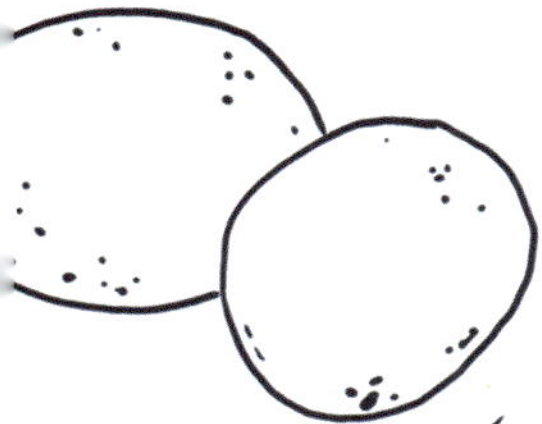

Kartoffel Taco

Sanddorn

Majoran

Test-Run für das Pop-up-Dinner bei Ackerpulco. Wildbratwürste und Weiderind vom Grill sowie Frühlingsgemüse direkt aus dem Marktgarten steigerten die Vorfreude

gelegt werden sollte. Wie wird unser Essen angebaut? Was ist gesunder Boden? Wie wächst Getreide? Wie macht man eigentlich Mehl und Brot? Ich glaube, wenn man Kinder früh an das Thema Landwirtschaft und Lebensmittel heranführt, wenn man ihnen ganz praktisch beibringt, wie sie sich gesund ernähren und eine eigene Meinung dazu bilden können, würde sich viel ändern in unserem Lebensmittelsystem.

Mit welcher Strategie willst du bei uns dieses dicke Brett bohren?

Meine Erfahrung ist, dass Menschen durch zwei Dinge ihr Verhalten ändern. Zum einen, wenn sie merken, dass etwas besser schmeckt als das, was sie bisher kannten. Zum anderen, wenn man durch ein gutes Storytelling Nähe zu den Produkten und Produzenten herstellt, in der Kommunikation konstruktiv und positiv ist und den Hoffnungsschimmer statt den Skandal thematisiert. Klar muss man auch auf Fehler hinweisen, sonst gäbe es keinen Grund sich zu ändern, doch gleichzeitig müssen wir Freude an der Alternative wecken. Mich begeistert es, Brücken zu schlagen zwischen der landwirtschaftlichen Lebensmittelproduktion und den Konsumenten, mehr Re-

spekt zu generieren, Respekt vor den Landwirten und der Lebensmittelherstellung. Je näher ich da heranrücke, umso mehr merke ich, dass selbst viele Landwirte sich nicht ihres Werts bewusst sind und selbst als Produzierende keine Nähe zu ihrem eigenen Produkt haben, weil es ein reines Business geworden ist. Auch auf Biohöfen. Das habe ich sogar hier erlebt, wo ein Mitarbeiter, der seit 20 Jahren das Getreide erntet, auf meine Frage, ob er denn jemals den eigenen Roggen gegessen hätte, mit Nein antwortete. Das ist schade, aber das ist ein weiteres Ergebnis unseres industrialisierten, anonymisierten Systems. Das Getreide wird mit dem Lkw vom Hof gefahren und wird dann praktisch unsichtbar. Wir müssen es schaffen, dieses System neu zu denken, unabhängiger von der Industrie, vom Markt und externen Inputs zu werden. Auch dafür bedarf es eines politischen Wandels.

Aber was heißt das konkret?

Ich denke, wir müssen den Spot auf die gesamte Wertschöpfungskette richten. Hat man eine Monokultur, muss man einige wenige Produkte zu einem bestimmten Zeitpunkt im Jahr vermarkten. Betreibt man multifunktionale Landwirtschaft, ist es eben eine Vielzahl von Produkten, und das über das ganze Jahr verteilt. Das ist eine Herausforderung, denn man muss den Verbleib all dieser Lebensmittel organisieren. Aber es ist auch eine große Chance. Erstens macht es Spaß, zweitens wird man unabhängiger, gerade in Zeiten des Klimawandels, drittens bleibt man näher an seinem Produkt, und viertens kann man sich mit den Partnern austauschen und kreative Lösungen finden.

Aber das kann ja nicht jede Landwirtin und jeder Landwirt umsetzen. Was, denkst du, muss sich ändern, damit wir wieder mehr Wertschöpfung auf die Höfe kriegen?

Wir beschäftigen uns ja gerade viel mit der Frage, wie wir ländliche Strukturen neu denken können, um mehr Wertschöpfung auf dem Land zu erzeugen und dort zu halten. Was brauchen wir als Höfe für Strukturen, die gemeinschaftlich und unabhängig vom großen Markt funktionieren? Hier in Brandenburg haben wir zum Beispiel kaum Verarbeitungsstrukturen, um Produkte zu veredeln. Und bei vielen Höfen scheitert die Vermarktung an der Logistik. Genau das gilt es aufzubauen, dezentrale und diverse Strukturen, die sich an den Bedürfnissen von Landwirtinnen und Landwirten orientieren. Die Vermarktung unseres Rindfleischs könnten wir zum Beispiel nicht machen ohne die großartige Arbeit des Landschlachthofs Lehmann, eines Familienbetriebs, der seit Jahrzehnten für die Höfe in der Region schlachtet und zerlegt. Nach dem Weideschuss können wir unsere Rinder direkt dort anliefern und handwerklich nach unseren Vorstellungen zerlegen lassen. So etwas bräuchte es noch viel mehr – für Getreide, Kartoffeln, Obst und vieles andere. Wir sollten herausfinden, wie wir uns mit anderen Höfen zusammentun können, um die Logistik zu vereinfachen, um dann zum Beispiel regionale Krankenhäuser und Kitas mit unserem Mehl, geschälten Kartoffeln oder zerlegtem Weiderind versorgen zu können.

Bislang ist uns bei Vermarktung und Vertrieb in Richtung Gastronomie die Plattform 2020 sehr hilfreich, das digitale Zentrum eines Erzeugernetzwerks, das nachhaltig produzierte Lebensmittel vor allem aus Berlin und der Region (aber nicht nur) an Restaurants, Cafés, Kitas, Kantinen wie auch Privatpersonen vermittelt. Einmal pro Woche werden unsere Produkte direkt vom Hof abgeholt, nach Berlin gebracht und an die entsprechenden Abnehmer verteilt. Mit den Leuten von der Plattform 2020 stehen wir in ständigem Kontakt, sagen ihnen, was gerade los ist auf unserem Acker, was unsere Interessen sind, gehen aber auch in die Anbauplanung oder sprechen uns genau ab, wann und für wen ein Rind geschossen werden könnte. Auch durch solche Kooperationspartner wird unsere Botschaft in die Welt getragen.

Jetzt werden wir aber auch über unseren eigenen Onlineshop immer selbstständiger. Damit können wir näher am Kunden sein und erhalten direktes Feedback – um aus erster Hand die Geschichten unserer Produkte erzählen zu können. Freudvolle Geschichten, die einem gemeinsamen Ziel folgen: einen gesunden Boden zu schaffen, der uns ein gesundes Leben ermöglicht.

Meine Freundin Tess und ich (Foto l.). Als Partnerin, Mutter unserer Kinder, Food-Expertin und Absolventin der Le-Cordon-Bleu-Kochschule ist sie mir auf allen Ebenen überlegen!

Buch TIPPS

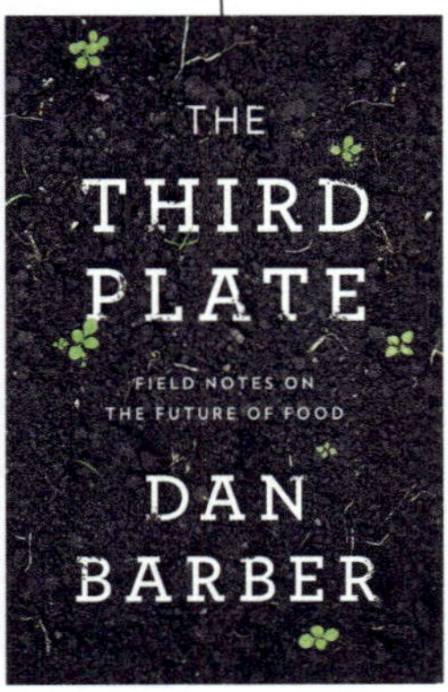

The Third Plate
US-Koch Dan Barber beschreibt seine Vision von Landwirtschaft, die von Boden und Geschmack her denkt und mit der Natur arbeitet. Die inspirierende Story von Köchen, Landwirtinnen und Saatgutzüchtern, die das Lebensmittelsystem revolutionieren wollen.

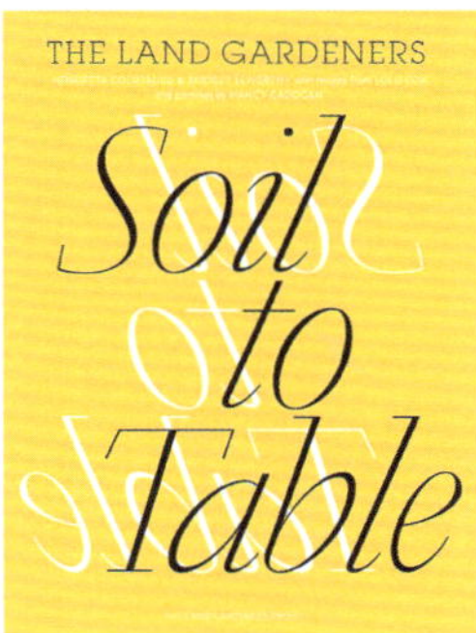

Soil to Table
Die Land Gardeners, zwei englische Gärtnerinnen und eine Köchin, zelebrieren in dem Buch den Boden und dessen Verbindung zu den Lebensmitteln, die wir essen. Das Motto: healthy soil, healthy food, healthy planet! Stark inszeniert über Essays, Fotos, Rezepte.

On Food and Cooking
Endlich auf Deutsch! Harold McGee schrieb das Standardwerk, das jeder besitzen sollte, vor über 30 Jahren. Sehr genau erklärt er biochemisch die Welt des Essens: Was passiert beim Gemüse-Anbau? Wie entsteht Alkohol? Was steckt in Milch? Was ist Geschmack?

Alltags .... TRICKS

von Lea Ligat

1

2

Solidarisch essen! Das Jahr hat so viel mehr Jahreszeiten als vier. Eine wöchentliche Gemüsebox, wie die von Anne und Deacon bei uns in Madlitz, gibt einen Einblick in die zahlreichen Geschmäcker des Gemüsegartens. Konzepte aus der solidarischen Landwirtschaft – auch SoLaWi genannt – zählen zu den besten und transparentesten Wegen, um Landwirtinnen und Landwirte direkt zu unterstützen und frische Produkte aus der Region direkt vom Feld zu erhalten. Mithilfe des solidarischen Prinzips wird die komplette Arbeit der Landwirte finanziert – inklusive möglicher Ernteausfälle. SoLaWis gibt es inzwischen an vielen Orten. Sie stellen die Nähe zu Produzent und Produkt wieder her – und zu vielen, vielen Jahreszeiten.

Wildfleisch wagen! Wälder können wunderbare Orte sein. Orte der Inspiration, Kraft und Schönheit. Und sie liefern uns neben Sauerstoff, Wasser, kühler Luft und Holz auch das nachhaltigste Fleisch, das wir konsumieren können: Wild. Eine naturnahe und ökologisch sinnvolle Jagd gehört zur Waldpflege. Wildfleisch wird leider oft als sehr deftig, schwer und winterlich angesehen. Dabei gibt es auch ganz feines, zartes Fleisch vom Reh- oder Rotwild, das das ganze Jahr lang wunderbar schmeckt. Auf der Internetseite wild-auf-wild.de des Deutschen Jagdverbands können Sie ganz einfach per Postleitzahl recherchieren, wo in Ihrer Umgebung der nächste Wildbret-Spezialist die frischen Produkte aus dem Wald anbietet.

3

Direkt und digital! Lust aufs Land, aber keine Zeit? Höfe direkt zu unterstützen und von ihnen zu kaufen wird uns dank vieler großartiger Onlineshops inzwischen sehr leicht gemacht – und Bedarf nicht mal eines Ausflugs in die Provinz. Eigene Onlineshops machen unabhängiger von den Preisen und den Widrigkeiten des Markts und bieten den Kunden so viel Transparenz und Qualität wie möglich. Von Fleischboxen, über Fermentiertes bis hin zu Flaschen direkt vom Winzer – die Angebote sind vielseitig, die digitalen Shops oft mit viel Liebe entwickelt. Ein kleiner Klick für Sie, ein großer Schritt für die Landwirtschaft!

Der Waldumbau oder das Wunder vom Kahlschlag

Die Kiefern unserer Monokultur stehen wie eine stumme Klon-Armee in Reih und Glied dicht und dünn auf dem freigeräumten moosigen Boden. Schon ein paar Schritte durch diesen Stangenwald wirken auf Menschen, die das Leben und die Vielfalt lieben, beklemmend. Auf etwa 70 Prozent unserer 2000 Hektar großen Forstflächen sieht es so aus. Kurz nach dem Krieg wurde diese Generation Nadelhölzer hier gepflanzt, nachdem die Siegermächte aufgrund sogenannter Reparationshiebe massenweise Holz aus Deutschland wegschaffen durften. 585.000 Kubikmeter waren es allein in Brandenburg. Auch die Madlitzer Wälder litten. Vor allem Kiefern und viele alte Eichen und Buchen wurden mitgenommen. Obendrein durfte sich die Bevölkerung bedienen. Wie der damalige Revierverwalter Hofburg, so zumindest übersetze ich den Namen aus seiner hinterlassenen Sütterlinschrift, tätig von 1924 bis 1945, in einem erhalten gebliebenen Dokument festhielt, wurden *„die mit viel Liebe und Verständnis gepflegten Forsten durch Enteignung und Versiedlung zum Allgemeingut“* und somit zum *„Ausbeutegut“*.

In Hofburgs Zeilen steckt tiefe Trauer um den zerstörten Wald. Hatte er als Verwalter doch selbst dafür gesorgt, dass in den zwei Jahrzehnten seiner Amtszeit die Fehler, die seit Mitte des 19. Jahrhunderts begangen worden waren, nicht wiederholt wurden. Damals galt nämlich die sogenannte

Bodenreinertragslehre, die der sächsische Forstingenieur und Ökonom Max Preßler populär gemacht hatte. Danach sollte aus dem Wald der größtmögliche Ertrag erwirtschaftet werden. Hofburg schrieb über die Jahre 1900 bis 1920, also vor seiner Tätigkeit in Madlitz: *„Die Bodenreinertragslehre, die sich rein auf Rentabilität bezieht und sich auf die Grundfesten aufbaut, Reinbestände bringen den höchsten Massenzuwachs – und je größer der Wuchsraum eines Baumes, desto höher der Zuwachs –, hat sich in der forstlichen Praxis jedoch nicht durchsetzen können, da hierbei die Bodenpflege, die allein auf lange Sicht einen natürlichen gutwüchsigen Waldaufbau sichert, vernachlässigt wird.“* Er beklagte die *„übermäßig starken Durchforstungshiebe“* und die *„Entnahme des gesamten Nebenbestandes“* vor seiner Zeit und beschrieb, wie sein Dienstherr Graf Ernst Wilhelm von Finckenstein *„sehr schnell erkannte, dass nur bei einem natürlichen Waldaufbau und einer guten intensiven Bodenpflege auf lange Sicht gesehen sein Waldbesitz und dessen Rentabilität erhalten blieb“*. Finckenstein habe ihm, nachdem er ihm die Revierverwaltung übertragen hatte, stets Ansporn gegeben, den Madlitzer Revieren *„wieder ein anderes Gesicht zu geben, da Bodenpflege, Düngung und ein natürlicher Waldaufbau Wirtschaftsgrundsatz wurden“*.

Zum Abschluss seines 1955 verfassten Papiers gibt Hofburg seinen Rat an zukünftige Generationen weiter. Er schreibt, und das ist für die damalige Zeit schon beachtlich: *„Bei der geringen Niederschlagsmenge sichert nur humoser Sandboden eine ertragsreiche Nachhaltigkeit.“* Humus- und Bodenpflege seien die Erfordernisse der Stunde, eine in *„starre Schablonen gepresste“* Waldwirtschaft sei zu vermeiden. Und dann folgt dieser begnadete Satz, man solle *„vielmehr der Natur die Wirtschaftsmaßnahmen ablauschen“*. Die maschinengetippten Zeilen erzeugen bei mir jedes Mal Gänsehaut, die mir zu verstehen gibt: Ja, hier steht die Wahrheit! Das muss man sich einmal vorstellen: Vor einhundert Jahren war unseren Vorfahren schon klar, was einen gesunden Wald ausmacht und wie man ihn zu bestellen hat – mit der Natur als Mitstreiterin!

Hofburg empfiehlt, die gleichaltrigen Kiefernreinbestände aufzulockern und ungleichaltrige Mischbestände zu erziehen – und zwar mit Neupflanzungen von Akazie, Douglasie und Traubenkirsche. Des Weiteren empfiehlt er die *„eigene Anzucht“* aus *„eigenem Saatgut“* und für den Bodenaufbau das Säen mehrjährig blühender Lupine. Wo, bitte, ist der Baumstamm, aus dem wir eine Skulptur Hofburgs schnitzen können?! Der Mann ging mit Kriegsende, und seine nachhaltige Madlitzer Waldpolitik, mit der er die Monokulturen des 19. Jahrhunderts umwandeln und zukunftsfähig machen wollte, spielte keine Rolle mehr, im Gegenteil, sein Lebenswerk wurde geplündert und vergessen. Wohl unter dem akuten wirtschaftlichen Druck, der auf Nachkriegsdeutschland und in diesem Falle auf den Forstwirten lastete, entschied man sich in der Frage der Aufforstung erneut allein für die Kiefer, eine schnell und gerade wachsende Baumart, deren Holz im Baugewerbe verlässliche Abnehmer findet.

Und heute stehe ich in Zeiten des Klimawandels zwischen diesen sehr dürren und sehr hohen Bäumchen und ahne, dass das nicht mehr lange gut gehen wird. Denn der Wald wirkt alles andere als vital. Krasser ausgedrückt: In dieser Reinkultur hat er keine Überlebenschance. Es ist eine tickende Zeitbombe. Die Kronen sehen miserabel aus und werden immer kleiner. Die Grundwasserspiegel sinken immer weiter, und

MONOKULTUR

Kein abstraktes Gemälde, sondern Abendlicht, das in eine Monokultur fällt. Viel von dem, was wir uns idealerweise unter Natur vorstellen, ist dort kaum anzutreffen

wenn es im Sommer mal aus dem Himmel tröpfelt, reichen die weniger werdenden Nadeln der Kronen immer noch aus, um einen Großteil des wenigen Regens nicht bis auf den Boden durchzulassen. Dort unten wird es also immer trockener. Fallen die Nadeln als nahezu einzige Streu auf den Boden, entsteht keine humose Schicht, wie wir sie uns wünschen, sondern extrem saurer Rohhumus mit einem pH-Wert von 3,6. Das ist ein Wert, bei dem die immobilen Schwermetalle gelöst werden, durch Pflanzen aufgenommen und ins Grundwasser gelangen können. Im Gegensatz dazu werden Mineralstoffe wie Kalzium plötzlich nicht mehr verfügbar. Aufgrund der hohen Wildbestände haben zudem die aufkommenden Eichen und Buchen ein schweres Leben. Hinzu kommt die Traubenkirsche, die alles überwächst.

Wie haben wir diese Kiefernforste bisher bewirtschaftet? Seit der Übernahme des Betriebs durch meine Eltern gab es nie einen großen Einschlag. Alles, was wir an Holz dort herausholen, hat mit Pflegemaßnahmen zu tun. In mehrjährigen Abständen entnehmen wir die schwachen Bäume, womit wir für die anderen Licht und Raum schaffen. Nach und nach pflanzten wir neue Bestände unter die älteren Kiefern. Das Holz der mickrigen Kiefern – obwohl 60 bis 70 Jahre alt – hat mindere Qualität und landet nach der Vermarktung meist in sogenanntem Industrieholz wie Spanplatten. Und selbst das steht nun auf dem Spiel. Mit meinen ersten Gehversuchen in der Landwirtschaft 2017 war mir klar, dass wir die gleichen Herausforderungen auch in der Forstwirtschaft bewältigen müssten. Wie ein Damoklesschwert schwebte dies seitdem über mir, und ich wusste, dass ich irgendwann irgendetwas tun müsste. Aber was? Und mit welchem Geld? Auch hierbei blieb mir das Universum treu! Inzwischen maßen wir uns an, sagen zu können, dass auch der trostloseste Wald mithilfe der natürlichen Prozesse wiederauferstehen kann. Und zwar in einer Pracht, die unvorstellbar ist.

Ich spreche von einer in die Monokultur gehauenen Testfläche. Sie macht uns von allem, was wir in Madlitz wagen, mit die größte Hoffnung. Das meine ich nicht nur bezogen auf unseren Betrieb, sondern auf die gesamte Forst- und Landwirtschaft. Aber bevor ich zu diesem ganz besonderen Ort führe, ein paar Worte zum Zustand der deutschen Wälder: Ein Drittel unserer Landesfläche ist mit Wald bedeckt. Das sind 11,4 Millionen Hektar. Dabei handelt es sich entgegen weitverbreiteter romantisierender Vorstellungen fast ausschließlich um Plantagenwälder und keine verwunschen schönen Biotope. Fichte

Das Dach der Kiefernmonokultur wird angesichts der Dürreperioden und des sich verschlechternden Zustands der Bäume immer lichter

und Kiefer sind mit 25 bzw. 23 Prozent die häufigsten Arten, danach kommen Eiche mit 19 Prozent und Buche mit 16 Prozent. Die Waldzustandserhebung von 2021 ergab, dass nur noch etwa 20 Prozent des Kronendachs der untersuchten Bäume gesund sind. Diese Statistik muss man aufgrund ihrer Brisanz noch einmal anders formulieren: Von hundert Bäumen sind 80 krank! Im Bericht des Landwirtschaftsministeriums heißt es dazu: „*Die Kalamitäten der letzten Jahre führten zu den stärksten Waldschäden und zur schwersten Krise der Forstwirtschaft seit Beginn der Bundesrepublik Deutschland.*“ Mit Kalamitäten sind die Auswirkungen der Klimakatastrophe gemeint – also Verluste durch Dürren und Stürme – sowie der Borkenkäferbefall, der sich in gesunden Mischwäldern niemals derart ausbreiten würde. Um das Ausmaß der Katastrophe noch einmal anders klarzumachen: 277.000 Hektar Wald gelten laut Erhebung hierzulande inzwischen als komplett zerstört und bedürfen der Aufforstung. Das entspricht einer Fläche, die größer ist als das Land Luxemburg.

Zur Kiefer, die bei uns dominiert, verrät die Zustandserhebung, dass sich der Anteil der „*deutlichen Kronenverlichtungen*“ im Vergleich zu 2018 um zehn Prozent „*deutlich erhöht*“ habe. Ganz ohne Verlichtungen waren nur noch 16 Prozent der Kiefern. Diese Zahlen sind grausam. Vor allem auch deshalb, weil der Wald bislang als gigantischer und verlässlicher Klimaschützer galt. Noch vor einigen Jahren hieß es, dass er rund sieben Prozent der deutschen Treibhausgasemissionen kompensieren könne. So schnell kann sich das ändern.

Aber wie ist es uns nun in Madlitz gelungen, trotz alledem die Hoffnung keimen zu lassen? Sommer 2020, es war eine dieser Nächte, in denen ich wach lag, nicht schlafen konnte und mich gegen drei Uhr entschloss, einfach zu arbeiten, anstatt mich im Bett zu wälzen, gefangen in den immer wiederkehrenden gleichen Bildern, Überlegungen und Gedanken. Nicht nur die im Frühjahr ausgebrochene Corona-Pandemie drückte auf die allgemeine Stimmung, meine Laune wurde auch von dem Gedanken getrübt, zum Jahresende wohl viele Mitarbeiterinnen und Mitarbeiter – in erster Linie Praktikanten und Freiwillige – nach Hause schicken zu müssen. Es würde schlicht das Geld ausgehen, um weitere Großprojekte wie Agroforstsysteme umsetzen zu können. Würde ich nicht kurzfristig eine Lösung finden, müsste ich in Madlitz zumindest kurzzeitig Geschwindigkeit rausnehmen aus meinen Entwicklungsplänen. Und dann setzte ich mich an den Rechner und fand eine E-Mail einer Freundin, Sophia Hoffmann, die in Berlin als vegane Köchin arbeitet. Im zweiten Kapitel hatte ich sie bereits kurz erwähnt. „*Schau doch mal, Benedikt*“, schrieb sie, „*da gibt es diese Ausschreibung von Ecover. Vielleicht ist das etwas für euch!*“ Ich ging sofort auf die Website und erfuhr dort, dass Ecover, englischer Hersteller von ökologischen Reinigungsmitteln, seine Gewinne zum Teil weitergeben will an Zukunftsprojekte mit Nature-Based Solutions, naturbasierten Lösungen. Dafür hatten sie den „Fertilise The Future“-Fonds gegründet. Ich sah mir an, in welchen Kategorien man sich bewerben konnte, und überlegte, wie ich die besten Chancen haben würde. Zu welchem Thema melden sich wohl die meisten? Wo ist die Konkurrenz am stärksten? Eine bewährte Strategie, die ich schon zu Schulzeiten angewendet hatte, schließlich hatte ich es nie besonders mit dem Lernen. Als ich sah, dass insbesondere auch Wälder thematisiert wurden, war der Weg klar! Regenerative Transformation eines Kiefernmonokulturwaldes hat sicher noch keiner so richtig auf dem Schirm. Das machen wir!

Aus dem Kopf heraus füllte ich noch in der gleichen Nacht den Online-Fragebogen aus und beschrieb darin unsere Herausforderung. Dass wir hier einen Kiefernmonokulturwald haben, ihn aber divers umbauen und diesen Umbau wissenschaftlich begleiten lassen wollen. Wir wollen Habitate für viele Arten schaffen, Boden aufbauen, den Wasserschutz verbessern. Das Ganze nannte ich „Holistic Forest Transformation". Ich legte mir dabei zur besseren Visualisierung eine Skizze an und dachte im ersten Aufschlag an drei Flächen, die es nach verschiedenen Prinzipien umzubauen gelte – in einem Fall natürlich auch im Sinne der syntropischen Waldwirtschaft à la Ernst Götsch. Ich schickte die Bewerbung ab und vergaß sie erst einmal wieder. Was ich dagegen nicht vergaß, war, vor welchen Problemen wir mit unserem Forst standen und welche Richtung wir einzuschlagen hätten. Im Prinzip müssten wir, um Boden aufzubauen, den Fokus auf kleinblätterige Laubbäume und Büsche legen und dabei die gesamte Sukzession mitdenken. Dafür bräuchte es Kapital. Die Holzpreise waren in den vergangenen Jahren jedoch im Keller. Hinzu kamen die beiden Stürme von 2017, die jeweils eine Stunde wüteten und Bäume in einer Menge zerschmetterten, die wir sonst in einem Jahr rausholten. Danach mussten wir drei Jahre lang aufräumen im Wald, und es ist nicht übertrieben, wenn ich sage, dass wir in dieser Zeit ums Überleben kämpften, denn das Holz war nahezu wertlos. In einem Satz: Mit den Stürmen im Rücken und den Dürren vor der Brust ist der Forst als Betrieb in einer äußerst unangenehmen Situation.

Monate später, inzwischen war es Advent geworden, erinnerte mich plötzlich eine E-Mail von Ecover an den Wettbewerb. Ich traute meinen Augen nicht: *„Congratulations"*, stand da, *„you are in the final round of the Ecover Fertilise The Future Fund!"*

Den Arbeiten im Wald geht eine akribische Vorbereitung voraus. Oben rechts: Fällungen waren wesentlicher Bestandteil der Transformation

Und dann wurde erklärt, dass man in drei Ländern aktiv sei, es in jedem Land einen Gewinner zu bestimmen gebe und in dieser Stufe aus über 750 Einsendungen bereits je zehn Projekte ausgewählt worden seien. Es folgten die üblichen Formalitäten: einen längeren Antrag schreiben, ein möglichst griffiges Video für Social Media erstellen und am Ende vor einer Jury für sein Projekt einstehen. Am leichtesten fiel mir noch das Zoom-Meeting mit der Experten-Jury, am meisten Probleme bereitete mir das Video. Damals habe ich ungefähr 30 Versuche gebraucht, um ein 60-Sekunden-Video zu drehen. Wohl höchst amüsant für meine Freundin Tess und unseren Hund Alba. Ich musste mich allerdings überwinden und mein Gesicht zeigen, um eine Chance auf den Gewinn des Preisgeldes zu haben. Beim Antrag brauchte ich Unterstützung. *„Renke, du musst mal kurz ran. Ich habe uns in die Endauswahl von einem Wettbewerb gebracht. Schau, so habe ich mir das damals aufgemalt. Bitte mach was Sinnvolles draus und bring das in den richtigen Kontext!“* Renke verfeinerte dann das Konzept zusammen mit Prof. Dr. Martin Guericke von der Hochschule für nachhaltige Entwicklung Eberswalde, Fachgebiet Waldwachstumskunde. Aus den drei Flächen wurden fünf, und alle gerieten größer, als ich es mir anfangs gedacht hatte. Den Gesamtantrag schickte ich dann mit großem Enthusiasmus ab, gleichzeitig machte ich mir weiterhin Sorgen darüber, was wohl zu tun sei, wenn wir diesen Strohhalm nicht zu fassen bekommen würden. Aber dann, kurz vor Weihnachten, erhielt ich einen Anruf aus England: *„Hi Benedikt, how are you?“* Ich war in dem Moment irgendwie sehr gut drauf. *„I am great!“*, hörte man mich wohl am Telefon grinsen. *„Well, you will feel even better now: I can tell you that you've won!“* Wow. Was für eine Nachricht. Was für ein Zeitpunkt. Was für ein Glück. Unsere verrückte Reise könnte erst mal weitergehen. Mit den 180.000 Euro Preisgeld würden wir den Waldumbau und die Forschung über einen Zeitraum von drei Jahren finanzieren können.

Was genau hatten wir vor? Renke und Prof. Guericke beschrieben das Ziel unseres Forschungskonzepts so: *„Anlage und langfristige Beobachtung verschiedener Waldumbauvarianten. Dokumentation, Analyse und Ableitung regionaler Empfehlungen für den Umbau mittelalter Kiefern-*

reinbestandsstrukturen in resiliente Waldfolgestrukturen – ein Leuchtturmprojekt auf Grundlage langfristiger ökosystemarer Prozessbeobachtungen und deren Wechselwirkungen." Die beiden nannten die Modifikationen, die wir erproben wollten und immer noch wollen, „*Madlitzer Varianten*". Mit ihnen nahmen wir uns vor, das in Brandenburg weitverbreitete Waldumbaukonzept – gängig in den angeschlagenen Monokulturen ist der Unterbau mit Buche und Eiche – hinsichtlich der Baumartenpalette wie auch der klassischen Vorgehensweisen um neue Alternativen zu erweitern. Alle fünf jeweils 1,5 Hektar großen Versuchsflächen für die Madlitzer Varianten liegen südlich des Ortes.

Auf Fläche Nummer 1 soll der übliche monokulturelle Forstbetrieb weitergehen. Sie dient als Referenzfläche, mit der die Ergebnisse von den anders bewirtschafteten Flächen abgeglichen werden können.

Auf Fläche Nummer 2, ebenfalls eine Referenzfläche, soll, geschützt durch einen Zaun, die natürliche Dynamik innerhalb der Kiefernmonokultur beobachtet werden. Vorher wurden zwei Windwürfe von je etwa 700 Quadratmetern simuliert. Danach darf sich die sogenannte Naturschutzfläche ohne weiteren menschlichen Einfluss und ohne den Verbiss von Wildtieren entwickeln.

Referenzfläche Monokultur: Die Kiefern stehen als Hochwald in Reih und Glied. Unterschicht und Mittelschicht kommen in der Vegetation quasi nicht vor. Alle 20 Meter führt eine fünf Meter breite Rückegasse durch den Wald, die auf die Bedarfe des Holzvollernters (Harvester) angepasst wurde. 20 Prozent des Waldes stehen somit nicht für die Bewirtschaftung zur Verfügung. Die wenigen Produkte, die der Wald hergibt, haben geringe Qualität. Zudem besteht hohe Brandgefahr. Trotzdem wird in diesem Stil in den meisten deutschen Wäldern Forstwirtschaft betrieben.

2 NATURSCHUTZFLÄCHE

Referenzfläche Naturschutz: Ein 1,80 Meter hoher Drahtzaun hält das Rot- und Rehwild ab, im Innern der Fläche führt allein die Natur Regie. Die beiden Windwürfe wurden gemäß der vorherrschenden Windrichtung in West-Ost-Richtung simuliert. Mit der neuen Strukturvielfalt sowie Licht- und Wärmesituation wird sich diese Fläche wohl diverser entwickeln als die Monokulturen. Neue Baumarten – gesät durch Wind und Eichelhäher und andere Vögel – kommen schon nach einem Jahr hoch. Simuliert haben wir auch stehendes Totholz, das für bestimmte Käfer und Pilze wertvoll ist.

Auf Fläche Nummer 3 wollen wir eine lichtökologische Waldentwicklung beobachten. Wir haben durch verschiedene je 600 bis 800 Quadratmeter große Lochhiebe wie bei der Naturschutzfläche natürliche Windwürfe simuliert und damit dem Sonnenlicht Einfallstore geöffnet. Die schönsten Bäume haben wir stehen lassen, die schlechtesten 20 bis 30 Prozent rausgenommen, aber im Bestand als Klimapuffer und Bodenaufbauer liegen lassen. In die Lochhiebe hinein haben wir unterschiedliche Baum- und Straucharten gepflanzt und gesät. Ein Zaun schützt vor Wildverbiss.

Auf Fläche Nummer 4 wollen wir beobachten, wie sich der mittelalte Kiefernreinbestand entwickelt, wenn ein künstlicher, kreuz und quer liegender Verhau aus ganzen Bäumen, wir nennen es „*Mikadostruktur*", die heranwachsenden Baum- und Straucharten vor dem Einfluss von Rot- und Rehwild schützt. Auch hier wurde vor dem Fällen von ca. 40 Prozent der Altbäume ein diverser Mix aus Bäumen und Sträuchern gepflanzt und gesät.

Auf Fläche Nummer 5 versuchen wir es im Sinne der schon auf dem Acker erprobten Ernst-Götsch-Philosophie mit dem syntro-

3 LOCHHIEBFLÄCHE

Lochhiebfläche: Ebenfalls geschützt durch einen Zaun, haben wir in drei verschiedene lichtbringende Lochhiebe Baum- und Straucharten aller Höhen- und Sukzessionsstufen gepflanzt. Manche Baumarten machen sich schon jetzt extrem gut wie die Robinie, die Esskastanie und die Linde. Obstbäume wie Wildapfel oder Wildbirne sollen nicht beerntet werden, sondern irgendwann den Wildtieren Nahrung liefern – und dem Betrieb in 80 Jahren auch wertvolles Holz. Auch auf dieser Fläche haben wir stehendes Totholz simuliert, in dem auch Spechte Nahrung finden.

pischen Waldumbau. Das heißt, wir denken in Pflanzengemeinschaften und legen die Pflanzreihen im Sinne der natürlichen Sukzession an. Dazu haben wir die umzäunte Fläche in unterschiedliche Bereiche unterteilt: einen Bereich, in dem wir 60 Prozent der Kiefern gefällt haben, einen Bereich, in dem wir 40 Prozent gefällt haben, und einen Bereich, in dem wir einen Kahlschlag gewagt haben. In allen drei Bereichen säten und pflanzten wir syntropische Streifen mit 20 bis 30 Baumarten, aber eben auch Sträuchern und Kräutern.

Über dieses Spektrum wollen wir in einem Kiefernmonokulturwald unterschiedliche Umbauweisen vergleichbar machen – ökologisch und ökonomisch. Einfach, günstig und groß skalierbar versus komplex, hochintensiv und kleinteiliger. Wir zeigen die ganze Palette. Die Vergleichbarkeit stellen wir über eine Dokumentation von Fotografien her, die über lange Zeiträume von den immer gleichen Fotopunkten aus geschossen werden, über Bodenproben wie über Bodendaten, die dauerhaft über Sensoren erfasst werden, sowie über die Analyse von Vogelgezwitscher und das Registrieren von Insektenarten. So können wir am Ende den Aufwand X ins Verhältnis zum Ergebnis Y stellen. Wir lösen die überkommene Bodenreinertragslehre ab, quantifizieren die ökologischen Leistungen und übersetzen sie

4 MIKADOFLÄCHE

Mikadofläche: Ein Drittel dieser Fläche ist umzäunt, zwei Drittel sind für Wildtiere zugänglich ungezäunt. Zwischen die gefällten, als Hindernisse im Weg liegenden Bäume haben wir in Reihen von jeweils einem Meter Abstand alle Höhen- und Sukzessionsstufen gepflanzt und gesät. In den Zwischenflächen von drei Metern wollen wir sehen, was die Natur allein erzeugt. Die Baumarten der Mittelreihen – wie Linde, Esskastanie, Hasel oder Eiche – werden das spätere Waldbild dominieren. Schon jetzt zeigt sich, dass der Unterbau toter Stämme ein feuchtes Klima schafft, das viele Pilze mögen.

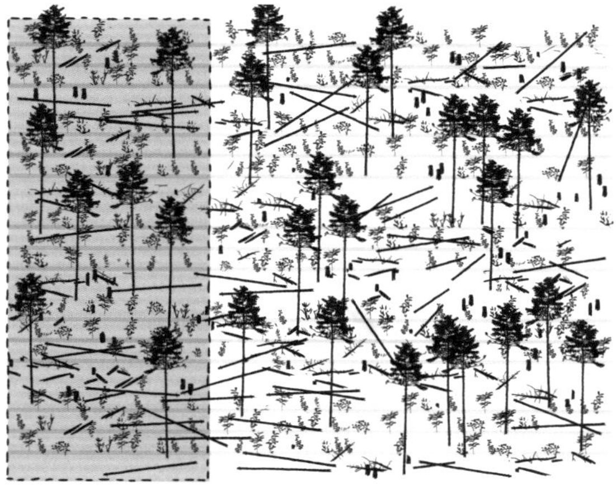

5 SYNTROPISCHE FLÄCHE

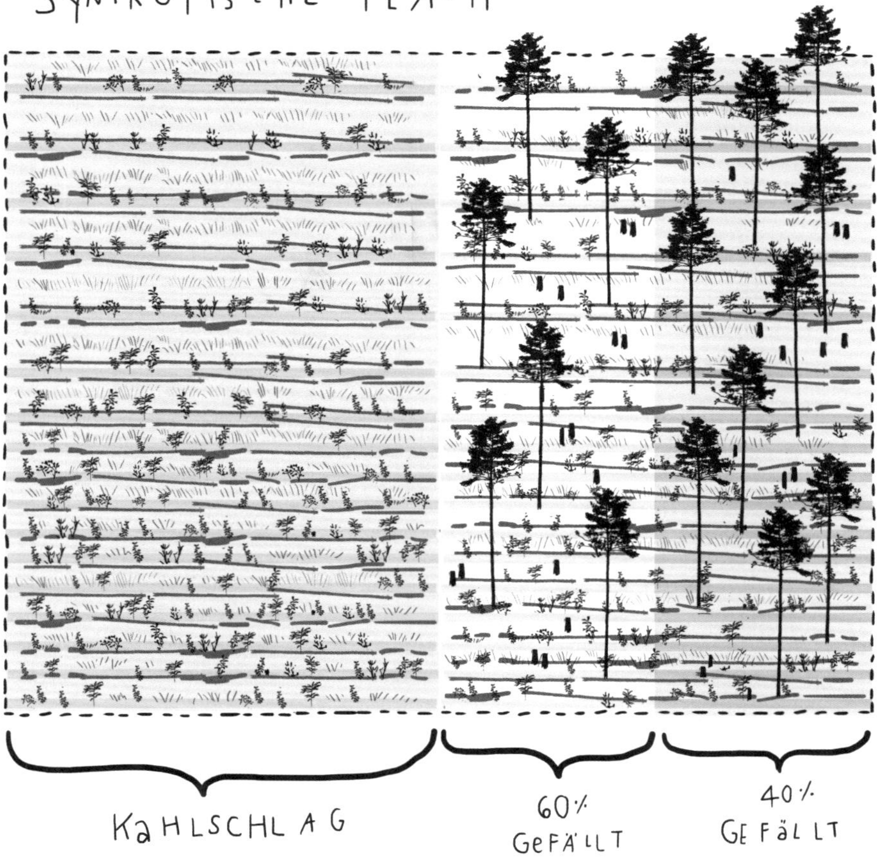

Syntropische Fläche: Hier treiben wir es auf die Spitze mit dem von uns gesteuerten Waldumbau. Nach Kahlschlag bzw. Teilfällungen setzen wir Impulse für maximale Fotosynthese, maximales Wachstum, maximale Diversität – um maximalen Bodenaufbau zu erreichen. In allen drei Teilen des umzäunten Bereichs haben wir die gleichen Baum- und Straucharten wie auf den anderen Umbauflächen gepflanzt – ergänzt durch Gewächse wie Lupine, Weidenröschen oder Waldstaudenroggen. Der Arbeitsaufwand ist am höchsten, aber auch die Erfolge. Das Wachstum explodiert!

in einen Geldwert. Es wird sich lohnen, in Nachhaltigkeit zu investieren.

Ich nehme es vorweg: Die Fläche 5 ist schon jetzt, nach einem Jahr, unser Star. Um diese Aussage zu machen, braucht man noch nicht einmal Datensätze. Das sieht man! Während sich im Lochhieb und im Mikado halbwegs etwas tut, können wir heute kaum unseren Augen trauen, wenn wir Fläche 5 betreten, genauer gesagt: den Kahlschlagbereich der Fläche 5. Hier staunen wir über ein unfassbar starkes Wachstum innerhalb der syntropischen Pflanzstreifen. Selbst im Dürresommer 2022, als wir befürchteten, dass einige junge Bäume die Extremwetterlage nicht überstehen würden, wuchs und wuchs es hier. Und nicht nur das. Schmetterlinge flatterten herum, eine Vielfalt von Laufkäfern zeigte sich, mehr Vögel kamen wieder in den Wald. Überrascht wurden wir auch in den Bereichen zwischen den Streifen, als plötzlich Betten von Blaubeeren aus dem Nichts auftauchten. Ich glaube, nur einer wunderte sich nicht: Ernst Götsch.

Agroforst-Managerin Mara und ein paar Freiwillige beim Anlegen der syntropischen Waldfläche

Renke, nimm du uns doch mal mit über diese wundersame Kahlschlagfläche und erkläre uns bitte, was das alles wieder mit Götsch zu tun hat.

Ernst sagte uns vor dem Waldumbau ganz klar: „Macht einen Kahlschlag! Die Kiefern aus der Monokultur geben kaum noch Informationen von Wachstum in den Boden, sondern Signale von Alterung, von Stagnation. Unter Bäumen, die so begrenzt wachsen, wird auch nichts anderes wachsen." Unser Waldbauprofessor Guericke von der Fachhochschule Eberswalde war geschockt, als ich ihm sagte, dass ich hier 1,5 Hektar Kahlschlag machen will. Ich ging dann auf einen Kompromiss ein, auf der syntropischen Fläche drei Varianten anzulegen. Den von Götsch empfohlenen Kahlschlag beschränkten wir auf 6000 Quadratmeter. Für die zwei anderen Varianten schufen wir – wie gerade schon von dir erwähnt – einen Bereich mit 60 Prozent und einen mit 40 Prozent weniger Kiefern. Gehen wir durch letzteren Bereich, sehen wir, dass das, was wir vor einem Jahr gepflanzt und gesät haben, ganz gut wächst. Lärche, Esskastanie, Buche, Liguster, Fingerhut, Baumhasel, Orienthimbeere, Pappel, Roteiche, ein paar Apfelsämlinge, Eberesche, Ginster und vieles mehr. Alles gemischt in nebeneinanderliegenden Reihen, die mal drei, mal anderthalb Meter Abstand haben. Gehen wir aber ein Stück weiter in den Kahlschlagbereich, sehen wir, wie dort das Wachstum förmlich explodiert ist. Es sind die gleichen Pflanzreihen mit den gleichen Bäumen, Arten, Zeitpunkten, Behandlungen. Aber die Pflanzen sind drei- bis viermal so groß, und man sieht auch: Sie werden immer größer, je weiter man bis ans Ende der Fläche geht.

Weil dort der Einfallswinkel des Lichts noch vorteilhafter ist. Ernst sagt aber ja, dass es nicht nur am Licht liegt, sondern eben auch an den Informationen an den Boden. Was genau versteht er darunter?

die STARs BEim WaldUMBau

RoBiniE

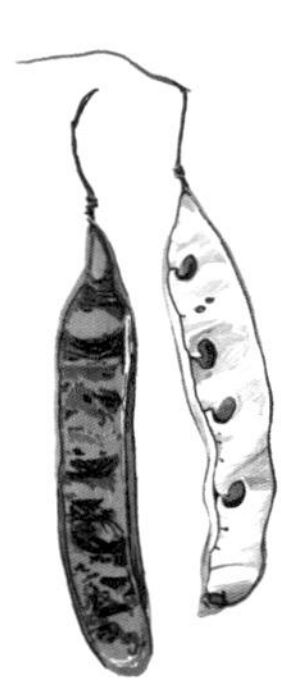

Robinie (Robinia pseudoacacia, Höhe bis 25 m, Dicke bis 40 cm) Dieser Baum ist ein Tausendsassa und gilt als Hoffnungsträger in Zeiten des Klimawandels. Das Pioniergehölz liebt das Licht und kommt relativ gut mit trockenen und heißen Sommern zurecht. Sein Holz wächst vergleichsweise schnell, ist sehr hart, gilt daher als robust, wetterbeständig und gefeit vor Insektenbefall. Knöllchenbakterien binden Stickstoff aus der Luft, welcher auf Umwegen dem benachbarten Ökosystem zugutekommt. Die Robinie gilt zwar als ein im 17. Jahrhundert aus Nordamerika eingeführter Neophyt, war aber bereits vor der letzten Eiszeit in Europa heimisch. Ihre Schmetterlingsblüten hängen sehr dicht und sind reich an Nektar. Das Laub wächst in vielen kleinen Fiederblättchen.

Das Bodenleben in den Monokulturen scheint voll auf die Kiefern eingestellt zu sein. Versucht man es dort mit der Pflanzung von neuer Diversität, ist das System anscheinend nicht in dem Maße gewillt, junge Bäume so zu unterstützen wie hier im Kahlschlag, wo die Kiefern fehlen. Dies überraschte viele Experten, weil diese von einem günstigeren Mikroklima unter den aufgelichteten Kiefern ausgingen.

Was sagen sie jetzt?

Es ist ihnen ein Rätsel. Sie waren sehr überrascht und konnten es sich nicht wirklich erklären. Und ehrlich gesagt, kann man auch nur mutmaßen. Ja, Ernst sagt, es sind Informationen, Wachstumsimpulse. Aber welche genau? Das müsste man nun mit genauerer Forschung herausbekommen. Wir haben hier jedenfalls den besten Wuchs, während auch wir anfangs dachten, es würde vieles vertrocknen. Aber es gibt so gut wie keine Ausfälle. Alles ist großartig gediehen. Besonders die Esskastanien, die wir per Samen eingebracht haben, sind zum Teil schon einen Meter hoch. Die 40er- und 60er-Felder sind auch nicht schlecht, und auch die Lochhiebe auf der anderen Fläche sehen noch etwas besser aus, aber im Vergleich zum Wachstum auf dem Kahlschlag sieht man eben diesen erheblichen Unterschied. Es stellt sich meiner Meinung nach die Frage: Lohnt es sich, zwischen den Kiefern rumzuwerkeln, oder drückt man nicht gleich auf Reset?

Was meinst du?

Es ist natürlich schon jetzt sehr verlockend, noch mehr kleinflächige Kahlschläge zu machen und die Forste schnellstmöglich neu aufzubauen. Ich hätte wahnsinnig Lust darauf. Aber es kommt ja immer auch auf die Kapazitäten und das Budget an. Für das Kleinklima deiner insgesamt 3000 Hektar wäre das jedenfalls sehr sinnvoll, genauso wie für die Risikominimierung in der

Alles kein Zufall: Auf dem eingeschweißten Pflanzplan ist genau abzulesen, wo und wie aufgeforstet werden soll

ESSKASTANIE

DIE STARS BEIM WALDUMBAU

Esskastanie (Castanea sativa, Höhe bis 30 m, Dicke bis über 1 m) Bereits im 5. Jahrhundert v. Chr. schaffte sie es von Vorderasien nach Europa. In Deutschland wächst sie bislang vor allem in wärmeren Regionen wie den Weinanbaugebieten im Rheintal oder in der Pfalz – und hat im Zuge der Klimaerwärmung nun beste Bedingungen auf größere Verbreitung auch in Brandenburg. Aufgrund des Kastanienrindenkrebses der Sativa und einer generellen Risikostreuung sind langfristig auch die Chinesische, die Japanische und die Amerikanische Esskastanie sehr interessant. Der Baum ist ein beeindruckender multifunktionaler Lieferant von Kastanien, Honig und Edelholz. Darüber hinaus ist sie Symbiosepartner von einer Vielzahl von Speisepilzen. Die Esskastanie sollte insbesondere in Zeiten des Klimawandels und mit der Dringlichkeit für mehrjährige, nachhaltige Kohlenhydratquellen mehr Beachtung finden.

LINDE

Winterlinde (Tilia cordata, Höhe bis 30 m, Dicke bis 3 m) Ein Baum mit einer in Mitteleuropa noch viel tieferen kulturellen Verwurzelung als die Eiche. Die Winterlinden können mit teils über 1000 Jahren sehr alt werden. Die nektarreichen Blüten geben Schleimstoffe frei, die seit jeher in der Volksmedizin Verwendung finden und bei Infekten im wahrsten Sinne „lindernd“ wirken. Ein gesunder Waldboden braucht eine passende Mischung verschiedener Baumarten. Die Linde aus der Familie der Malvengewächse ist dabei mit ihrer gut abbaubaren Laubstreu sowie hoher Toleranz bei Schatten, Nährstoffversorgung und Trockenheit ein Mischungsbaum, der in mitteleuropäischen Wäldern mehr Beachtung finden sollte.

Zukunft. Da man allerdings nicht alles auf einmal machen kann, sollte es meiner Meinung nach eine Mischung sein aus vielen mosaikartig verteilten kleineren syntropisch aufgeforsteten Kahlschlägen sowie der Auflichtung und Unterbauung bestehender Kiefernbestände.

Lass uns noch etwas mehr ins Detail gehen, Renke. Wie hast du den Kahlschlag strukturiert und was haben wir damit für den Bodenaufbau getan?

Grundsätzlich haben wir hier 58 Reihen angelegt. Etwa 35 Prozent des schlechtesten Holzes haben wir im System gelassen und die Stämme rechts und links entlang dieser Pflanzreihen platziert. Die Stämme funktionieren wie ein Schwamm und dienen als Wasserspeicher. Außerdem schaffen wir durch sie eine konkave Struktur, die Wasser und Energie konzentriert. Aber innerhalb des Systems gibt es Unterschiede.

In einem Teil des Kahlschlags haben wir einen Reihenabstand von drei Metern. Jede Reihe ist hier eine Zielbaumreihe und hat alle Sukzessionsstufen. Hier wachsen beispielsweise Robinie, Spitzahorn, Grauerle oder Buche. Das Besondere dabei ist, dass zwischen den Reihen Gras wächst. Das war tatsächlich der allererste Vorschlag von Ernst. Er sagte, in der Natur kommen zuerst immer Gräser hoch. Sie seien am effizientesten, um auf den extrem degradierten Standorten Nährstoffe verfügbar zu machen etwa durch Symbiosen zwischen den Feinwurzeln und den Pilzen. Zwei- bis dreimal pro Jahr sollen die Gräser geschnitten und als Mulch an die Baumreihen gelegt werden und so den Wald hochbringen. Das ist gegen jede waldbauliche Lehre. Die Forschung sagt, dass Gräser den Bäumen schaden. Aber Ernst hält ja Baumreihen und Gräser klar getrennt. Ich bin ein wenig skeptisch, muss aber sagen, dass die Baumreihen bisher nicht wirklich schlechter aussehen.

Der Kahlschlag von oben und von unten: Es ist faszinierend, wie unterschiedlich der Waldboden auf die neuen Impulse reagiert

Auf dem Teilstück daneben wachsen die Streifen nach einem anderen Prinzip.
Dort haben wir drei Reihen nebeneinander angelegt, die wir als Biomassereihen bezeichnen. Sie bestehen ausschließlich aus schnell wachsenden Gehölzen. Darauf folgt eine Zielbaumreihe, die hier länger stehen soll. In ihr sind alle Sukzessionsstufen enthalten – von der Himbeere der frühen Sukzession bis zur Eiche der späten Sukzession. Von den drei Biomassereihen köpfen wir nach zwei bis vier Jahren die Bäume auf etwa ein bis anderthalb Meter. Die Biomasse bleibt im System, und die Bäume treiben heftig neu aus. Die Zielbaumreihen u.a. mit Lärche und Esskastanie sollen Seitendruck kriegen. Dadurch wachsen sie eher gerade hoch und haben wenig Seitenäste. Nach sechs bis acht Jahren schneiden wir die mittlere Biomassereihe – und lassen ebenfalls das Material liegen. Dadurch bauen wir extrem viel Boden auf. Hier geht es also nicht darum, etwas am kostengünstigsten zu tun, sondern darum, am meisten Boden aufzubauen und am schnellsten gutes Holz zu produzieren. Etwa vier- bis fünfmal wiederholen wir den Schnitt der Biomassereihen, und dann – vermuten wir – schließen die Zielbaumreihen. Damit ist der Wald möglichst effizient hochgebracht worden. Mit dem Stutzen haben wir Wachstumsimpulse gesetzt und dabei das Wachstum des Gesamtsystems beschleunigt.

Dass es beim Waldumbau um neue Wachstumsimpulse gehen muss, ist klar. Die gute Nachricht ist jedoch, dass wir offenbar mit einem konsequenten Abschied von den naturfernen Methoden Mischwälder künstlich kreieren und ihnen eine Diversität verleihen können, die sich sonst nicht einfach so hätte bilden können. Ist das nicht verheißungsvoll? Wir Menschen sind nicht nur die großen Vernichter von Ökosystemen oder deren Bewahrer, sondern können sogar einen positiven und befördernden Eindruck auf den Wald haben! Die schnellen Erfolge im Kahlschlag vermitteln eine irrsinnige Zu-

versicht, dass wir im Angesicht gigantischer globaler Probleme doch etwas tun können – Seite an Seite mit Mutter Natur. Und das an einem Ort in Deutschland, der kaum miesere Ausgangsbedingungen haben könnte – mit maximal schlechtem Boden, maximal geringen Niederschlägen und maximal weit entferntem Grundwasser. Sicherlich müssen wir demütig bleiben und erst mal abwarten und beobachten, schließlich stehen wir noch ganz am Anfang. Aber die ersten Anzeichen sehen auf jeden Fall schon mal toll aus!

„Wie würde Deutschland aussehen, wenn man die Natur machen ließe?", werden Forstwirte oft gefragt. Man bekommt dann zuweilen zu hören, dass sich vor allem Buchen- und Eichenwälder ausbreiten würden. Ich glaube, in Anbetracht der kleinen Wunder, die wir schon jetzt auf unseren Experimentalflächen erleben, muss das so nicht sein. Von Pollenanalysen aus Mooren wissen wir, wie artenreich unsere Gegend früher gewesen sein muss. Nach der Eiszeit vor rund 10.000 Jahren und vor der Eiszeit sowieso. Heute zeigen sich auf Brachen, Kahlschlägen und Windbrüchen manchmal die verrücktesten Dinge, indem im Boden lange Verborgenes aufbricht. Und wenn wir jetzt wissen, dass wir diese Vorgänge auch noch proaktiv in bestimmte Richtungen verändern können, sind wir auch in der Lage, aus der Plantagenrepublik Deutschland wieder einen Ort hoch diverser, höchst gesunder und klimaresistenter Wälder zu machen.

Buch TIPPS

Waldbau auf ökologischer Grundlage Drei Forstwissenschaftler brachten das Lehrbuch von Alfred Dengler aus dem Jahr 1930 in der achten Auflage auf den neuesten Stand. Darin eine gute Übersicht, wie ökologischer Waldbau heute im Bezug auf Artenwahl, Verjüngung, Pflege, Gestaltung aussehen kann.

Wir sind Geschöpfe des Waldes Wolf-Dieter Storl, Kulturanthropologe und Ethnobotaniker, ergründet die jahrtausendealte Verbindung zwischen Wald und Mensch. Für ihn sind Wälder nicht nur Ökosysteme, sondern Teile unserer Seelenlandschaft. Ein Augenöffner!

Die Bäume und das Unsichtbare Ernst Zürcher, Schweizer Professor für Holzwissenschaften, zeigt Bäume von einer anderen Seite. Er ergründet ihre Langlebigkeit, die Gezeiten in ihren Stämmen oder den kosmischen Puls der Knospen – und untermauert alles mit Erkenntnissen der Forschung.

Alltags TRICKS

······· von Renke de Vries ·······

1

Bewusster durch den Wald Wann haben Sie den letzten Waldspaziergang unternommen? Ein paar Stunden zwischen Bäumen sind nicht nur aufgrund ihrer Duftstoffe, der Terpene, äußerst gesund. Sie können die Zeit auch nutzen, um mal wieder mit diesem wunderbaren Ökosystem in Kontakt zu treten. Am besten suchen Sie sich einen Misch- oder Laubwald aus für den nächsten Trip. Und dann legen Sie sich auf den Boden und holen eine Handvoll Erde unter dem Laub hervor. Riechen Sie daran, beobachten Sie sie und machen Sie sich bewusst, dass dies unsere Lebensgrundlage ist! Und dann beobachten Sie den Wald im Großen und stellen sich auf Ihrem Weg ein paar Fragen: Wie vielen Baum- und Straucharten begegne ich? Welche Alters- und Höhenstufen sehe ich? Wie fühlt sich die Atmosphäre an?

2

Tiere beobachten Je naturbelassener und diverser der Wald, desto höher ist die Vielfalt der Wildtiere. Über 6000 Arten soll man noch in deutschen Wäldern antreffen, die wenigsten davon sind große Wirbeltiere. Muss man sich für spektakulärere Sichtungen von Luchs (z.B. Harz) oder Wildkatze (z.B. Hunsrück) die richtigen Wälder aussuchen, kann man das klassische Rehwild oder auch Fuchs und Dachs fast überall beobachten. Da die Tiere geschärfte Sinne haben, gilt jedoch dabei: langsam und leise gehen, die Tiere nicht in Windrichtung ins Visier nehmen und vor allem: Geduld haben. Wer mithelfen möchte, die Häufigkeit bestimmter Tierarten in Wald, Feld und Stadt zu erfassen, findet unter buergerschaffenwissen.de interessante Projekte.

3

Aufgepasst beim Internetpflanzen! Wer keinen Wald besitzt, aber das Gefühl hat, selbst Bäume pflanzen zu müssen, der kann das längst über zahlreiche Baumpflanzportale tun. Dabei steht meist der Klimanutzen im Mittelpunkt. Eine Buche muss 80 Jahre wachsen, um eine Tonne CO_2 zu binden, werben die einen. Der sehr schnell wachsende Blauglockenbaum (auch Paulownie genannt) schafft in 20 Jahren 46 Mal so viel CO_2 wie eine deutsche Eiche, werben die anderen. Doch nicht auf einzelne Baumarten oder nur den Faktor CO_2 kommt es an. Es geht darum, artenreiche, nachhaltig bewirtschaftete Mischwälder zu schaffen und zu erhalten. Plantagen von Paulownien oder Akazien bringen uns dabei nicht weiter. Am besten, man fördert lokale Projekte, bei denen man sich selber von der Transparenz überzeugt, und meidet schwer nachprüfbare weit entfernte Projekte, welche schon für wenige Cent versprechen, einen Baum zu pflanzen.

4.

Unsere Vision – und was sich ändern muss

Es ist der 21. Juni 2035, kalendarischer Sommeranfang, ein Ausdruck aus vergangenen Zeiten. Sommerliche Temperaturen misst man in Mitteleuropa bereits seit März, es war mal wieder der wärmste seit Beginn der Messungen vor etwa 150 Jahren. Das so wichtige Pariser Klimaziel, den menschengemachten Temperaturanstieg – von Beginn der Industrialisierung an gerechnet – unter der 1,5-Grad-Marke zu halten, haben wir bereits vor fünf Jahren gerissen. Längst sind wir auf einem der mittleren Pfade, die für die Weltklimaberichte berechnet wurden, bald steht eine Zwei vor dem Komma, auch wenn der Menschheit schon vieles auf dem Weg in die Klimaneutralität gelungen ist. Dennoch gehört es zu den Erfordernissen des Alltags, mit Extremwetterereignissen zurechtzukommen, mit Dürren, Starkregen und Stürmen. An diesem Tag im Juni meldet Berlin schon morgens um neun Temperaturen von 28 Grad, sogenannte Tropennächte sind zur Normalität geworden. Hier in Madlitz – inmitten unserer Agroforstsysteme – messen wir „*nur*" erträglichere 22 Grad. Und nicht nur hier. Über Deutschland breitet sich ein Teppich kleiner Oasen aus, denen es gelungen ist, ihr Mikroklima selbst zu steuern und das Extremwetter weitestgehend zu beherrschen. Eine neu ausgerichtete Forschung hat den lange Zeit aufs Kohlendioxid konzentrierten Blick auf andere Themen – wie natürliche Wasserkreisläufe und Kühlungseffekte von Pflanzen und Bäumen – erweitert und zu ebendiesen Orten der Hoffnung geführt. Für viele wirkt es wie ein Wunder, hat man doch jahrelang geglaubt, dass allein die Technologie alle Probleme würde lösen können. Zu sehen, wie viel Achtung und Liebe die Natur mittlerweile erhält, obwohl sie einfach nur das macht, was sie immer macht, erfüllt mich und uns mit wahnsinniger Freude.

MADLITZ

21. Juni 2035

Das Phänomen zeigt sich in so vielen Facetten. Auf den ersten Blick natürlich in der Artenvielfalt. Der Wiedehopf, vor 15 Jahren noch eher seltener Gast, kommt regelmäßig zu Besuch und brütet in unseren Nisthilfen; Schwarzstorch und Seeadler sehen wir über Madlitz und den Madlitzer See gleiten; auf unseren Feldern ist die Hölle los, Insekten genauso wie Rebhühner, Fasane und Wachteln erfreuen sich an ihrer täglicher Routine. Und das Schönste: Im Frühjahr hört man den Paarungsruf der Rotbauchunke, die es über die Biotopvernetzung wieder zu uns geschafft hat. Ältere Menschen aus dem Dorf kommen zu uns und schwärmen von alten Zeiten. Gehörte doch der Ruf der Rotbauchunke früher zum Dorf wie der Schlag der Kirchenglocke.

Aus der Vogelperspektive erscheint die Region Madlitz als grüner Fleck in einer von der Hitze malträtierten Landschaft. Im Jahresschnitt regnet es deutlich mehr pro Quadratmeter als im Rest Brandenburgs, besonders jetzt ab Juni können wir uns wieder über die klassischen Sommergewitter freuen, der Boden hält das Wasser wie ein Schwamm, und der Grundwasserspiegel hat sich stellenweise um mehrere Meter angehoben.

Mitverursacher wie Profiteure sind unsere Agroforstsysteme. Die Ernten des zwischen den Baumstreifen stehenden Getreides sind verlässlicher geworden. Die Mutterbäume der frühen Sukzession haben ihre Endhöhe erreicht und werden in diesem Sommer wieder auf fünf Meter zurückgestutzt. Das prall gefüllte Erntejahr hat im Frühsommer mit den Kirschen begonnen, enden wird es mit den Mispeln und dem ersten Frost. Dazwischen folgt Ernte auf Ernte: Äpfel und Birnen, Getrei-

„ICH SEHE BAUMSTREIFEN AUF ALL UNSEREN ACKERFLÄCHEN. EGAL WOHIN DAS AUGE SCHWEIFT, FINDET MAN EINEN BAUM AM HORIZONT."

Rosanna Gahler

21. Juni 2035

de und Hülsenfrüchte, Beeren und Nüsse, tonnenweise Sanddorn und Tafeltrauben. Inzwischen haben wir auch Milch, Käse und Butter im Sortiment. In manchen Bereichen laufen wie selbstverständlich mal Hühner, mal Rinder, mal Schafe durch die Baumstreifen. Neue Kollegen gibt es auch. Wir halten sie im Wald, denn dort fühlen sie sich am wohlsten, unsere Schweine. Apropos Wald: Auf der syntropischen Kahlschlagfläche wuchert es, am Boden konnte sich eine gut sichtbare Humusschicht bilden, der pH-Wert liegt mittlerweile bei 6,5. Aufgrund des kühleren Mikroklimas hat sich viel Leben hierhin geflüchtet. Aber weil wir uns damit nicht zufriedengeben, müssen unsere feuer- und sturmgefährdeten Kiefernmonokulturen Hektar für Hektar hochdiversen Mischwäldern weichen. Jenseits des Waldes haben wir durch die Umstellungen im Ackerbau

„WIR FEIERN FETTE REGENERATIVE FESTIVALS! MADLITZ BEGEISTERT DIE MENSCHEN. VON DER PRAXIS INSPIRIERT, TRAGEN SIE DAS WISSEN IN DIE WELT."

Laurenz von Glahn

Diversität als Schlüssel: Die syntropischen Systeme versorgen sich selbst

Multifunktionale Landnutzung:

Mehrere Ernten auf einer Fläche im selben Jahr

21. Juni 2035

Sommer-Getreideernte

Herbst-Fruchternte

Winter-Beweidung der Untersaaten

Sommer Herbst Winter

In dieser exemplarischen Darstellung zeigen wir die Potenziale, die die Natur uns über das Jahr hinweg ermöglichen könnte. **Im Sommer** ernten wir das Wintergetreide. Die mit dem Getreide gepflanzte Untersaat aus Klee und Gräsern schützt nach der Ernte den Boden vor Sonneneinstrahlung und Erosion und versorgt ihn über Fotosynthese wieder mit Nährstoffen. Die Baum- und Strauchstreifen verringern die Windgeschwindigkeit und halten damit Wasser auf der Fläche. **Im Herbst** können wir die Früchte der mehrjährigen Streifen ernten. **Im Winter** führen wir die Kühe auf die Fläche. Sie fressen die Untersaat und tragen über ihre Ausscheidungen zum Schließen der Nährstoffkreisläufe bei. Durch das wiederholte Umstellen der Kühe werden die Nährstoffe gleichmäßig verteilt. Das herabgefallene Laub verbleibt auf der Fläche und trägt zusammen mit den Wurzeln zur Kohlenstoffspeicherung im Boden bei. Nach der Beweidung und einer flachen Bodenbearbeitung steht **im Frühjahr** die Aussaat des Sommergetreides an. Die genaue Ausgestaltung eines solchen Systems hängt immer vom regionalen und betrieblichen Kontext ab. „There's no silver bullet", würden meine amerikanischen Kollegen sagen.

und das Integrieren der Kurzumtriebsweide dem Boden sein ursprüngliches Wesen als komplexer, lebendiger Organismus zurückgeben können. Wir konnten unseren Humusgehalt stellenweise auf fünf Prozent steigern. Dank des intensiven Einsatzes der Mikroorganismen aus den variantenreichen Kompostierungsverfahren haben wir es hinbekommen, unsere früher noch sehr sandigen und verdichteten Böden in gut durchlässige, krümelige und fruchtbare Erde zu verwandeln.

Die Baumschule hat sich wie ein Pilzmyzel ausgeweitet und hinterlässt, wenn sie auf unserem Terrain weiterzieht, stabile, intakte syntropische Systeme. Hauptsächlich veredelt der Boy, so nennen wir ihn immer noch, jedoch direkt im Feld anstatt in den Pouches. Im Zuge unserer Ausbildungs- und Aufklärungsoffensive begrüßt er ständig Schulklassen, Branchenkollegen und Politikergruppen. Gerade der letztgenannten Klientel ist er ausnahmsweise mal sehr dankbar, denn in Brüssel wurden nicht nur alte Zöpfe wie das flächenbasierte Subventionssystem abgeschafft, sondern es wurde auch der Anbau von Hanfpflanzen vereinfacht und entbürokratisiert. Auch mit ihrer Hilfe ziehen wir nun also unsere Systeme hoch und haben auf Impuls von Johannes Produkte wie Hanföl und Hanffasern in unser Portfolio aufgenommen.

Unsere Stiftungsarbeit haben wir immer weiter ausbauen, neue Partner und Partnerinnen gewinnen und ein unabhängiges On-farm-Forschungsinstitut aufbauen können. Mit unserer Akademie bringen wir Jahr für Jahr Tausende Menschen zusammen, um über den Boden die unterschiedlichsten Erfahrungen, Erkenntnisse und Einsichten auszutauschen. In unserem Ausbildungsrestaurant bieten wir Kurse an, um den Zusammenhang zwischen Bodengesundheit und Geschmack zu vermitteln. Im Wochenrhythmus gehen internationale Gruppen von Landwirten und Wissenschaftlerinnen ein und aus. Sie hören Vorträge in unseren Seminarräumen, besuchen Workshops auf den Feldern. Ganz besonders freut uns die Nachfrage von Ärztinnen und Ärzten, in deren Ausbildung die Heilung durch Nahrung zunehmend eine große Rolle spielt, Nahrung, die aus einem gesunden Boden kommt! Häufig zu Gast sind Vorstände großer Unternehmen, die durch das direkte Erleben von Regeneration inspiriert werden, die Kursinhalte zu den „Inner Development Goals" treten spürbare Veränderungsprozesse in ihnen los. Expertinnen und Experten kommen aus der ganzen Welt, um Vorträge zu halten, und das Themenspektrum ist breit: Gehirnforschung, Architektur, Gesundheit, das Leben auf dem Land. Ingenieurinnen und Ingenieure diskutieren mit uns die Rolle von Technologie, orientiert an den regionalen ökologischen Bedarfen von Naturräumen. Unsere diversen Kooperationen mit Start-ups und anderen Initiativen haben eine Reihe neuer Maschinen und Potenziale hervorgebracht. Diese Maschinen, Werkzeuge und Software-Angebote sind in den vergangenen Jahren ein wesentlicher Teil der Transformation der Landwirtschaft geworden.

Das alles geschieht nicht nur in Madlitz. Das Modell, Landwirtschaft zu kombinieren mit einem unabhängigen interdisziplinären On-farm-Forschungsinstitut, wurde an anderen Standorten aufgenommen und ausgedehnt. Deutschlandweit ist ein ganzes Netz von Orten entstanden, an denen gemeinsam und unabhängig an Lösungen für die aktuellen Herausforderungen gearbeitet wird. Alle neuen Standorte funktionieren angepasst an den jeweiligen ökologischen und klimatischen Regionalkontext und fördern auf diese Weise die sinnvollsten Varianten von Empfehlungen für Bodenaufbau und Anbau zutage. Das Ziel hingegen bleibt überall das gleiche: die Abhängigkeiten insbesondere von der Synthetik zu reduzieren, um wieder autark zu werden und durch die Landnutzung den Boden, die Luft, das Wasser, die Tiere und die Menschen gesund zu machen.

Auch der Marktgarten von Anne und Deacon prosperiert und hält dem heißen Klima stand. Er hat sich zu einem resilienten und äußerst fruchtbaren syntropischen System entwickelt, das ohne Dünger Lebensmittel mit unvergleichlichem Geschmack hervorbringt. Ich habe noch nie so sensationelle Tomaten gegessen! Ausfälle durch sogenannte Schädlinge kennen die beiden nicht. Die Diversität der Mikroorganismen im Boden lässt das Gemüse so gesund groß werden, dass es jeder Herausforderung gewachsen ist. Die Wissenschaftler reiben sich die Augen, auch auf dem Terrain von Ackerpulco untersuchen sie, was genau diese Resilienz ausmacht und die hohe Nährstoffdichte im Gemüse. Deacon und Anne sitzen währenddessen hinter ihrem Tiny House im Schatten auf einer Bank und lesen beim Kaffee die vielen Nachrichten, die sie im Austausch mit den Tausenden von Marktgärtnerinnen aus

Die Natur erfreut uns mit ständig wechselnden Geschenken – wie Sonnenblumen in den Agroforststreifen oder saftigen Kirschpflaumen (u.)

21. Juni 2035

„Regenerativ arbeitende Landwirte sind zu IDOLEN geworden und werden verehrt wie Rockstars!"

Johannes Harms

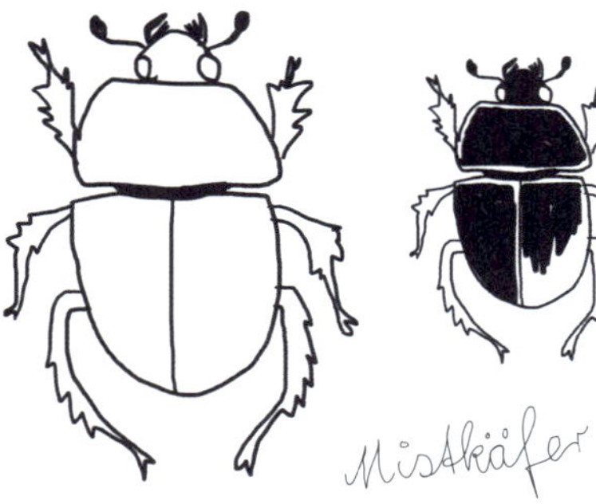

aller Welt wie auch von zahllosen interessierten Berufsanfängern und Studienpraktikanten erhalten.

Um den Nachwuchs in unserer Branche ist es bestens bestellt. Viele junge Menschen sind in den vergangenen Jahren in die Landwirtschaft geströmt, weil sie erkannt haben, dass die Veränderung der Landnutzung die beste Art des Aktivismus ist. Landwirt zu sein ist im Jahr 2035 längst einer der coolsten Jobs überhaupt. Wir haben das niedrigste Alter aller Landwirtinnen und Landwirte in ganz Europa. Deutschland ist weltweit Vorreiter einer unabhängigen und autarken Landwirtschaft. Wir leben vor, was es heißt, selbstbestimmt regenerative Landwirtschaft zu betreiben, unabhängig von Großkonzernen zu produzieren, dezentral zu verarbeiten, krisenfest zu sein und die Menschen mit gesunder Nahrung zu versorgen. Die Forschung macht immer größere Fortschritte, um erklären zu können, dass Nahrung aus gesundem Boden auch zu einer gesunden Psyche des Menschen führt. Es ist ein richtiger Pioniergeist entstanden, die wiederentdeckte Begeisterung für Boden und Pilze ist überall zu spüren.

weitere auf Seite 226 ⟶

Beschleuniger unserer Vision – die Finck Stiftung

Anfang 2021 haben wir eine gemeinnützige Stiftung gegründet, um unsere wissenschaftliche Arbeit weiter ausbauen und unser Ziel weiterverfolgen zu können: Erfahrungen, Erkenntnisse und Daten über die Bedürfnisse regenerativer Landwirtschaft zu gewinnen, damit wir sie dann später nach dem Open-Source-Prinzip an Forschung, Bildung, Naturschutz und Gesellschaft weitergeben können. Zu Ehren meines Stiefgroßvaters, Karl-Wilhelm Finck von Finckenstein, nannten wir sie „Finck Stiftung“. Seit Gründung ermöglicht es ihre finanzielle Ausstattung, die wir über öffentliche Förderungen und private Spenden sicherstellen, all unsere Aktivitäten wissenschaftlich begleiten zu lassen. Anwendungen und Resultate regenerativer und multifunktionaler Landwirtschaft werden so messbar, nachweisbar, greifbar, reproduzierbar. Wir erwarten uns in der Folge breite Lösungen für unsere strapazierten Böden, die schwindende Artenvielfalt und unsere im Zuge von Klimawandel fragil gewordenen Ernährungssysteme. Dabei stehen gemäß den Satzungszwecken neben der wissenschaftlichen Forschung, Entwicklung und Bewertung von resilienten Landnutzungsmodellen die Förderung von Bildung und Ausbildung sowie Natur- und Umweltschutz im Vordergrund.

In rund anderthalb Jahren konnten wir wichtige Führungspositionen für unser Vorhaben besetzen, mit wissenschaftlichen Instituten Kooperationsverträge schließen und eine Datenbank inklusive georeferenzierter Web-App erstellen, um unsere Messungen managen und einen digitalen Zwilling von unseren Flächen entwickeln zu können. Dort hinein fließen etwa die Werte von Bodenproben, welche an 10.000 GPS-Koordinaten auf 1.000 Hektar landwirtschaftlicher Fläche entnommen und von fünf verschiedenen Laboren analysiert wurden. Auch die Inventarisierung unserer Agroforstsysteme, welche jeden Baum und jeden Strauch inklusive deren Zustand erfasst, fließt in die Datenbank ein. Gleichzeitig erfassen wir mithilfe von Sensoren laufend Umwelteinflüsse wie Sonneneinstrahlung, Niederschlagsmengen, Temperatur und Bodenfeuchte. Am Ende werden wir einige Millionen Datenpunkte gesammelt haben, die teils manuell, teils durch Sensoren und Drohnen das festhalten, was wir hier vor Ort umgesetzt haben. Noch wichtiger: Sie werden zeigen, wie sich Boden, Pflanzen und Tiere durch die regenerative Landnutzung entwickeln. Neben dem Fokus auf ökologische Effekte ist uns wichtig, ökonomische Zahlen zum In- und Output im Rahmen unserer wissenschaftlichen Tätigkeit aufzunehmen.

Wir sind mit unserer Arbeit noch ganz am Anfang und wir werden erst in einigen Jahren wirklich sehen können, welche regenerativen Maßnahmen auf unserem Standort welchen Erfolg haben. Auf dem Weg werden wir viele Erfahrungen und sicher auch viele Fehler begehen. Wir sind aber felsenfest davon überzeugt, diesen Weg unbedingt gehen und dafür bereit sein zu müssen, ebendiese Fehler zu machen. Nur so werden wir auch Antworten auf die unvorhersehbaren Herausforderungen der Zukunft finden.

Mehr zur Arbeit der Finck Stiftung auf *finck-stiftung.org*

5 Highlights

unserer wissenschaftlichen Arbeit bisher

Frühjahr 2019

Das ganzheitliche **Weidemanagement** beginnt. Wissenschaftlich begleitet vom Leibniz-Institut für Gewässerökologie und Binnenfischerei.

Winter 2019/20

Pflanzung des **syntropischen Agroforstsystems.** Absicht ist, eine Art DNA-Labor mit 200 Sorten entstehen zu lassen und zu testen, was sich hier bewährt. Das Leibniz-Institut für Gewässerökologie und Binnenfischerei ist mit an Bord, misst Bodenfeuchte, nimmt Wetterdaten, befliegt per Multispektralkamera. Prozess-, Kosten- und Leistungsdaten wie Ernte- und Fruchtpotenzial wandern mit dem Start unserer Stiftung in unsere Datenbank. Hier arbeiten wir etwa mit den Experten des Kuratoriums für Technik und Bauwesen in der Landwirtschaft (KTBL) zusammen.

Frühjahr 2021

Aufbau der **Kompostierung**. Der Fokus liegt auf dem Nutzen für Humusaufbau, für ein ausgewogenes Pilz-Bakterien-Verhältnis und gesunde Mikrobiologie im Boden. Hier kooperieren wir unter anderem mit dem Julius Kühn-Institut und der Universität Tübingen.

Frühjahr 2021

Die **Baumschule** entsteht, um angepasstes Saat- und Pflanzgut zu gewinnen, das Klimaresilienz besitzt. Wir wollen so einen Genpool aufbauen und bestimmte Sorten bewahren.

Winter 2021/22

Der **Waldumbau** beginnt. Wir wollen die wahren Leistungen und Kosten qualitativ und quantitativ sichtbar machen, die entstehen, wenn eine Monokultur in einen vielfältigen Mischwald verwandelt wird. Wichtig sind auch Daten, die den Einfluss auf Boden, Artenvielfalt, Wasser, Lufttemperatur beschreiben. Wir kooperieren mit der Hochschule für nachhaltige Entwicklung Eberswalde sowie dem Julius Kühn-Institut.

21. Juni 2035

„Die Politik hat das enorme Potenzial der exponentiell wachsenden Marktgarten-Bewegung erkannt."

Anne Kaulfuß

Auch politisch hat sich einiges verändert. Immer stärker ist das Verständnis gewachsen, dass Fortschritt nicht rein technologiebasiert ist, sondern dass Fortschritt eben auch der Weg zurück zur Natur ist. Heute wissen wir, dass die Landnutzung der mit Abstand größte Hebel ist im Umgang mit den großen gesellschaftlichen Herausforderungen. Weil die Bodengesundheit am Anfang einer Vielzahl existenzieller Ökosystemfaktoren steht, gilt die Landwirtschaft nun als Schlüsselbranche und ihre Vertreter als zentrale und ehrenvolle Figuren des Wandels. Subventionen werden vom Bodenaufbau her gedacht und nicht mehr per Flächenmaß vergeben. Tierbestände wurden an die regionalen Ökosysteme angepasst, Futter wird regional angebaut, Futterimporte gehören der Vergangenheit an. Durch die Finanz- und Planungszahlen für multifunktionale Landnutzungssysteme konnte auch unsere Finck Stiftung einen Teil dazu beitragen, dass sich verschiedene Methoden der regenerativen Landwirtschaft immer weiterentwickelt und ausgebreitet haben und mittlerweile zu Grundpfeilern der Agrarpolitik geworden sind. Mehrere Ernten im selben Jahr auf derselben Fläche sind fest in der Landnutzungsphilosophie verankert, und die Ausrichtung der technologischen Entwicklungen zielt immer mehr auf diese Systeme ab.

Mit der Umsetzung von Maßnahmen wie dem „True Cost Accounting" oder der Veränderung der landwirtschaftlichen Rechnungslegung werden auch die Ökosystem- und Sozialleistungen der Land- und Forstwirtschaft quantifiziert und monetarisiert, negative Folgekosten in Umwelt und Gesellschaft sichtbar gemacht. Produkte mit hohen ökologischen und sozialen Folgekosten sind teurer geworden, Produkte mit hohen ökologischen und Sozialleistungen dagegen teilweise sogar günstiger.

Nun aber zurück in die Gegenwart. Wie wäre es, wenn diese Madlitzer Vision, all diese Wünsche, Utopien und Projektionen im Jahr 2035 in voller Pracht stehen würden – oder zumindest Teile davon! Dafür müssten wir allerdings das Tempo erhöhen. Wir haben in den vergangenen Jahrzehnten viel Zeit verloren, und jetzt sitzt sie uns im Nacken. Weil sich das Handlungsfenster Jahr um Jahr weiter schließt, um Entscheidungen zu treffen, die uns noch in eine halbwegs lebenswerte Zukunft führen, kommen wir nicht umhin, im Sinne unserer Utopie alle Beteiligten einer ernst gemeinten Agrarwende zum Handeln aufzurufen. Wir wissen, dass wir diese gigantische Aufgabe nur lösen können, wenn wir Fronten befrieden, den Schulterschluss üben und gemeinsam handeln. Energiewende ja. Verkehrswende auch. Aber der Haupthebel wird in der Landnutzung liegen. Wir haben gelernt, dass unser Planet allein durch eine Rückbesinnung auf die Kräfte des Bodens zu retten wäre!

deshalb appellieren wir aus dem kleinen Örtchen Madlitz heraus …

1.

… an die Landwirtschaft!

Nicht selten in den vergangenen Jahrhunderten mussten eine bessere Zukunft, Fortschritte, Erneuerungen von Rebellen erkämpft werden. Gerade die Landwirtschaft ist eine Branche, die sich sehr gut darin auskennt. In den allermeisten Fällen war es um Ungerechtigkeiten gegangen sowie um gesellschaftliche und ökonomische Verhältnisse, die von den Bauern als ungerecht empfunden wurden, weil sie zu extremen Notlagen führten.

Auch heute gibt es ein starkes Empfinden von Ungerechtigkeit. Landwirtinnen und Landwirte werden gern für etwas verantwortlich gemacht, das sie selbst nicht zu verantworten haben. Klar, viele Ökosysteme sind am Limit. Und ja, auch die Böden stehen vielerorts vor dem Kollaps und damit unsere Ernten und die Versorgungssicherheit. Aber das liegt ja nicht an unseren Bäuerinnen und Bauern! Sie sind in der Regel einfach den Anforderungen von Politik und Gesellschaft gefolgt. Wir wollten Masse, und das so günstig wie möglich. Folglich haben sich die Landwirte immer weiter spezialisiert, standardisiert, haben investiert und sind heute oft verschuldet, abhängig und gefangen in ihrem jeweiligen Produktionssystem. Viele wissen nun nicht mehr, wie es weitergehen soll unter dem Zwang, immer mehr zu produzieren, und das zu möglichst billigen Preisen, um am Weltmarkt konkurrieren zu können. Und jetzt sollen sie sich aus diesem Dilemma allein herauskämpfen, während die Inputpreise teurer werden, die Produktionsbedingungen schlechter und die Achtung für ihren Berufsstand in der Gesellschaft weiter abnimmt? Jetzt, wo die Betriebe gleichzeitig fit für die Zukunft gemacht werden müssen. Sie müssen bodenschonender arbeiten, Synthetik reduzieren, Tierwohl erhöhen, Vielfalt erhöhen, Einkommen diversifizieren und sichern.

Parallel zum voranschreitenden Verlust unserer Naturräume läuft ein anderes Sterben – das der Bauernhöfe. Eine Studie des EU-Agrarausschusses kam 2022 zu dem Ergebnis, dass die Anzahl der landwirtschaftlichen Betriebe in der Europäischen Union zwischen 2003 und 2016 von etwa 15 auf 10 Millionen gesunken ist. Mit einem Minus von 38 Prozent waren besonders die kleinen Höfe betroffen. Das ist dramatisch! Nehmen die Betriebe doch eine so wichtige Rolle in den ländlichen Gegenden ein. Zum einen natürlich aufgrund der Arbeitsplätze, vor allem aber weil sie Verbindungen zwischen Mensch und Region schaffen und damit die Möglichkeit der Identifikation. Was passiert denn, wenn industrialisierte Strukturen übernehmen? Wenn die Investition ausschließlich nach Profitabilität getätigt und ausgerichtet wird? Werden dann öffentliche Leistungen übernommen, der Boden aufgebaut, die Menschen aus der Region mit einbezogen, die Bezahlung fair strukturiert und die Tiere gut behandelt? Die Frage der Landnutzung ist weltweit ausschlaggebend für die Entwicklung und den Zusammenhalt in ländlichen Räumen.

Und es sind nicht nur die Höfe, die sterben, es sind auch die Landwirte selbst. In Europas führender Agrarnation Frankreich – das hörte ich während des Dürresommers 2022 im Deutschlandfunk – nahm sich laut einer Studie im Erhebungsjahr 2015 alle zwei Tage ein

Geht „regenerativ" überall?

Regenerative Landwirtschaft funktioniert überall. Jeder kann sie machen. Betriebsgröße und -art oder Standort spielen dabei keine Rolle. Im ersten Schritt ginge es lediglich um eine Analyse der Standorteigenschaften sowie der Herausforderungen und Ziele gepaart mit dem Versuch, möglichst viele dieser Herausforderungen auf natürliche Weise zu lösen. Man beobachtet die Natur und hinterfragt die Ursachen der Herausforderungen, um dann sein Management anzupassen. Das kann an manchen Standorten mehr Kompostierung und die Nutzung von Zwischenfrüchten sein, an anderen das Integrieren von Agroforstsystemen und Weidehaltung von Rindern, auf wieder anderen kann es der Versuch sein, die Abhängigkeiten von synthetischen Mitteln mit der Nutzung biologischer Alternativen zu verringern. Regenerativ zu arbeiten ist kein Ziel, es ist ein Weg, auf den man sich begibt. Wobei sich das Ziel der Natur immer weiter anpasst und sich in ihrem Sinne verändert. Ein sinnstiftendes regeneratives Landnutzungssystem baut über die Nutzung den Boden auf, erhält oder erhöht die Biodiversität, schließt weitestgehend Nährstoff-, Wasser-, und Energiekreisläufe, geht mit den Menschen und Mitgeschöpfen im und um den Betrieb gut um und produziert Nahrung, die zur Gesundheit beiträgt.

Bauer das Leben. Zählt man die Landwirte im Ruhestand hinzu, waren es insgesamt 579 Menschen. In dieser Branche, so die Recherche, sei das Selbstmordrisiko fast doppelt so hoch wie in der Gesamtbevölkerung. Die Gründe: Wetterextreme, steigende Preise, sinkendes Ansehen. Auch in den USA und erst recht in Indien kennt man dieses Phänomen. In Deutschland sucht man offizielle Statistiken zu Selbstmorden unter Landwirten vergeblich.

Wie kann das sein? Wie konnten wir die Menschen, die jeden Tag mit ihrer Arbeit all das tun, was wir als Gesellschaft benötigen, in solch eine Lage bringen? Es sind doch die Förster, die Fischer und die Landwirtinnen, die Bodenschutz, Wasserschutz, Biodiversitätserhalt, Lebensmittelversorgung und viele andere Dinge ermöglichen. Und gerade diese Menschen werden kaum respektiert? Gerade ihnen wird die Lebensgrundlage entrissen?

Ich wage die Aussage, dass die Art des Wirtschaftens in meiner Branche absolut lebensfeindlich geworden ist. Lebensfeindlich für die Bodenorganismen, die Pflanzen, die Tiere, die Bauern und letztlich auch für die Verbraucher. Wir wissen, dass die wesentlichen Stellschrauben in der Politik betätigt werden müssen. Die anfangs erwähnte EU-Studie zum Höfesterben bewertet die Situation in drastischer Selbstkritik so, dass die Gemeinsame Agrarpolitik der Europäischen Union (GAP) nicht fähig sei, *„die neuen gesellschaftlichen Herausforderungen angemessen zu bewältigen, und dass sie nur begrenzt in der Lage ist, die Zwänge der Agrarmärkte mit dem Europäischen Agrarmodell und neuen gesellschaftlichen Anforderungen in Einklang zu bringen. Der politische Rahmen verfolgt die Ziele der nachhaltigen Entwicklung in puncto Ökonomie, Ökologie und Soziales, mindert aber* *kaum die Auswirkungen der Marktmechanismen auf die strukturelle Anpassung und die Resilienz der Ernährungssysteme.*" Wer vertritt eigentlich die wahren Interessen der Landwirtinnen und Landwirte in den Hinterzimmern der Politik?

2019 ermittelte eine brisante Lobbyismus-Studie des Instituts Arbeit und Wirtschaft der Universität Bremen, dass eine kleine Gruppe von Akteuren aus Politik, Bauernverband und Agrarwirtschaft strategische Schlüsselpositionen besetzt hält. Die Landwirtschaftspolitik in Brüssel und Berlin scheint laut Studie durchsetzt von Abgeordneten, die zugleich Lobbyisten sind. Zudem scheinen diejenigen Interessenvertreter in Parlamenten unterwegs zu sein, die eng mit Düngemittelfirmen, Landtechnikherstellern oder Banken zusammenhängen. Sie alle sind Teil eines überschaubaren, aber extrem hart geschmiedeten Netzwerks, das, so das Fazit der Studie, ein wesentlicher Grund dafür sei, „*weshalb Umwelt und Natur, Tierwohl, Gewässer- und Klimaschutz bei politischen Entscheidungen häufig auf der Strecke bleiben*".

WIR LANDWIRTE sind es doch, die ALL das, was wir benötigen, liefern können!

Welcher Status quo soll denn da bewahrt werden? Ein großer Teil der Landwirte ist am Straucheln und weiß heute kaum mehr, wie es weitergeht. Die Kolleginnen und Kollegen haben Zukunftssorgen und keine Planungsgrundlagen. Geht es denn den Böden und der Biodiversität gerade so gut? Verdienen wir als Landwirte denn noch genug? Haben wir noch Freude und Passion für die Landwirtschaft? Wollen derzeit Kinder, Schüler und Studenten in die Landwirtschaft? Wem nutzt der aktuelle Stand? Nicht dem Nachwuchs! Nicht der Gesundheit! Nicht dem Boden!

Natürlich wird es bei den notwendigen Umstellungen auch Verlierer unter den Landwirten geben. Darauf müssen wir uns einstellen. Aber das muss eben offen und ehrlich definiert und kommuniziert und es müssen für den Veränderungsprozess die richtigen Rahmenbedingungen geschaffen werden. Natürlich sind die politischen Aktivitäten insbesondere auf europäischer Ebene sehr zäh und Veränderungen nur langsam durchsetzbar, all das darf jedoch keine Ausrede sein. Und natürlich müssen wir auch kritisch über die Rolle der Multinational Corporates sprechen, der weltweit agierenden Großkonzerne. Wer mit seinem Geschäftsmodell einen so unglaublichen globalen Einfluss auf unsere Ernährungssysteme hat, muss sich der Verantwortung im Sinne der Ökosysteme und der Gesellschaft stellen. Die einseitige Ausrichtung im Sinne der Aktionäre können wir uns nicht länger leisten.

Wir merken alle, dass sich etwas ändern muss. Um nachhaltigen Wandel zu initiieren, sollten wir uns daher ehrlich machen und die richtigen Fragen stellen: Wie ist die Situation wirklich auf deutschen Äckern? Welche Herausforderungen und welche Chancen haben wir? Wo wollen wir hin? Was muss getan werden, damit wir langfristig bessere Profitabilität gewährleisten können? Wie können wir den Nachwuchs locken? Wie gelingt es, Betriebe zu erhalten? Diese Fragen müssen wir auch im Hinblick auf zukünftige Generationen beantworten. Ich bin der festen Überzeugung, dass wir vor allem die Abhängigkeiten reduzieren müssen – Abhängigkeiten von Stickstoff, Phosphor, Pflanzenschutz, Technik, Futterimporten und Subventionen. Wir sollten uns darauf spezialisieren, wie wir hier vor Ort die Nährstoffkreisläufe schließen und eine dezentrale Versorgung gewährleisten können. Ich bin mir sicher: Unabhängig können wir wieder werden, indem wir die Kräfte der Natur nutzen. Das gigantische Potenzial dieser zirkularen Prozesse wird bislang völlig außen vor gelassen, stattdessen die linearen technologisierten Verfahren gepusht.

Will Harris aus den USA, der seine Landwirtschaft noch auf demselben Grund betreibt, auf dem sich Mitte des 19. Jahrhunderts seine Vorfahren ansiedelten, und der sich vorgenommen hat, diesen vererbten Betrieb zu deindustrialisieren, hat das neulich in einem Podcast relativ gut beschrieben. Frei übersetzt meinte er: *„Wenn auch nur ein kleines Teil dieses Mikrofons, in das ich hier spreche, kaputt ist, funktioniert der ganze Apparat nicht mehr, und ihr habt ein Problem, das nicht so schnell zu lösen ist. Wenn in meiner naturbasierten Landwirtschaft ein Element ausfallen sollte, weiß ich, dass die Natur nicht lange braucht, um selber für Ersatz zu sorgen.*“ Das meine ich: Die menschengemachten Wertschöpfungsketten in der Landwirtschaft sind äußerst fragil. Solange unsere grundsätzlichen Annahmen zur Landnutzung verkehrt sind, also das grundlegende *„Betriebssystem“*, kann keine Technologie, keine Umstellung auf *„pflanzenbasiert“*, kein Versuch einer Verbesserung je den gewünschten Effekt erzielen.

Diese falschen Annahmen, auf die eben auch alle die Landwirtschaft umgebenden Systeme wie Wissenschaft, Technologieentwicklung, Finanzierung oder Ausbildung abgestellt sind, gingen viel zu lange einher mit der Fehleinschätzung, dass gesunder Boden und intakte Biodiversität als willkürlich verfügbare Produktionsfaktoren gewertet werden könnten und Wasser und Energie ewig günstig sein werden. Obwohl wir heute Gott sei Dank deutlich mehr wissen, versuchen wir aber nach wie vor, in diesem System weiterzuarbeiten: horizontale Landnutzung, Monokultur, eine Ernte pro Jahr. Die Symptome der eigentlichen Kernursachen für das, was falsch läuft, versuchen wir meist mit Synthetik und Technik auszugleichen. Doch die Lösungen und Chancen liegen eben in den Kernursachen, nicht in den Symptomen.

Im Zuge dieses Bewusstseinswandels dürfen wir nicht vergessen, dass das Durchschnittsalter der Betriebsleiter auf den Höfen über 50 Jahren liegt. Sie sind also in den 50ern, 60ern und 70ern des vergangenen Jahrhunderts geboren und mit den technischen Entwicklungen in der Landwirtschaft mitgewachsen. Natürlich hat es damit auch immer Vorteile – wie Arbeitserleichterungen – gegeben. Wenn du als Kind auf dem Feld standest und bei der Heuernte geholfen hast und dir jedes Mal die Disteln die Finger zerstachen, dann kann ich gut nachvollziehen, dass ein Mittel, welches die Distel verschwinden lässt, als Bereicherung angesehen wurde. Viele Landwirte und Landwirtinnen haben jahrzehntelang nach den damaligen Kriterien an ihren Standorten *„gut"* gearbeitet. Jetzt allerdings, wo sich die ökologischen und gesellschaftlichen Erkenntnisse und Anforderungen so drastisch verändert haben, wird diese Arbeit anders bewertet und oft als nicht länger vertretbar angesehen. Dabei ist es das Wichtigste, die Landwirtinnen und Landwirte mitzunehmen, einzubeziehen und nicht auszugrenzen. Sind sie es doch, die all das, was wir als Gesellschaft benötigen, liefern können – und zwar weltweit. Darauf können und müssen wir stolz sein. Dafür benötigen wir aber auch die Anerkennung und den Respekt für diesen Berufsstand.

Als ich 2018 das erste Mal *„regenerative Landwirtschaft"* gegoogelt habe, fand ich kaum Einträge. Das hat mir zweierlei klargemacht: Wer nicht selbst aktiv wird, sich umschaut und jenseits des Tellerrands nach Lösungen sucht, der wird von den Alternativen nichts erfahren. Und: Selbst wenn du als Landwirt spürst, dass du etwas ändern musst, und dann aber kein Englisch sprichst, konntest du dir bis vor Kurzem einen Großteil des Wissens nur über ein paar sehr alte Bücher aneignen. Doch innerhalb der vergangenen fünf Jahre hat sich unglaublich viel getan. Wer wirklich will, erfährt inzwischen immer mehr über die Alternativen der regenerativen Landwirtschaft. Es lohnt sich zu recherchieren. Es lohnt sich zu kämpfen! In unserem eigenen Interesse, aber auch im Interesse unserer Gesellschaft und des gesamten Planeten müssen wir alle zusammen versuchen, die schleichend immer breiter gewordenen Gräben, zwischen denen wir sitzen und arbeiten, einzureißen. Viele mussten in dieser Situation aufgeben, sehr viele sind darin unzufrieden, aber manche haben es sich darin auch sehr bequem gemacht.

Der Kollege Joel Salatin aus den USA hat sehr schön das Lebensgefühl der alten und der neuen Agrarwelt in Kontrast zueinander gesetzt: *„Wenn ich morgens in der konservativen Landwirtschaft aufwache, frage*

Sieht stimmig aus: Eine tragende Ricke auf dem jungen Agroforstsystem 901 inmitten blühender Lupine

ich mich, was es heute zu bekämpfen gibt. Wache ich in der regenerativen Landwirtschaft auf, frage ich mich, welche natürlichen Prozesse ich unterstützen kann.“ Wenn das kein Ansporn ist!

2. WIR APPELLIEREN AUCH AN DIE POLITIK!

Was heißt hier eigentlich immer die Politik? Wer ist die Politik? Welches System, welches Personal steht eigentlich dahinter und wie werden die gravierenden Entscheidungen getroffen, die so sehr das Schicksal unserer Branche, die Bodengesundheit, die Artenvielfalt und schließlich die menschliche Gesundheit beeinflussen?

Nehmen wir als ein symptomatisches Beispiel den unendlichen Kampf um 91/676/EWG. Hinter diesem Kürzel verbirgt sich die Nitratrichtlinie. Sie trat 1991 in Kraft und sollte 1993 in nationales Recht der EU-Mitgliedsstaaten umgesetzt werden. Ziel: Oberflächen- und Grundwasser vor Überdüngung per eingebrachten Nitraten zu schützen. Nitrate dienen den Pflanzen zwar als Nährstoff und sind an sich nicht giftig. Schädlich sind jedoch ihre Um-

Es lohnt sich zu kämpfen!

wandlungsprodukte, die Nitrite und die Nitrosamine, und die stehen in starkem Verdacht, Zivilisationskrankheiten auszulösen. Trotzdem sprengen Messungen hierzulande regelmäßig die Nitrat-Grenzwerte – trotz Ermahnungen, Vertragsverletzungsverfahren und Strafandrohungen aus Brüssel. Agrarökonom und Biobauer Felix Prinz zu Löwenstein gab dazu 2020 dem Deutschlandfunk ein Interview, in dem er ausführt: „*Die Europäische Union hat 1991 eine Nitratrichtlinie beschlossen, die sagt, überall in Europa muss dafür gesorgt werden, dass das Wasser sauber ist, und es kann sich nicht irgendwo in Europa jemand wirtschaftliche Vorteile dadurch verschaffen, dass ihm das egal ist und dass er trotz Eintrags ins Grundwasser munter weiterdüngt.*" Er wird gefragt, ob etwa die Bauern den Nitratverzicht verpennt hätten. „*Ach*", antwortet Löwenstein, „*es haben nicht die Bauern geschlafen, es hat die politische Umsetzung nicht geklappt. Dass die bäuerliche Interessenvertretung daran ihren Anteil hat, zu verhindern, dass sich etwas verändert, das kann man leider und das muss man leider feststellen.*" Um am Ende zu sagen, dass die Politik „*sich nicht aus der Verantwortung stehlen kann*", indem sie unliebsame Entscheidungen wegdelegiert – beispielsweise an Bauern und Verbraucher.

Ich möchte an dieser Stelle ebenso den Leiter der vorhin erwähnten Bremer Lobbyismus-Studie, Dr. Guido Nischwitz, zitieren. Auch er nimmt gern beispielhaft Bezug auf die Nitratdebatte. „*Im Zuge der jahrelangen Auseinandersetzungen um diese Verordnung wird am Ende – viel zu spät – ein Gesetzespaket im Bundestag verabschiedet, das nach Expertenmeinung das Nitratproblem eher vergrößert als löst*", sagte er dem Online-Magazin seiner Universität. „*Zum wiederholten Mal schreitet die EU-Kommission ein und verlangt deutliche Nachbesserungen. Warum ist das so? Wer hat wann mit welchem Bundestagsabgeordneten und in den Bund-Länder-Verhandlungen über diese Verordnung gesprochen und Einfluss auf den Text genommen?*" Um diese Fragen zu beantworten, fordert Nischwitz neben einem transparenten Lobbyregister einen „*legislativen Fußabdruck*", der eindeutig darlegen soll, wie

Entscheidungen zustande gekommen sind. Dem schließe ich mich an. Es muss aber noch mehr passieren. Wir müssen den Zugang und Austausch der Lobbyverbände mit Politikerinnen und Politikern sowie deren Staatssekretärinnen und Staatssekretären komplett offenlegen.

Ich kann für deren Situation aber auch Verständnis empfinden. Nehmen wir an, ein Abgeordneter bekommt von einem Lobbyisten das Argument serviert, dass 25 Prozent weniger Pflanzenschutz möglich seien. Das klingt grundsätzlich erst mal sinnvoll. Aber die Frage muss doch heute lauten: Gibt es veritable Alternativen, und kann man Pflanzenschutz eventuell auch über die Gesundheit des Bodens und der Pflanzen erreichen? Die Mitarbeiter der global agierenden Firmen sind keine schlechten Menschen, oft kennt man sich seit vielen Jahren, und auch ich kenne viele aus der Branche und habe teils freundschaftliche Beziehungen zu ihnen. Das Problem ist vielmehr die Firma in ihrer Anonymität als Aktiengesellschaft, die im Sinne der Wertsteigerung für die Aktionäre agieren muss. Aus Unternehmenssicht ist das Interesse groß, gewisse politische Entscheidungen zu beeinflussen. Und das ist sicherlich kritisch zu bewerten.

Die unglaubliche Marktmacht der Ernährungs- und Landwirtschaftsindustrien strahlt natürlich auch auf politische Entscheidungen ab. Hier gibt es noch Raum, um in das Verständnis zu wachsen, dass sich Nachhaltigkeit wie auch Nicht-Nachhaltigkeit in den ökonomischen Potenzialen der nahen Zukunft niederschlagen werden. Die späteren Folgekosten werden weit höher sein als die aktuellen Vermeidungskosten! Das widerspricht noch nicht einmal dem irrigen Fortschrittsglauben, der immer noch auf dem alten kapitalistischen Wachstumsmodell beruht. Selbst deren Verfechter sehen längst ein, dass es ohne Nachhaltigkeit in Zukunft kein Wachstum mehr geben wird. Die Agrarpolitik hat hier folglich schnell aufzuholen.

Am Nitrat-Beispiel werden aber auch andere Schwierigkeiten offenbar. Dass wir keine Rückstände im Grundwasser haben dürfen, steht außer Frage, dass die Politik handeln und die Landwirtschaft sich drauf einstellen muss, ebenfalls. Aber wie können wir dieses Ziel am besten erreichen? Welche Maßnahmen an welchen Standorten sind wirklich sinnvoll? Aufgrund welches Analyseverfahrens wird festgelegt, an welchem Standort wie viel reduziert werden muss? Wie lange können sich Landwirtinnen und Landwirte, die betroffen sind, auf neue Maßgaben einstellen und verlassen? Ist der bürokratische Aufwand für die Zielerfüllung angemessen? All diese Fragestellungen und Zielkonflikte müssen sinnstiftend gelöst werden. Und das bei völlig unterschiedlichen ökologischen und produktionsspezifischen Gegebenheiten der Regionen und der Betriebe. Wir werden bei allgemeingültigen politischen Vorgaben immer mit dem Konflikt umgehen müssen, dass sie bei einigen Betrieben funktionieren, aber bei vielen anderen eben nicht. Das ist dann nicht nur ein fachliches Problem, weil das Ziel nicht erreicht wird. Es ist auch ein emotionales Problem, weil eine solche Vorgabe, die erschwerte Bedingungen mit sich bringt, bei den betroffenen Landwirtinnen und Landwirten zu Frustration und Vertrauensverlust gegenüber der Politik führt. Auch wenn Klima- und Umweltschutz sowie Biodiversitätserhalt überregionale und globale Aufgaben sind, gäbe es sicherlich Argumente dafür, die Verantwortung der Steuerung produktionsspezifischer Grundlagen und Regelungen unserer Landnutzung auf regionale Ämter zu übertragen, die gemeinsam mit den Landwirten zielorientierte Maßgaben entsprechend der regionalen Besonderheiten und einer guten fachlichen Praxis vereinbaren.

Beim Thema Subventionen haben wir es auch noch nicht geschafft, an den regional- und betriebsspezifischen Kontext angepasste und sinnstiftende Incentives, das heißt: Anreizsysteme, einzuführen. Bis jetzt liegt hier nach wie vor eine der Ursünden. Agrarsubventionen wurden in der EU jahrzehntelang nach Flächengröße vergeben. Dabei wird sogar im Glossar des Bundesfinanzministeriums unter

„S“

WIE „SUBVENTIONEN“

gewarnt: „Auch droht die Gefahr einer sich verfestigenden Subventionsmentalität mit der Konsequenz, dass notwendige Anpassungen unterbleiben und die Eigeninitiative zur Überwindung von strukturellen Anpassungsproblemen zurückgeht. Mögliche Folgen sind ein verzögerter Strukturwandel sowie die Beeinträchtigung von wirtschaftlichem Wachstum und Beschäftigung.“ Von den ökologischen Folgen ganz zu schweigen.

Mehr als 50 Milliarden Euro pumpt die EU jährlich in dieses kranke und krank machende System, ein System, dessen Folgekosten so hoch sind wie die Summe, die man zuvor als Subventionen hineinsteckt. 2021 lösten die Vereinten Nationen Alarm aus, indem sie mit einem offiziellen Bericht darauf hinwiesen, dass die globale Landwirtschaft jährlich mit fast einer halben Billion Euro finanziell gefördert, „der Großteil der Gelder aber falsch verwendet“ werde. Etwa 87 Prozent der „Förderung“ hätten negative Effekte. „Durchgreifende Reformen“ fordern die UN daher, und die Studie solle „ein Weckruf an die Regierungen der Welt“ sein. Natürlich ist die Umstrukturierung der Subventionen und die Neugestaltung der Agrarpolitik eine unglaublich schwierige und komplexe Aufgabe – insbesondere auf europäischer Ebene. Aber das können wir doch als Ausrede nicht gelten lassen. Wir müssen jetzt handeln und uns der Verantwortung stellen.

Ich werde oft gefragt, wie ich mir mögliche Alternativen vorstelle. Natürlich müssen die Subventionen langfristig von der Fläche entkoppelt werden. Alternativ könnte man ein neues System entwickeln, das im **ersten** Schritt auf einer Ökosystem-Analyse des landwirtschaftlichen Produktionsstandortes Deutschland basieren würde. Sie wäre die Grundlage für alle Subventionszahlungen. Diese Analyse würde Klarheit darüber geben, in welchem ökologischen Kontext in welchen Regionen Landwirtschaft betrieben wird. Wie viel Niederschlag gibt es dort? Welcher Boden ist gegeben? Sind topografische Besonderheiten wie Hanglagen zu bewältigen? Auf der **zweiten** Analyse-Ebene würde ich die aktuellen und zukünftigen Herausforderungen und Anforderungen in Bezug zum ökologischen Kontext setzen. Also: Wo haben wir Probleme mit Pilzbefall der Getreidekulturen? Wo mit Erosion? Wo liegen die ungünstigen Standorte mit schwachen Böden? Wo kämpfen wir mit Trockenheit und Klimaveränderung? Wo haben wir besondere gesellschaftliche Herausforderungen wie Unterbeschäftigung? Wo sollten Moore wiedervernässt werden? Danach würde eine **dritte** Analyse-Ebene folgen, die der Chancen: Wo können wir die beste Quali-

BAUERN MÜSSEN MIT NACHHALTIGKEIT **GELD** VERDIENEN KÖNNEN.

FÜR ÖKOLOGISCHE UND SOZIALE **LEISTUNGEN** SOLLTEN SIE BEZAHLT WERDEN!

tät herstellen? Wo haben Biodiversitätsmaßnahmen den höchsten Mehrwert? In welchen Regionen können wir welche Art der Tierhaltung umsetzen? Wie können wir die Nährstoffkreisläufe selber schließen? Nach Auswertung dieser unterschiedlichen Ebenen könnte man eine entsprechende Empfehlung aussprechen.

Die könnte anhand eines einfachen Beispiels so aussehen: Wir haben einen Standort A mit starker Hanglage und einen Standort B, der relativ flach ist. Beide Landwirte wählen die Komponente „*Zwischenfrucht*". Weil die Zwischenfrucht am Standort A aufgrund der Hanglage noch wertvoller ist, erhält der Landwirt für den Anbau 50 Euro pro Hektar, während der Landwirt des Standorts B vielleicht nur 25 Euro pro Hektar bekommt. Ähnlich könnte man unterschiedlichste Leistungen und Funktionen vergüten, darunter etwa auch Investitionen in Wasserschutz, Ausbildungsplätze und den Erhalt alter Sorten – immer an die jeweiligen ökologischen und gesellschaftlichen Kontexte und Bedarfe der Region angepasst.

Ein solches Schema würde die Zahlungen mit Sinnhaftigkeit verbinden. Aus den Analysebildern ergäben sich klare Aussagen darüber, was an einem bestimmten Ort adäquat ist und was nicht. Die Analysen müssten für den Ackerbau genauso erbracht werden wie für die Waldwirtschaft und die Tierhaltung. Und auch da, gerade da, werden unbequeme Fragen gestellt werden müssen: Wie viele Ställe gibt es in einer Region und was bedeutet das für die regionalen Ökosysteme? Wie viele Tiere stehen in den Ställen? Wie viele

Nährstoffe werden über Futtermittelimporte von außen hineingebracht, die in der Region wiederum zu Nährstoffüberschüssen führen? Wo genau kommt das Futter her? Machte man eine solche Analyse, wäre ganz klar, welche Betriebe an welchem Standort im Sinne der natürlichen Belastungsgrenzen und der zukünftigen gesellschaftlichen und ökosystemischen Anforderungen noch eine Chance hätten und welche nicht. Die Landwirte hätten es bei diesem System selbst in der Hand zu sagen: Ich ändere den Weg und mache weiter! Oder: Ich kann oder möchte dann nicht mehr mitgehen und gebe auf! Man muss sich ehrlich machen und hier und da sagen: *„Hör zu, lieber Landwirt, vielen Dank für deine Arbeit der letzten Jahre, aber du hast mit diesem Konzept an deinem Standort keine Chance mehr. Es tut uns leid, wir haben dich dahin gebracht, aber die Zeit ist vorbei. Wie können wir jetzt gemeinsam eine Lösung für dich finden?"*

Solch ein neues System würde vor allen Dingen Anreize setzen. Wer noch gute Böden hat und ausreichend Niederschläge, könnte sein Plus über die Ernteerträge machen. Wer schlechte Böden hat und wenig Niederschläge, wäre mit seinen Erträgen zwar im Nachteil, könnte aber über die Anwahl der verschiedenen Subventionskategorien, die das lokale Ökosystem wieder aufbauen helfen, mehr finanzielle Liquidität schaffen. Anders gesagt: Über das Setzen von Incentives mithilfe der unterschiedlichen Parameter kann sich jeder Landwirt und jede Landwirtin seine bzw. ihre individuelle Förderung zusammenstellen, die weitestgehend im Einklang mit dem jeweiligen ökologischen, sozialen und insbesondere betrieblichen Kontext steht. Wir verabschieden uns damit vom Zwang und versetzen uns alle wieder in die Lage, Akteure, Gestalter zu sein. Und da die Entscheidungen für den eigenen Standort auf der Analyse des ökologischen Kontexts basieren, zahlen sie automatisch ein auf Biodiversität und Bodenaufbau. Selbst Menschen, deren ökologisches Bewusstsein noch nicht so weit gediehen ist und die vor allem mit dem Geldbeutel denken, würden dadurch abgeholt. Denn sie würden sehen: Die finanzielle Unterstützung wächst, je mehr ich für die Umwelt tue.

Eine weitere durchaus sinnvolle Ergänzung wäre auch das Verbot der betrieblichen Beratung von Landwirten durch Mitarbeiter der Düngemittel-, Pflanzenschutz- und Saatgutproduzenten. Das intrinsische Interesse dieser Berater ist, im Zweifel so viel der eigenen Produkte zu verkaufen wie möglich. Sicher gibt es auch Berater, die mit großem Sachverstand durchaus faire Beratung anbieten. Gleichzeitig sind jedoch die Interessen der großen Hersteller nicht immer mit den Interessen der Gesellschaft und der Ökosysteme übereinzubringen. Für die Industrie geht es um den Verkauf von Produkten und Produktpaletten. Doch es geht um so viel mehr. Es geht um ganze Familien, ganze Landschaften, ganze Ernten, um die Gewährleistung gesunder Ernährung für uns alle. Die Politik könnte solche Beraterbesuche sicherlich reglementieren. In Frankreich wurde darüber schon vor Jahren ernsthaft diskutiert. Auch in die WWF-Studie *„Vielfalt auf dem Acker"* hat es die Problematik geschafft. Dort steht: *„Für die Schaffung landwirtschaftlicher Beraterstrukturen sind die Bundesländer zuständig, woraus sich große Unterschiede in den einzelnen Regionen Deutschlands ergeben. Während in einigen Regionen die Angebotslage über Landwirtschaftskammern und -ämter vergleichsweise gut ist, beschränkt sich in anderen Regionen die Beratung vieler Betriebe auf Besuche von Firmenvertretern aus der Agrarindustrie. Eine*

KANN MAN MIT „REGENERATIV" DIE WELT ERNÄHREN?

Unbedingt! Bereits heute werden über 70 Prozent der Weltbevölkerung von Klein- und Kleinstbäuerinnen und -bauern ernährt. Ein Großteil der übrigen industriell bestellten Flächen wird vor allem für die Produktion von Tiernahrung genutzt. Genau das ist eines unserer großen planetaren Probleme. Wir nutzen Flächen zum Anbau von Futter wie Soja, Getreide und Mais, das wir an Tiere verfüttern, deren Mägen noch nicht einmal für dieses Futter gedacht sind. Würden wir unsere Tierhaltung insgesamt reduzieren und die Tiere vor allem aus den Mastbetrieben holen und auf Weiden Gräser oder auf den Äckern Zwischenfrüchte, Untersaaten und Ackerfutter fressen lassen, würden nicht nur riesige Flächen zur menschlichen Nahrungsmittelproduktion frei, es würde auch für mehr Fotosynthese, Kühlung, Wasser und Bodenbedeckung sorgen. Fast die gesamte nutzbare Energie auf diesem Planeten stammt ursprünglich von der Sonne. Wir müssen diese Energie effizient nutzen, und das tun wir nicht, indem wir Pflanzen wie Soja, die wir auch selbst verzehren können, vorher durch Tiere schicken, damit wir im Anschluss deren Fleisch- und Milchprodukte essen können.

Würden wir bei dem aktuellen Wissensstand die Ernten einer regenerativ angebauten Frucht und einer Frucht, die mittels bodendegradierender Verfahren angebaut wird, in einem Jahr an einem Standort miteinander vergleichen und dabei nur das Gewicht dieser einen Frucht betrachten, kann es häufig der Fall sein, dass mit bodendegradierender Landwirtschaft ein höheres Gewicht zu erzielen wäre. Dabei werden aber zum einen nicht die Externalitäten der Produktion gesehen – von der Herstellung des Düngers bis hin zu den Auswirkungen der Maschinen und chemischen Anwendungen auf den Boden, die Umwelt und die Produktqualität. Zum anderen würde die potenzielle mehrfache Nutzung und Ernte auf derselben Fläche im selben Jahr nicht bewertet. Würde man also untersuchen, wie viele Nährstoffe pro Quadratmeter erzeugt werden könnten, würde der regenerative Anbau mengenmäßig deutlich im Vorteil liegen. Natürlich wird dieser positive Effekt der regenerativen Nahrungsmittelproduktion über die Jahre immer deutlicher, da bei bodendegradierenden Verfahren schlichtweg die Grundlage für die Produktion von Nahrung langfristig zerstört wird und somit die Ernten geringer werden oder ganz ausfallen.

Die Natur arbeitet für uns – wenn wir sie nur lassen!

unabhängige landwirtschaftliche Beratung ist so nur schwer zu gewährleisten." Der WWF verlangt daher den Aufbau einer „*flächendeckenden landwirtschaftlichen Beratung*". Das halte ich für richtig. Dies funktioniert allerdings nur, wenn diese Beratung wirklich unabhängig ist und die entsprechenden Empfehlungen auch auf der Bewertung der ökologischen und sozialen Leistungen und Kosten basieren.

Insgesamt muss die Politik dringend Wege finden, wie die großen multinationalen Konzerne anders in die Verantwortung genommen werden können. Lediglich fünf Konzerne dominieren den Import und Export der wichtigsten globalen Agrarrohstoffe wie Mais und Weizen. Vier Megakonzerne beherrschen als Quasimonopol zu über 50 Prozent den weltweiten Saatgut-Markt: Bayer aus Deutschland, Corteva aus den

USA, ChemChina aus China und Limagrain aus Frankreich. Wenn die Ernährung eines ganzen Planeten von einer Handvoll Unternehmen abhängig ist, die unter aller Augen – auch denen der Politik – Milliardengewinne machen, während sie einen nicht unerheblichen Anteil an der aktuellen Schieflage haben, muss gehandelt werden. Dazu fällt mir US-Präsident Thomas Jefferson ein, dem folgende Aussage zugeschrieben wird:

> „Wenn die Menschen die Regierung entscheiden lassen, welche Lebensmittel sie essen und welche Medikamente sie einnehmen, werden ihre Körper bald in einem ebenso erbärmlichen Zustand sein wie die Seelen derer, die unter Tyrannei leben."

Im gleichen Sinn müssen wir kritisch auf den Handel mit Agrarrohstoffen schauen. Sind dessen Marktstrukturen und Charakteristiken mit unserem moralischen Anspruch noch zu vereinen? Welche Konsequenzen hätte eine Veränderung dieser Handelssysteme? Eine große Gefahr sehe ich auch bei der Quantifizierung und Inbesitznahme von Naturkapital. Wir müssen diesen schleichenden Prozess unter allen Umständen aufhalten und einer intelligenten, dem Naturkapital und der Gesellschaft zugutekommenden politischen Ordnung unterziehen.

In Bezug auf das Saatgut heißt das, dass wir alle – denn es geht uns alle an – bei der Politik einfordern müssen, die Kontroll- und Patentierwut der großen Firmen zu bändigen und sie nicht einfach geschehen zu lassen. Was da passiert, hat mit der Zerstörung von Vielfalt zu tun, mit dem bewussten Beseitigen einer riesigen Bandbreite von Kulturpflanzen, die sich über Jahrhunderte, wenn nicht Jahrtausende an lokale Standorte, ihren Boden und ihr Klima anpassen konnten. Diese Vielfalt wird ersetzt durch wenige standardisierte Sorten. Dass das gerade in Zeiten des Klimawandels hochgefährlich ist und die Welternährungslage zusätzlich belasten kann, wissen wir doch längst. Es ist manchmal schon absurd, wenn Agrarkonzerne Regulierungsdebatten mit Warnungen verfälschen, Verbote oder Einschränkungen würden die Welternährung gefährden. Was wir brauchen, ist Diversität und Resilienz, keine Standardisierung und Reduzierung von Artenvielfalt!

Zugleich muss die Politik den Schritt wagen und die Wirtschaft dazu verpflichten, bei allem, was sie tut, das True Cost Accounting abzubilden, auf Deutsch: die ökologischen und sozialen Kosten ihrer Produkte zu benennen und in den Preis mit einzukalkulieren. Danach würden Produkte, bei denen ökologische oder soziale Folgekosten entstünden, deutlich teurer werden und Produkte aus einer Haltung, die Biodiversität erhält, Boden aufbaut, auf die Klimaresilienz einzahlt und eine hohe Nährstoffdichte hat, eventuell sogar günstiger. Jedes Produkt könnte so entsprechend neu bewertet werden: Welche Auswirkung hat die Herstellung auf die Gesundheit des Bodens? Wie wirkt sie sich auf die Diversität der Insektenwelt aus? Müssen Kosten für die klimaintensive Produktion von Dünger und Pestiziden eingerechnet werden? Entstehen sogar Gesundheitskosten aufgrund irgendwelcher Rückstände in dem Produkt? Ein Produkt, das so bewertet und entsprechend nachgefragt würde, wäre das Instrument für den Wandel schlechthin. Ich bin mir sicher: Würde man mit etwas Vorlauf die Implementierung des True Cost Accounting ankündigen, die Konzerne würden kreativ werden und handeln, im positiven Sinne.

+ –
„Richtig Rechnen"

Christian Hiß, der Gründer der *„Regionalwert AG"*-Bewegung und ein Freund von mir, ergänzt dieses Thema noch durch eine andere Betrachtung. Er nennt das schlicht *„Richtig rechnen"*, so heißt auch ein Buch, das er 2015 geschrieben hat und für das ich ihn bewundere. Er sagt darin, dass seit jeher in der Finanzbuchhaltung zwei ganz wichtige Posten ignoriert würden – das Naturkapital und das Sozialkapital. Und er stellt die Behauptung auf, dass im wortwörtlichen Sinne nur dann wirklich *„kapitalistisch"* gewirtschaftet werde, wenn das Gesamtvermögen aller Werte einer Gesellschaft – und dazu gehören eben auch die Ökosysteme mit all ihren Ressourcen – nicht verbraucht, sondern erhalten und vermehrt werden würde. Seit 20 Jahren forscht Hiß daran, dieses Denken konkret zu machen. Mit seiner Firma, der Regionalwert Leistungen GmbH, entwickelte er ein Verfahren, mit dem Nachhaltigkeit tatsächlich berechnet und Naturleistungen in Wert gesetzt werden können. Unterm Strich der Addition des wahren Leistungswerts eines Bauernhofs stehen zwei Kennzahlen: eine Eurosumme, die die Investitionen des Betriebs in die Natur beziffert, und ein sogenannter Nachhaltigkeitsgrad in Prozent. Diese Kennzahlen sind ein starkes Argument gegenüber der Politik, das Förderinstrumentarium umzustellen. Hiß stellt sich vor: die Ausschüttung einer hochverdienten Regionalwertprämie anstelle des Profitierens von einer annähernd willkürlichen Flächenprämie.

Schließlich noch ein paar Worte zum Zugang zu Land. Auch hier könnte die Politik mithelfen, größere Diversität in die Landschaft zu bringen, die Ausbeutung von Böden zu verhindern und vor allem den Nachwuchs für die Landwirtschaft zu begeistern. Wie wird überhaupt Land verteilt? Die Staatsflächen hier in Brandenburg werden von der BVVG verteilt, der Bodenverwertungs- und -verwaltungs GmbH. Bisher ging das hauptsächlich über das Höchstgebot, weshalb vor allem investorengetriebene Bieter den Stich machten. Das können wir uns heute natürlich nicht mehr leisten. Warum gehen wir gerade mit landeseigenen Flächen nicht anders um und stellen sie jungen Menschen, die Land suchen, zur Verfügung? Wie sehr könnte man regionale Wertschöpfung, Weiterverarbeitung und Versorgung verbessern, wenn man sich diesem Potenzial kreativ und mit Mut stellen würde?

Zusätzlich könnten wir auch eine Art Innovationsgutschein für die Landwirtschaft einführen, für den sich junge Berufsanfänger zusammen mit einem landwirtschaftlichen Betrieb mit einem Projekt bewerben können. Das könnte der Aufbau eines Marktgartens sein, wie es Anne und Deacon bei uns machen, oder auch der Aufbau einer nachhaltigen Hühnerhaltung oder die Zusammenarbeit mit der Wissenschaft oder Start-ups, um die Anwendung neuer Technologien zu erproben. Mit dem Innovationsgutschein würden die Berufsanfänger eine Art bedingungsloses Grundeinkommen erhalten sowie einen Teil der Kapitalkosten, alles mit dem Ziel, sich hinterher selbstständig zu machen. Eine elegante Lösung, um gegen das Höfesterben anzugehen, jungen, motivierten Leuten einen Zugang zu geben und sie in der Verantwortung auszubilden, die Entwicklung der Landwirtschaft voranzutreiben.

3.

WIR APPELLIEREN AUCH AN WISSENSCHAFT UND AUSBILDUNG!

Der Wissenschaftsbetrieb ist häufig getrieben von zwei Einschränkungen, die letztlich einen großen Einfluss auf die Ausrichtung seiner Arbeit haben. Zum einen sind viele Förderaufrufe mit der Verpflichtung verbunden, sogenannte Drittmittel zu akquirieren, also zusätzliche Finanzierungsunterstützung oder Kooperationen mit der Wirtschaft. Zum anderen sind Wissenschaftlerinnen und Wissenschaftler angehalten, ihre Erkenntnisse in namhaften Journalen zu veröffentlichen, um in der Folge zitiert zu werden. Daraus ergeben sich einige ernsthafte Probleme. Das Finanzieren von Forschung durch die Wirtschaft unterliegt wie jede Investition einer klaren ökonomischen Zielstellung. Kann so „unabhängig" geforscht werden? Der Zwang, wissenschaftlich zu publizieren, sorgt mitunter dafür, dass eher marktfremde unerforschte Nischenthemen gefördert werden als bedarfs- und problemorientierte Fragestellungen, die sofort in der Praxis Anwendung finden könnten.

Viele der besten Wissenschaftler verbringen den Großteil ihrer Zeit mit dem Schreiben und Abrechnen von Forschungsanträgen und dem Publizieren von Fachaufsätzen, die wiederum hauptsächlich von einem wissenschaftlichen Fachpublikum studiert werden. In ihrer Freizeit engagieren sie sich dann häufig für die Themen, die wirklich wichtig sind. Was wäre möglich, wenn wir unsere Wissenschaftlerinnen unabhängig arbeiten ließen? Eng mit der Praxis und deren Bedarfen verbunden? Verteilt auf regionaltypische Ökosysteme, wo sozusagen am offenen Herzen Forschung betrieben werden kann?

Warum gibt es eigentlich kein unabhängiges Kompost-Forschungsinstitut in Deutschland, wo nach Wegen gesucht wird, wie wir tierische Exkremente veredeln können, um sie als hochwirksamen Dünger und Unterstützer der Bodenbiologie auszubringen – und das klimapositiv? Wo erforscht wird, wie wir unsere Pflanzen durch Blattsprühungen unterschiedlichster natürlicher Substrate so gesund halten können, dass sie keine Krankheiten und keinen

Schädlingsbefall mehr haben? Wo auch über den Nutzen menschlicher Exkremente geforscht werden kann? Und warum gibt es kein unabhängiges Pilz-Forschungsinstitut in Deutschland? Wo über das Verständnis von Pilzen und deren diverse Symbiosen neue Wege für den Bodenaufbau gefunden werden? Wo begleitet wird, wie wir Monokulturwälder mit der gezielten Zugabe von Pilzmyzelien wieder stärken können? Wo wir nebenbei erforschen können, wie Inhaltsstoffe wie Psilocybin in der Therapie genutzt werden können? Wo wir lernen, wie Pilze uns helfen können, von der Industrie kontaminierte Flächen wieder gesunden zu lassen? Das wäre wahrer Fortschritt!

Über die Pilze, den Kompost und insgesamt den Boden wissen wir im Verhältnis zu dem gigantischen Kosmos, den sie uns eröffnen, viel zu wenig! Warum? Der Boden ist doch der Ursprung des Lebens. Nur mit einem gesunden Boden wird es eine Zukunft für uns Menschen auf der Erde geben. Viel zu lange haben wir nach oben geschaut, es ist Zeit, den Blick nach unten zu wenden. Zu lange haben wir im industrialisierten Landnutzungssystem mit den falschen Annahmen gearbeitet. Zu lange wurde der Boden als Medium gesehen, das die Pflanzen ausschließlich festhält, während diese mit synthetischen Stoffen zwangsernährt werden.

Wir wissen heute, dass die Landwirtschaft global transformiert werden muss. Mehr Biodiversität, mehr Klimaanpassung, mehr Kohlenstoffspeicherung, mehr Bodenbedeckung, höhere Ernährungssicherheit. Wir kennen auch viele der natürlichen Lösungen, die weltweit in den jeweiligen ökologischen Kontexten anwendbar sind. Doch für diese Lösungen, für die Potenziale, gibt es kaum Wissen, Daten und Zahlen. Dabei sind das doch die drängendsten Fragen unserer Zeit: Wie kann ich über eine gute Kompostierung meine Abhängigkeiten von synthetischen Düngern und Pflanzenschutz reduzieren? Wie über das Integrieren der Kühe meine Nährstoffkreisläufe schließen, Biodiversität aufbauen und unabhängiger werden? Wie schaffe ich es, durch ein diverses Agroforstsystem ökonomisch auf besseren Beinen zu stehen und meine Risiken zu minimieren? Wieso ist der Zusammenhang zwischen Pflanzen- und Bodengesundheit und der Gesundheit von Tieren und Menschen so wenig erforscht? Wie sehr könnten wir unser Gesundheitssystem entlasten, wenn wir stärker über unsere Nahrung als präventive Medizin nachdenken würden? Es gibt so viele Fragen und so riesige Möglichkeiten! Wir kratzen gerade erst an der Oberfläche von all dem, was möglich ist.

Die Bundesregierung könnte mit Blick auf die vielen noch unerforschten Potenziale in unserem Boden einige Forschungsschwerpunkte definieren, auf die man sich als Wissenschaftler bewerben würde – Wissenschaftler, die mit Passion an echten praxisnahen Lösungen arbeiten wollen. Wie im Falle eines möglichen Kompost-Instituts könnte man unabhängige Einrichtungen gründen und ausstatten, die keinen ökonomischen Zwängen unterliegen und deren Mitarbeiter somit in der Lage wären, entlang realer Bedarfe zu forschen und sich mit all ihrer Zeit, ihrem Herzblut und ihrer Aufmerksamkeit auf die wirklich wichtige Arbeit fokussieren zu können.

Ein Institut, das mich von Beginn an auch im Hinblick auf Madlitz extrem fasziniert hat, ist das Rodale Institute in Pennsylvania. Finanziert vor allem über staatliche Zuschüsse und Spenden, wird dort seit mehr als 70 Jahren naturbasierte Innovation etwa zur Bekämpfung von Pflanzenkrankheiten, zur Anpassung der Landwirtschaft an den Klimawandel und neuerdings auch zur Förderung gesunder Ernährung vorangetrieben. Das Institut teilt seine Erkenntnisse mit Landwirten und Wissenschaftlern auf der ganzen Welt, setzt sich für eine naturnahe Agrarpolitik ein und klärt die Verbraucher über die Vorzüge des Ökolandbaus auf. Jüngstes Projekt ist die Gründung eines eigenen Institutarms für Regenerative Gesundheit, eines Orts, an dem Landwirte, Bodenwissenschaftler, Mediziner und Verbraucher für das gemeinsame Ziel zusammenkommen, das kaputte Ernährungssystem der USA und damit die Gesundheit ihrer von Krebs, Diabetes und Herzkrankheiten geplagten Einwohner wiederherzustellen – und zwar über die Vitalität ihrer Lebensmittel. **„The Power of the Plate"** nennt das Rodale Institute seine Ambition. Warum sollte so etwas nicht auch in Deutschland möglich sein?

Hierzulande haben wir leider vor vielen Jahren schon einen gravierenden Fehler gemacht, als wir in der Ausbildung den Naturschutz von den Agrarwissenschaften getrennt haben. So entsteht frühzeitig eine Kluft anstelle einer guten ganzheitlichen Ausbildung zur Landnutzung, nach der man dann im Anschluss in die jeweils präferierte Tiefe gehen kann. Wichtig wäre auch, das Verständnis für den Boden viel früher zu vermitteln als an der Universität. Der Samen muss bereits in den Schulen gelegt werden. So müssen Bodengesundheit und die Effekte auf Nahrung, Klima, Wasser & Co., die Vorteile der regenerativen Landwirtschaft und naturnahe Methoden wie Agroforst und Kompostierung in den Biologie- und Erdkundeunterricht getragen werden.

Es gibt auch hier schon großartige Initiativen. Auf dem Feld der Aufklärungsarbeit ist es beispielsweise der Berliner Dr. Christoph Schmitz und sein Team von *„Acker"*. Auf dem elterlichen Bauernhof groß geworden, studierte Schmitz Agrar- und Wirtschaftswissenschaften und promovierte am Potsdam Institut für Klimafolgenforschung. Bereits vor zehn Jahren gründete er den Verein Acker. Auch aus einer Empörung heraus: *„Es kann nicht sein"*, sagt er, *„dass im 21. Jahrhundert Nachhaltigkeit und die Wertschätzung von Natur und Lebensmitteln keinen festen Platz in unserer Bildung haben."* Seitdem hat er mit den beiden Bildungsprogrammen GemüseAckerdemie und AckerRacker einen unglaublichen Erfolg gehabt. Schulen und Kitas werden dabei unterstützt, gemeinsam mit den Kindern und Jugendlichen – und ebenso den Lehrern und Erziehern! – auf einrichtungseigenen Beet- und Ackerflächen Gemüse anzubauen. Über 1350 Schulen und Kitas in Deutschland, Österreich und der Schweiz haben daran bereits teilgenommen.

Einer der aus meiner Sicht gravierendsten Nebeneffekte unserer Zeit und insbesondere unserer technischen Entwicklung ist die zunehmende Entfremdung von der Natur. 78 Prozent der Menschen in Deutschland leben in Städten, also in Ballungsräumen, die natürlich in großen Teilen versiegelt sind. Kein Wunder also, dass viele Kinder gar keinen Kontakt mehr haben mit Boden, Erde und Humus. 2015 attestierte eine von der Deutschen Wildtier Stiftung beauftragte Umfrage Kindern zwischen vier und zwölf Jahren eine *„erschreckende Naturferne"*. Die Hälfte der befragten Eltern gab an, dass ihr Kind noch nie selbstständig auf einen Baum geklettert ist. 22 Prozent sagten, dass ihre Kinder *„nie oder fast nie"* ein frei lebendes Tier zu Gesicht bekommen hätten. Wie traurig ist das. Anders gesagt: Wie glücklich kann ich mich schätzen, dass meine Eltern mir ermöglicht haben, stundenlang allein draußen rumzulaufen, Regenwürmer und Hundefutter zu essen, Baumhäuser zu bauen und aus Übereifer in Teiche zu fallen. Ist es nicht eigentlich genau das, was Kinder brauchen? Freiheit und die Möglichkeit, eigene Grenzen auszuloten, mit Gefahren umzugehen, kreativ zu sein und sich komplexen Herausforderungen zu stellen? Wie schaffen wir es wieder, unsere Kinder zurück zur Natur zu bringen? Wie können wir in ihnen die Verbindung mit Mutter Erde wiederherstellen? Wie soll denn später ein Verständnis für ökologische Zusammenhänge und die Bedeutung von Land- und Forstwirtschaft entstehen, wenn das Bewusstsein für die Grundbausteine des Lebens schon in der Kindheit nicht gesetzt werden? Wie sollen sich Kinder später für den Schutz seltener Arten einsetzen, wenn sie heute nicht deren Namen lernen?

4.

WIR APPELLIEREN AUCH AN UNTERNEHMER, TECHNOLOGIE ENTWICKLER UND FINANZIERER

Wenn ich für die Landwirtschaft Technologie und Maschinen entwickle, dann sollte ich doch das Ziel haben, über die Anwendung des jeweiligen Produkts hinaus keine ökologischen oder sozialen Folgekosten zu produzieren. Stelle ich jedoch im Sinne des alten, ausbeuterischen Landnutzungssystems sogenannte Innovation her,

WARUM IST DER EINSEITIGE BLICK AUF CO_2 GEFÄHRLICH?

Ökosysteme lassen sich nicht auf einen Faktor reduzieren. Sie sind stetig in Veränderung, in Anpassung, in Weiterentwicklung und je nach Standort auf der Welt in völlig unterschiedlichen Situationen. Neben dem CO_2 sind auch zwingend Faktoren wie Biodiversität, Wasserzyklus und -qualität, der allgemeine Zustand der natürlichen Ressourcen oder die Luftqualität zu beachten. Gehen Sie nach draußen und schauen Sie auf ein Feld, das unbegrünt daliegt! Ist es das größte Problem, dass keine Pflanzen wachsen und dadurch kein Kohlenstoff aus der Luft entnommen und in Boden und Wurzeln gespeichert wird? Oder ist das größere Problem, dass das Feld keinen Nutzen für Flora und Fauna, für Insekten, Amphibien und Vögel bietet? Die Probleme durch bodendegradierende Landnutzung sind häufig sehr vielfältig, aber zum Glück lösen wenige Grundsätze wie die ständige Bodenbedeckung mit lebenden Pflanzen direkt eine ganze Menge der Probleme auf einmal. Es mag also Fragen geben, die deutlich wichtiger sind als die Frage, wie wir maximal Kohlenstoff binden können. Wenn der Boden jederzeit und überall auf der Welt bewachsen ist, könnten wir über Fotosynthese Kohlenstoff im Boden speichern und zusätzlich Kühleffekte auslösen sowie den Wasserzyklus in Gang bringen und Biodiversität unter- und oberhalb des Bodens wieder aufbauen. Wir müssen also ganzheitlich denken! Wenn wir nur die Klimagase von Kühen mit den Klimagasen eines Transatlantikfluges vergleichen, blenden wir wichtige Vorteile von regenerativer Tierhaltung völlig aus. Der Vergleich zwischen Kühen und Flugzeugen hinkt komplett. Darüber hinaus sehe ich eine weitere Gefahr: Die Reduzierung und Vereinfachung eines komplexen Problems auf einen Faktor verleitet zur Annahme, dass eine technologische Lösung allein die Antwort sein kann.

→ DABEI LIEGT DIE ANTWORT IN DER NATUR UND IN DEN ÖKOSYSTEMEN!

werden wir immer nur in der Lage sein, die Symptome zu bekämpfen. Dabei haben wir doch alle Möglichkeiten, von Grund aus neu zu denken und unsere technologischen Möglichkeiten im Sinne der Bedarfe der Menschen und der Umwelt zu nutzen. Der Wahn, immer mehr Hightech-Geräte, immer mehr Digitalisierung auf die Felder zu bringen, kann nicht guttun, wenn wir unsere zugrunde liegende Philosophie von Landnutzung nicht verändern. Denn das gesamte momentane System baut auf Linearität, Einfachheit und den Abbau von Vielfalt. Dabei ist genau das, was uns als Gesellschaft und die Natur stark macht, die Vielfalt!

BERAUBEN WIR DIE NATUR IHRER VIELFALT, BERAUBEN WIR UNS UNSERER ZUKUNFT.

Alternativen sind etwa die Geräte, die Ernst Götsch entwickelt hat. Er nennt die Bestimmung seines wachsendes Arsenals *„Peacefarming“*! Wir haben das Glück, gemeinsam mit ihm und ein paar weiteren großartigen Menschen an diesen Maschinen zu arbeiten. Nehmen wir als Beispiel die Saatmaschine für Sojabohnen und Mais. Sie wird aus zwei wesentlichen Komponenten bestehen, dem frontal angebrachten Mähapparat und der hinter dem Traktor platzierten Sämaschine. Der Mähapparat schneidet das frische Gras und führt es als Gründünger nach hinten an die Saatrille. Und zwar so, dass die Saatrille selbst nicht mit Gras bedeckt und damit die Orientierung des Keimlings nach dem Sonnenlicht nicht gestört wird. Die Sämaschine schneidet die Saatrille, wonach ein Untergrundlockerer die Erde lediglich lockert, aber nicht umwälzt. Zum Schluss wird das Saatkorn eventuell zusammen mit einem biologischen Düngertropfen in die Saatrille gebracht und der Boden wieder leicht angedrückt.

Allein an dieser kurzen Beschreibung ist zu erkennen, dass diese Maschine vom Boden her gedacht wurde. Sie schont ihn, hilft ihm, baut ihn auf. Ich will mit diesem Beispiel zum Ausdruck bringen: Wir müssen Produkte, Prozesse, Technologien entwickeln, nicht um Bestehendes weiter zu vereinfachen, nicht um Symptome zu bekämpfen, nicht um nachher noch weitere Anschlussprodukte zu verkaufen, nicht um Menschen immer stärker in Abhängigkeit zu bringen. Andersherum: Wir müssen Produkte, Services und Technologien im regenerativen Sinne entwickeln, sodass über die Anwendung vielfache Mehrwerte entstehen – und zwar ökonomisch, ökologisch und sozial – und sich das Produkt, hier also die Maschine, über die Dauer seiner Anwendung nach und nach überflüssig macht.

Nehmen wir als weiteres Beispiel einen Sensor. Weit verbreitet sind sogenannte N-Sensoren, welche in Echtzeit die Optimierung der Stickstoffdüngergabe während der Überfahrt mit der Düngerspritze steuern. Hier wird also mithilfe eines Sensors versucht, den Ertrag der jeweiligen Kultur im jeweiligen Jahr quadratmetergenau zu maximieren. Das allerdings ohne eine Risikobewertung von potenziellen Stickstoffauswaschungen ins Grundwasser oder einer Belastung des Bodenlebens. Alternativ könnte ich einen Sensor aber auch dafür nutzen, dass er mir auf einem Feld aufgrund einer Bodenanalyse und meiner Zielsetzung für die nächste Kultur eine Empfehlung für die Zwischenfruchtmischung gibt. Das bedeutet, der oder die Sensoren könnten fehlende Mikronährstoffe, ein unausgeglichenes Pilz-Bakterien-Verhältnis oder physische Charakteristiken wie Verdichtungen aufzeigen und mithilfe künstlicher Intelligenz eine Mischung von Pflanzen in der Zwischenfruchtmischung vorschlagen, die in der Lage sind, die identifizierten Schwächen meines Ackers auf natürliche Weise auszugleichen.

Die Transformation des Ernährungssystems wird freilich nicht ohne den Kapitalmarkt funktionieren. Auch Banken und Versicherer sind angehalten, progressiv zu denken und ihre Finanzprodukte an die Bedarfe von Landbewirtschafterinnen anzupassen. Wie kann es sein, dass ein Landwirt, der meistens doch mit seinem Leben und seinem Land haftet, der alle Risiken und eine unendliche Verantwortung für Lebensmittel und Umwelt trägt, ein klassisches Darlehen erhält, das zurückgezahlt werden muss, komme, was wolle? Müssten die Banken und Finanzierer nicht auf der gleichen Seite des Tisches sitzen? Die Risiken der Umwelt mittragen und tilgungsfreie Jahre ohne Mehrkosten einräumen? Wie unendlich viel Kapital wird in irgendwelche technologischen Start-up-Ideen gesteckt, die nie einen Gewinn einbringen, geschweige denn einen positiven Beitrag für die Gesellschaft leisten? Wir könnten so viel mehr erreichen, wenn Start-ups nicht immer nur nach potenzieller Marktgröße und Marktanteil, sondern nach Sinnhaftigkeit und Impact bewertet und finanziert würden. Was bedeutet heute noch Innovation? Kann das etwa alles sein, was irgendwie neu ist? Oder sollten wir unter innovativ nicht eher etwas Nützliches und Mehrwertstiftendes verstehen? In der Tat sind heute viele Innovationen lediglich einseitig gewinnbringend. Wir sollten unsere Definition von Innovation daher an die aktuellen Anforderungen anpassen. Dass nur noch als innovativ gilt, was einen wahrhaft gesellschaftlichen oder ökologischen Mehrwert mit sich bringt. Diesen Anspruch müssen wir auch bei Neugründungen von Start-ups und Unternehmen haben. Dass ihr Wirken positive und sinnvolle Einflüsse auf unsere Umwelt hat. Dass sie sich den vielen Herausforderungen stellen und nicht nur opportunistisch auf Marktschwächen reagieren.

ICH BIN VÖLLIG DAVON ÜBERZEUGT, DASS UNSER **LEBENSGEFÜHL** UND DAS GEFÜHL VON **GLÜCK** TATSÄCHLICH STARK VON DER **SINNHAFTIGKEIT** UNSERES TUNS ABHÄNGT.

Ich durfte das in meinem ersten Beruf als zuerst aufs Geld schauender Banker selbst erleben. Erst als ich in Madlitz das Glück hatte, meine Bestimmung zu finden, als ich das erste Mal in dieses für mich neu erschlossene Universum von Sinnhaftig-

Horizont in Sicht: Vertrauen wir der Natur, können wir uns nicht verlaufen!

keit schauen konnte, als ich dort dann all die großartigen Menschen und Mitstreiterinnen gefunden hatte, die mich und uns heute begleiten, erst da wurde mir bewusst, welch unglaubliche Chancen wir haben. In der Landwirtschaft. Als Gesellschaft. Jede und jeder von uns. Dan Barber, von dem ich im Kapitel 3.6 berichtete, hat dazu folgende Worte gefunden: „*Das System braucht mehr Mittelsmänner, um die Kreativität, die Zahl der Produkte und die Zahl der Verbraucher zu erhöhen.*" Absolut. Der Blick muss auf den Boden gerichtet werden, auf das, was wir ihm antun, auf das, was aus ihm entstehen kann.

Selbst wenn ich die Transformation, die uns bevorsteht, nicht so positiv sähe: Wir haben gar keine andere Wahl! Landwirtschaft und Nahrungsmittelproduktion werden sich fundamental ändern müssen. Aufgrund des zwangsläufigen Wandels werden wir andere Marktphilosophien entwickeln müssen. Wirtschaft muss dabei eine dienende Funktion einnehmen. Der Herr der Landwirtschaft wird der Boden sein. Aus dieser Veränderung unserer Landnutzungsphilosophie heraus entwickeln sich Energien, neue Horizonte kommen in Sichtweite, Hoffnungen werden geweckt, Herausforderungen gemeistert und Chancen genutzt. Denn wenn man die Natur lässt, kommt sie zurück. Sie lässt dich nicht im Stich, egal wie du vorher zu ihr gewesen bist. Die Natur ist die beste Freundin und der stärkste Unterstützer, den man sich nur vorstellen kann.

Landwirtschaft, Forstwirtschaft und Wasserwirtschaft, kurzum unsere Landnutzung, ist der mit Abstand direkteste Mechanismus, um die großen Probleme unserer Zeit zu lösen: Klimawandel, Biodiversität, Gesundheit, Chancengleichheit, Bildung und die Entwicklung ländlicher Räume. Alles hängt mit dem Land, unserem Boden zusammen. Wenn der Boden kein Wasser aufnehmen und speichern, wenn er keine Nährstoffe mehr halten kann, wenn das Bodenleben nicht mehr intakt ist, der Boden nicht mehr bedeckt ist von Pflanzen und keine Bäume mehr integriert sind, wenn die Tiere von den Böden unserer Welt getilgt wurden, dann haben wir keine Zukunft mehr als Menschen auf diesem Planeten. Dabei ist jede Sekunde, die wir damit verbringen, etwas Gutes und Richtiges zu machen, eine Sekunde weniger, in der wir uns Sorgen um die Zukunft machen müssen.

Wenn wir also anfangen, die Landwirtschaft als mehr zu verstehen als die Primärproduktion von Agrarrohstoffen, sondern eben als Schlüssel zu all diesen regional unterschiedlichen Herausforderungen, dann können wir endlich beginnen, auch die umliegenden Systeme aus Wissenschaft, Agrarpolitik und Subventionierung, Zugang zu Land, Aus- und Weiterbildung sowie die Finanzierung der Transformation mit der nötigen Weitsicht neu zu strukturieren. Nur dann werden wir die Stellschrauben bewegen und vor allem auch die Menschen wieder in diesen Prozess mit einbeziehen können. Nur dann werden wir uns als Gesellschaft im Ganzen und als Bauern im Besonderen in die Lage versetzen, diese durchweg existenzielle Veränderung mit Freude und Mut anzugehen und zu packen. Ihr Code lautet: der Natur zugewandt, dem Menschen zugewandt.

DENN UNSERE ZUKUNFT
LIEGT IN EINEM
GESUNDEN BODEN
UND GLEICHZEITIG IN DEN
HÄNDEN DERER, DIE SICH
UM IHN KÜMMERN:
DER LANDWIRTINNEN
UND LANDWIRTE.

Quellenverzeichnis

Vorwort

Dasgupta, Partha: „Creative Accounting“. In: Nature 456, 44, 2008

Kapitel 1.1

de Bruyn, Günter: „Die Finckensteins – Eine Familie im Dienste Preußens“. Berliner Taschenbuchverlag, 2001

Kapitel 1.2

N.N.: „Brandenburg war 2021 zweittrockenstes Bundesland – nach Berlin“. In: rbb24.de, 30.12.2021

N.N.: „Ein Drittel der Grundwasser-Reservoire sind übernutzt“. In: scienexx.de, 17.6.2015

N.N.: „Überschwemmungen in Brandenburg – Berliner Feuerwehr im Ausnahmezustand“. In: rbb24.de, 26.8.2022

Otto, Friederike: „Wütendes Wetter: Auf der Suche nach den Schuldigen für Hitzewellen, Hochwasser und Stürme“. Ullstein, 2019

Stepanek, Martin: „Hitzewellen werden deutlich schlimmer und häufiger“. In: derstandard.de, 28.6.2022

Schmidt, Helge: „Halb Europa von Dürre bedroht“. In: tagesschau.de, 23.8.2022

Kapitel 1.3

Da Gama, Lilly: „Driven to Waste: The Global Impact of Food Loss and Waste on Farms“. WWF-Studie, 2021

Don, Axel: „Boden – der unterschätzte Kohlenstoffspeicher. Erste deutschlandweite Inventur landwirtschaftlicher Böden abgeschlossen“. In: Wissenschaft erleben, 2018/2

Don, Axel et al.: „Die 4-Promille-Initiative ‚Böden für Ernährungssicherung und Klima‘ – Wissenschaftliche Bewertung und Diskussion möglicher Beiträge in Deutschland“, Thünen Working Paper 112, Thünen-Institut für Agrarklimaschutz, 2018

Esser, Barbara: „Unter uns: So können wir den Boden retten“. In: National Geographic, 2.12.2020

Europäische Kommission (Hrsg.): „EU-Bodenstrategie für 2030 – Die Vorteile gesunder Böden für Menschen, Lebensmittel, Natur und Klima nutzen“. In: environment.ec.europa.eu, 17.11.2021

Fenske, Doris: „So wird der Acker zum Kohlenstoffspeicher“. In: ardalpha.de, 7.9.2022

Heinrich-Böll-Stiftung, Institute for Advanced Sustainability Studies, Bund für Umwelt- und Naturschutz Deutschland, Le Monde diplomatique (Hrsg.): „Bodenatlas – Daten und Fakten über Acker, Land und Erde“. 2015

Intergovernmental Panel On Climate Change (Hrsg.): „Land is a Critical Resource, IPCC report says“. Press Release, 8.8.2019

Liebig, Justus von: „Die Chemie in ihrer Anwendung auf Agricultur und Physiologie“. Dogma, 1840

Liebig, Justus von: „Die Naturgesetze des Feldbaues“. MV-Natural_Science, 2021

Ministerium für Landwirtschaft, Umwelt und Klimaschutz Brandenburg (Hrsg): „Steckbriefe Brandenburger Böden“, 3. aktualisierte, erweiterte Auflage, 2020

Montgomery, David R.: „Dirt – The Erosion of Civilizations“. University of California, 2007

Montgomery, David R.; Wetzel, Günter: „Jungsteinzeit (Neolithikum)“. In: brandenburgikon.net, 10.1.2023

Kapitel 2

Fukuoka, Masanobu: „Rückkehr zur Natur“. Pala Verlag, 1998

Savory, Allan: „How to fight desertification and reverse climate change“. In: ted.com/talks, 4.3.2013

Stamets, Paul: „Fantastische Pilze: Wie Pilze heilen, unser Bewusstsein erweitern und den Planeten retten können". AT Verlag, 2020

Miller, Kenneth: „How Mushrooms Can Save The World". In: Discover Magazine, 31.5.2013

Kapitel 3.1

Böhm, Christian; Nawroth, Georg; Warth, Patrick Warth: „Roadmap Agroforstwirtschaft". Fraunhofer-Institut für Arbeitswirtschaft und Organisation, 2019

Crawford, Martin: „Einen Waldgarten erschaffen: Mit der Natur arbeiten, um essbare Pflanzen anzubauen". OLV Organischer Landbau, 2021

Franz, Rene: „Keyline Design – Wasser in der Landschaft speichern". In: permakulturblog.de, 10.1.2023

Götsch, Ernst: „Perennials, Part I". Unveröffentlichtes Dokument, 2019

Güll, Reinhard: „Streuobstwiesen – Von der früheren Normalität bis zur heutigen Einzigartigkeit". In: Statistisches Monatsheft Baden-Württemberg, 12/2015

Kopp, Florian; Weiss, Sandra: „Ernst Götschs Philosophie: Mit der Natur, statt gegen sie wirtschaften". In: amazonian-future.de, 10.1.2023

Lovelock, James: „Gaia – A New Look at Life on Earth". Oxford Landmark Science, 2016

N.N.: Agroforst als Teil der Landwende". In: energiezukunft.de, 14.11.2020

Shepard, Mark: „Restoration Agriculture: Real World Permaculture for Farmers". Acres U.S.A., 2013

Kapitel 3.2

Holzer, Sepp: „Sepp Holzers Permakultur – Praktische Anwendung für Garten, Obst- und Landwirtschaft". Stocker Verlag, 9. Auflage, 2020

Lange, Michael: „Das botanische Gehirn sitzt in der Wurzel". In: dw.com, 9.5.2009

Lengen, Johan van: „The Barefoot Architect – A Handbook for Green Building". Shelter Publications, 2007

Waines, Giles J. et al.: „Domestication and crop physiology: roots of greenrevolution wheat". In: pubmed.gov, 11/2007

Wygas, Sabine: „Bonner Wissenschaftler erforschen Sprache der Pflanzen". In: General Anzeiger, 29.4.2008

Kapitel 3.3

Bundesministerium für Umwelt, Naturschutz, nukleare Sicherheit und Verbraucherschutz (Hrsg): „Statistiken: Bioabfälle". In: bmvu.de, 10.1.2023

Francé, Raoul Heinrich; Francé-Harrar, Annie: „Das Leben im Boden – Das Edaphone". OLV Organischer Landbau, 2022. In Anlehnung an die 2. Auflage von 1922

Heß, Jürgen; Pentecost, Claire: „Kompost Deklaration – Kompost für die Bodenfruchtbarkeit, Wurzelwerk einer überlebensfähigen Gesellschaft". Universität Kassel, 2012

Ingam, Elaine R.: „The Compost Tea Brewing Manual". Fifth Edition, Soil Foodweb, 2005

Lowenfeld, Jeff; Lewis, Wayne: „Gärtnern mit Mikroben". Verlag Dr. Friedrich Pfeil, 2020

Niedersächsisches Ministerium für Umwelt, Energie, Bauen und Klimaschutz (Hrsg): „Warum...ist Kompostieren wichtig?" In: umwelt.niedersachsen.de, 10.1.2023

Pommerersche, Herwig: „Humussphäre: Humus – Ein Stoff oder ein System". OLV Organischer Landbau, 2004

Kapitel 3.4

Anthis, Jacy Reese: „US Factory Farming Estimates". In: sentienceinstitute.org, 11.4.2019

Anthis, Kelly: „Global Farmed & Factory Farmed Animals Estimates". In: sentienceinstitute.org, 21.2.2019

Quellenverzeichnis

Benton, Tim G. et al.: „Food system impacts on biodiversity loss". Research Paper, Chatham House, 2/2021

Brown, Gabe: „Dirt to Soil: One Family's Journey Into Regenerative Agriculture". Chelsea Green Publishing, 2018

Heinrich-Böll-Stiftung, Bund für Umwelt und Naturschutz Deutschland, Le Monde Diplomatique (Hrsg.): „Fleischatlas – Daten und Fakten über Tiere als Nahrungsmittel". 1/2021

Idel, Anita: „Die Kuh ist kein Klimakiller – Wie die Agrarindustrie die Erde verwüstet und was wir dagegen tun können". Metropolis, 2022

N.N.: „Die Geschichte der Massentierhaltung und fleischlose Übergangsstrategien für die Zukunft". In: million-actions.de, 6.10.2019

Roberson, Claire: „Everything You Need to Know About Factory Farming". In: animalequality.org, 14.10.2022

Savory, Allan; Butterfield, Jody: „Holistic Management: A Commonsense Revolution to Restore Our Environment". Island Press, 2016

Statistisches Bundesamt (Hrsg.): „Global animal farming, meat production and meat consumption". In: destatis.de, 27.4.2022

Kapitel 3.5

Bonsall, Will: „Will Bonsall's Essential Guide to Radical, Self-Reliant Gardening". Chelsea Green Publishing, 2015

Cannon, J. A.: „Market Gardening". In: encyclopedia.com, 14.5.2018

Chaboussou, Francis: „Healthy Crops – A New Agricultural Revolution". Gaia Foundation, 1985

Coleman, Eliot: „Die Biogarten-Bibel: Das Standardwerk für Selbstversorger vom Pionier des Ökolandbaus". Unimedica, 2022

Fortier, Jean-Martin: „Market Gardener: A Successful Grower's Handbook for Small-Scale Organic Farming". New Society Publishers, 2014

N.N.: „The Original Organic Pioneer – An Interview With Eliot Coleman". In: chelseagreen.com, 10.1.2023

Walters, Chris: „Interview: Extending the Growing Season – Organic Farmer, Author Eliot Coleman Shares Strategies for Successful Year-round Growing". In: Acres U.S.A., 11/2014

Kapitel 3.6

Barber, Dan: „The Third Plate: Field Notes on the Future of Food". Little, Brown Book Group, 2014

Cox, Lulu et al.: „Soil To Table". The Land Gardeners, 2022

McGee, Harold: „On Food And Cooking". Dorling Kindersley, 2021

Newark, Esther G.: „Dirt Poor: Have Fruits and Vegetables Become Less Nutritious?" In: Scientific American, 27.4.2011

Platkin, Charles: „Interview with Dan Barber, Chef of Blue Hill". In: nycfoodpolicy.org, 11.5.2016

Steinort, Jennifer Ann: „Der Nährstoffgehalt in Lebensmitteln früher und heute: Was hat sich verändert?" In: foryourehealth.de, 29.10.2020

Kapitel 3.7

Bartsch, Norbert et al.: „Waldbau auf ökologischer Grundlage". 8. vollständige überarbeitete und erweiterte Auflage, utb, 2020

Bolte, Andreas; Sanders, Tanja: „Wälder im Klimawandel". In: thuenen.de, 12.5.2022

Bundesministerium für Ernährung und Landwirtschaft: „Ergebnisse der Waldzustands-erhebung 2021". In: bmel.de, 9.5.2022

Hofburg, J.: „Waldgut Madlitz“. Internes Dokument, 5/1955

Knolle, Friedhart; Sievers, Timo: „Die Reparationshiebe der Engländer in den Wäldern des Westharzes nach 1945“. In: karstwanderweg.de, 2010

Storl, Wolf-Dieter: „Wir sind Geschöpfe des Waldes: Warum wir untrennbar mit den Bäumen verbunden sind“. Gräfe und Unzer, 2019

Zürcher, Ernst: „Die Bäume und das Unsichtbare: Erstaunliche Erkenntnisse aus der Forschung“. AT Verlag, 2016

Kapitel 4

Deutsche Wildtier Stiftung (Hrsg): „Emnid-Umfrage belegt: Kindern fehlt der Kontakt zur Natur“. Pressemitteilung vom 12.2.2015

Freyer, Bernhard; Ellssel, Pierre: „Vielfalt auf dem Acker – Ansätze für nachhaltigere Landwirtschaft in Deutschland“. WWF Deutschland, 2019

Götz, Karla: „Lobbyisten haben sich professionalisiert“. Interview mit Dr. Guido Nischwitz. In: up2date.uni-bremen.de, 11/2019

Hiß, Christian: „Richtig rechnen! Durch die Reform der Finanzbuchhaltung zur ökologisch-ökonomischen Wende“. Oekom Verlag, 2015

Krause, Suzanne: „Schulden, Burn-out, Einsamkeit – Frankreichs Bauern in der Krise“. In: Deutschlandfunk Kultur, 25.8.2022

Mayer, Jeff et al.: „The Power of the Plate: The case for regenerative organic agriculture in improving human health“ (White Paper). Rodale Institute, 2020

Nischwitz, Ingo: „Verflechtungen und Interessen des Deutschen Bauernverbandes“. Verflechtungsstudie, beauftragt durch NABU, bearbeitet durch Institut Arbeit und Wirtschaft Universität / Arbeitnehmerkammer Bremen, April 2019

N.N.: „87 Prozent der Agrarsubventionen sind sozial- und umweltschädlich“. In: faz.net, 14.9.2021

Rohde, Stephanie: „Die Politik kann sich nicht aus der Verantwortung stehlen“. Im Gespräch mit Felix Prinz zu Löwenstein. In: Deutschlandfunk, 18.1.2020

Schuh, Bernd et al.: „The Future of the European Farming Model: Socio-economic and territorial implications of the decline in the number of farms and farmers in the EU“. In: europarl.europa.eu, April 2022

UN Environment Program (Hrsg): „UN report calls for repurposing of USD 470 billion of agricultural support that distorts prices, environment and social goals“. In: unep.org, 14.9.2021

ALBa

Danksagungen

Meinen Eltern gebührt der größte Dank. Ich hoffe, irgendwann Eure Fußstapfen füllen zu können, auch wenn es noch ein weiter Weg ist! Danke Vavi und Resi, dass Ihr hinter mir steht und so offen seid, für das, was in Madlitz passiert.

Liebster Julius, Du, Jürg und das Team von Followfood wart die Ersten, die die Aufbauphase ermöglicht haben. Liebe Leute von Ecover, Eure Siegprämie hat uns ermöglicht, weiter zu träumen. Liebe Avina Stiftung mit Viktoria, Stephan, Laurenz und Stephan, ohne Euch wären wir heute nicht da, wo wir sind. Ohne Euch hätten wir unsere Arbeit als Forschungsinstitut nie in dieser Art und Weise aufbauen können. Dafür bin ich für immer dankbar!

An mein Team in Madlitz, welches nicht in Gesamtheit im Buch auftaucht, ohne das ich aber nie hätte die Dinge so umsetzen können und dem ich zu größter Dankbarkeit und Wertschätzung verpflichtet bin. Danke, dass Ihr all das mittragt und mich dabei immer unterstützt: Ines, Thomas, David, Reiner, Maik, Mareike, Manuel, David, Nico sowie Bastian, Maren, Luciano, Juli, Wieland und Mara. Danke Michael für Deine Freundschaft und Unterstützung. Danke Jan-Gisbert für die Wegbegleitung, den Austausch und die Freundschaft. Danke Ernst für die Inspiration und die grenzenlose Vorarbeit. Danke all denen, die in den vergangenen Jahrhunderten rund um den Planeten ihre Felder im Sinne der Natur bestellt haben und von deren Erbe wir bis heute profitieren.

Danke an alle Mitarbeiterinnen und Mitarbeiter der Ämter in Briesen und Beeskow, ohne Ihre tägliche Arbeit könnten wir nie tun was wir tun. Nina, Harriett, Laura und Gero, Danke für Eure Wegbegleitung. Und natürlich Danke an alle Praktikanten und Praktikantinnen, Freiwillige und Unterstützerinnen, die uns seit Jahren begleiten.

Danke Christian, dass Du die Bedeutung dieses Themas erkannt hast und mir seit dem ersten Telefonat mit Deiner riesigen Erfahrung als Verleger zur Seite standest.

Ein ganz besonderer Dank geht an Max, ohne Dein großes Herz, Deine Freundschaft und Deinen wachen Verstand hätten sich die vergangenen Jahre für uns so nicht entwickeln können.

Mein größter Dank gilt aber der tollsten Frau überhaupt, meiner Freundin Tess. Du und Quincy seid der tägliche Beweis, dass es sich lohnt, nie aufzugeben und dem Leben zu vertrauen.

dANKe!

$$E = V + m^2$$

ERFOLG IST GLEICH VISIONEN PLUS MACHEN ZUM QUADRAT

(WIE OFT HABE ICH DIESE LEBENSWEISHEIT VON MEINEM GROßVATER WALTER BRUNE GEHÖRT!)

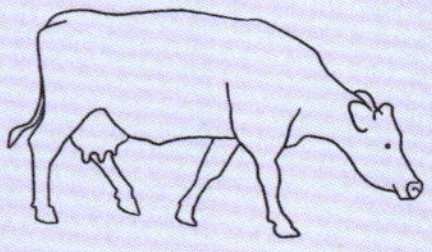